Python 语言基础

王晓伟 著

电子工业出版社
Publishing House of Electronics Industry
北京·BEIJING

内 容 简 介

本书知识体系完整，按照认知递进的顺序进行了编排，主要包括编程环境、数据类型、变量与计算、流程控制、错误与错误处理、函数、面向对象的程序设计、模块、文件操作、tkinter 图形界面设计及数据库与数据库连接操作等内容。全书共 12 章，每章都包含详细的概念及原理阐述，同时配有大量精美的插图、代码范例和课后习题。有别于同类教材，本书将自身的角色设定为陪伴者和对话者，让读者在学习中获得归属感，使学习变成一种快乐。同时，本书从始至终都非常重视思维模式的养成，力求使读者获得利用 Python 语言描述问题、分析问题，最终设计并实现软件解决方案的能力。

本书是专门为 Python 语言初学者编写的入门教材，学习门槛低，读者只要具备高中阶段的数学和英语知识，便可以无障碍地阅读本书。

未经许可，不得以任何方式复制或抄袭本书之部分或全部内容。
版权所有，侵权必究。

图书在版编目（CIP）数据

Python 语言基础 / 王晓伟著. —北京：电子工业出版社，2023.10
ISBN 978-7-121-46417-1

Ⅰ. ①P… Ⅱ. ①王… Ⅲ. ①软件工具－程序设计 Ⅳ. ①TP311.561

中国国家版本馆 CIP 数据核字（2023）第 184372 号

责任编辑：王　群
印　　刷：涿州市般润文化传播有限公司
装　　订：涿州市般润文化传播有限公司
出版发行：电子工业出版社
　　　　　北京市海淀区万寿路 173 信箱　　邮编：100036
开　　本：720×1 000　1/16　印张：17.5　字数：353 千字
版　　次：2023 年 10 月第 1 版
印　　次：2024 年 6 月第 2 次印刷
定　　价：78.00 元

凡所购买电子工业出版社图书有缺损问题，请向购买书店调换。若书店售缺，请与本社发行部联系，联系及邮购电话：(010) 88254888，88258888。

质量投诉请发邮件至 zlts@phei.com.cn，盗版侵权举报请发邮件至 dbqq@phei.com.cn。
本书咨询联系方式：wangq@phei.com.cn，910797032（QQ）。

前言

Python 是一种计算机编程语言，作为语言，它和人们日常使用的汉语或英语等自然语言并没有本质上的区别，只不过自然语言是讲给人听的，Python 则是讲给计算机"听"的。从功能的角度来讲，Python 可以帮助人们"指挥"计算机，为人们在社会生活中的各种需求提供对应的解决方案。小到简单的加减乘除四则运算，大到复杂的自动驾驶、国民经济运行情况预测等任务，它都能够胜任。但凡我们能够想到的需要计算机介入的场景，都可以通过编写 Python 程序提供解决方案。

以编写 Python 程序为职业的人群通常被称为软件工程师或程序员，这份职业的主要任务就是为各行各业提供信息化解决方案。软件工程师当然是一个很不错的职业选择，Python 对其而言不但是谋生的手段，而且是为其他行业创造价值的工具。即使不想成为软件工程师，作为各种软件解决方案的使用者，也需要对程序语言有一个基本的了解，从而更好地理解和使用软件，更清晰、准确地对软件工程师提出设计需求，在必要时，甚至可以参与到软件开发的过程中。

本书正是为有志于学习 Python 语言的读者提供的一本入门教材。虽然阅读本书需要一点数学和英语方面的预备知识，但是要求并不是很高，具备高中学历（或同等学力）的读者就可以不太费力地阅读本书。换句话说，学习 Python 并不是一件很难的事情，至少入门并不是很难，请不要被各种所谓的"高科技"刻板印象吓倒。为了降低读者的阅读难度，本书以认知递进的顺序来安排学习内容。在预设读者没有任何编程知识的前提下，从最基础的概念和原理讲起，循序渐进地引入新内容，并将新旧内容编织成相互关联的知识网络。随着阅读进度的推进，读者习得的这张知识网络也会逐渐扩展成对 Python 语言的完整认知体系。

本书内容共分为 12 章，包括绪论、编程环境、数据类型、变量与计算、流程控制、错误与错误处理、函数、面向对象的程序设计、模块、文件操作、tkinter 图形界面设计、数据库与数据库连接操作。每章都包含详细的概念及原理阐述，并配有精美的插图帮助理解；在涉及编程语法与技巧问题时，还配有大量的范例演示和说明；为使读者加深理解并掌握相应的编程实践能力，每章都配有丰富的课后练习题，供读者训练使用。

另外，作者认为，兴趣是所有学科入门的最好原动力，因此入门教材的话语模式不应该太过生硬和教条，显得让人"难以亲近"。本书采用日常对话的话语模式组织内容，并没有突出教与学的关系，而是与读者像同伴那样一起学习、一起思考、一起讨论、一起训练。尽量让读者在学习中获得归属感，使学习变成一种快乐，甚至幸福。只有激发这种对学科的原始兴趣，才能支撑起日后较为繁重与严肃的高阶学习过程。

为了让读者在日后的学习过程中少走弯路，作者在此处列举一些常见的学习误区。首先，请不要将语言的学习等同于语法的学习，这一点其实和自然语言（如英语）的学习是一致的。在语言学习中，最重要的事情就是"思维"的学习，语言作为描述世界的工具，其本身就包含了语言创作者对世界的认知模式，只有掌握了这样的认知模式，才能说真正理解并掌握了这门语言。例如，Python 语言中的面向对象的程序设计、封装与复用等理念都承载了 Python 语言对世界的认知。其次，请不要认为只要学完教材就能掌握 Python 语言，这也和自然语言是类似的，如果不坚持训练和使用的话，学过的东西很快就会忘记。语言的学习归根结底是一种习惯的养成，讲究"熟能生巧"。最后，读者在学习的过程中肯定会遇到各种各样的程序错误，此时最忌讳的就是胡乱地重试和漫无目的地修改，这样会非常辛苦，效率却很低。作者的建议是在遇到问题的时候，一定要先冷静下来，仔细地阅读编程环境反馈的问题描述信息，找到问题发生的位置及可能的触发原因，再有针对性地进行调试，这样往往能够事半功倍。

笛卡儿说"我思故我在"，人之所以被称为"万物之灵"，是因为有着超越其他动物的智慧，而人类智慧则来源于思考。人类为了获得更好的生存条件，利用自身的智慧创造了各种各样的工具，Python 语言也是其中之一。因此，对 Python 语言的学习也是对人类智慧的一种认可与传承。希望读者能够从学习的过程中体会到前辈们对我们共同生活的世界的热爱，同时可以从学习中获得作为人的基本尊严；更希望读者可以因为阅读本书而爱上学习，勤于思考，在创建更加宜居的世界的过程中熠熠生辉。

致谢

这本书的撰写始于 2019 年春季，当时我在高校做教师差不多有 3 年的时间了。学校给教研室拨了一笔用于教学建设的经费，组织大家为自己的课程撰写教材。我负责的部分刚好是 Python 程序设计的课程，并且我本人也认为此事很有必要，于是便开始着手推进。

现在回想起来，本书能够写成着实不易。起初写了几大段话来诉苦，但隔了一夜又觉得太过阴沉和压抑，于是统统删去，只在此处吟一首辛弃疾的词——《丑奴儿·书博山道中壁》聊以自慰："少年不识愁滋味，爱上层楼。爱上层楼，为赋新词强说愁。而今识尽愁滋味，欲说还休。欲说还休，却道天凉好个秋。"

生活中经历的苦楚难以尽表，在最艰难的时刻支撑我挺过来的事物有三样：一是妻子对我的包容和支持，二是两个女儿带给我的对未来生活的希望，三是在课堂上与学生沟通的快乐。此刻我最想说的话就是"我爱我的妻子，我爱我的孩子们，我爱我的学生们！"

虽然在撰写本书的过程中遇到了各种磕磕绊绊，有时也"摔得头破血流"，但我从始至终都未曾有过放弃的想法，通过 2018 年、2019 年、2020 年、2021 年课堂教学的不断积累，终于在 2021 年 12 月形成初稿，随即进入出版流程。在此期间，我对本书前后进行了 3 次大的增删、7 次校对，力求写成一本适合初学者并受读者喜爱的 Python 语言入门教材。

衷心地感谢各位读者选择本书，希望本书能给各位带来愉快的阅读体验。本书最终得以顺利出版还要感谢北京石油化工学院提供的出版经费资助，以及电子工业出版社在出版过程中的大力支持，特别是王群编辑在排版与内容规范方面给予我的细心指导和帮助。另外，还要感谢一直给予我鼓励的张雨凡医生，以及帮忙整理手稿的学生林玉玲、张瑾、唐雨行、郑广霞、霍思彤、王海青。由于本人能力有限，书中难免存有谬误，还请各位读者多多包涵并不吝赐教。谢谢！

王晓伟
2022 年 5 月于北京

本书使用说明

1. 本书面向读者

本书的读者范围十分宽泛，凡是对 Python 语言感兴趣的读者均可阅读本书，也可将本书作为第一本入门读物。此处列举一些较为常见的使用场景，具体如下。

（1）作为计算机相关本科专业（如大数据管理与应用、计算机科学与技术、软件工程、网络工程、信息安全、物联网工程等）的核心基础课程教材。

（2）作为非计算机相关本科专业（如经济学、管理学、金融学、会计学、心理学、统计学等）的通识课程教材。

（3）作为专科院校或职业技术学院的程序设计课程基础教材。

（4）作为职业技术培训机构的程序设计课程基础教材。

（5）对于已经就业且工作中涉及 Python 程序设计的专业人士（如科研人员、市场分析与运营人员、金融从业者、资料管理人员等），本书也可以作为科普图书或者入门教材。

（6）适合其他对 Python 程序设计感兴趣的读者阅读。

2. 本书特色

作为一本 Python 语言入门教材，本书具有如下特点。

（1）学习门槛低，只要读者具备高中阶段的数学和英语知识，便可以无障碍地阅读本书。

（2）知识体系完整且按照认知递进的顺序编排了内容，全书共 12 章，每章都配有大量的范例演示和说明，以及丰富的课后练习题。

（3）本书的角色设定为陪伴者和对话者，可以让读者在学习中获得归属感，使学习变成一种快乐。

（4）书中多幅插图均为约稿画师手绘作品，生动形象地与教材内容相联系，能够使读者对相关内容的理解和记忆更为深刻和持久。

（5）本书从始至终都非常重视思维模式的养成，力求使读者获得通过 Python 语言描述问题、分析问题，最终设计并实现软件解决方案的能力。退一步讲，即使读者最终达不到解决问题的水平，起码也能具备解决问题的思路。这便是"入门",是读者日后进一步学习和精进的基础。

3. 本书作为教材使用的课时安排建议

在使用本书时,建议读者从头至尾顺序通读,凡在教材中出现的范例演示,都需要读者在本地实现,每章末尾的练习题也建议读者作为实践训练,通过上机实验理解并掌握程序设计的思维方式和调试技巧。如果是自学,则读者可以按照自己的学习能力和学习时间自行安排学习进度,按照教材内容顺序学习即可;如果将本书作为课程教材使用,建议设置 72 课时的教学时间,其中包含理论课时 40 课时、上机课时 32 课时,理论课时与上机课时的内容需要相互配合,以达到最佳的教学效果,具体的教学安排可参考表1。

表 1 教学安排

章节	章标题	课程内容	理论课时（40课时）	实验课时（32课时）
第1章	绪论	绪论	2课时	—
第2章	编程环境	编程环境	2课时	2课时
第3章	数据类型	Python 数据类型基础	2课时	2课时
		Python 数据类型进阶	4课时	4课时
第4章	变量与计算	变量与计算	2课时	2课时
第5章	流程控制	流程控制-1：条件分支语句	2课时	2课时
		流程控制-2：循环语句	4课时	2课时
第6章	错误与错误处理	错误与错误处理	2课时	—
第7章	函数	函数-1：函数定义与调用、形式参数与实际参数、匿名函数	2课时	4课时
		函数-2：变量作用域、参数传递、参数种类	2课时	
		函数-3：内置函数	2课时	
第8章	面向对象的程序设计	面向对象的程序设计基础	2课时	4课时
		面向对象的程序设计进阶	2课时	
第9章	模块	模块	2课时	2课时
第10章	文件操作	文件操作	2课时	2课时
第11章	tkinter 图形界面设计	tkinter 图形界面设计	4课时	2课时
第12章	数据库与数据库连接操作	数据库与数据库连接操作	2课时	4课时

目录

第 1 章 绪论 ··· 1
  1.1 计算机程序语言层级结构 ··· 1
  1.2 人机系统结构 ··· 4
  1.3 Python 简介 ·· 7
  1.4 计算机发展简史 ··· 9
    1.4.1 计算法与计算辅助工具 ··· 9
    1.4.2 自动计算机 ··· 11
  1.5 小结 ··· 13
  1.6 课后思考与练习 ··· 13

第 2 章 编程环境 ·· 14
  2.1 理论模型解释 ··· 14
  2.2 Python 编程环境配置 ·· 17
    2.2.1 安装包的获取 ··· 18
    2.2.2 安装包的部署 ··· 19
    2.2.3 编程环境部署状态测试 ··· 21
  2.3 IDLE 编辑器使用简介 ··· 22
    2.3.1 打开 IDLE 编辑器 ··· 22
    2.3.2 IDLE 提供的基于交互式命令行的编程界面 ························ 24
    2.3.3 IDLE 提供的基于代码文件的编程界面 ···························· 24
    2.3.4 输入与输出指令 ··· 29
    2.3.5 代码的注释方法 ··· 31
  2.4 课后思考与练习 ··· 32

第 3 章 数据类型 ·· 33
  3.1 数值类型的计算机表示原理及其语法基础 ································· 33
    3.1.1 整型的内存结构 ··· 34
    3.1.2 浮点型的内存结构 ··· 35

3.1.3 复数型的内存结构 ··· 37
3.1.4 数值类型的语法表示规则 ··································· 37
3.1.5 数值类型之间的转换 ······································ 38
3.1.6 变量与赋值的简单说明 ···································· 39
3.2 字符串类型的计算机表示原理及其语法基础 ························ 40
3.2.1 字符串类型的理论模型 ···································· 40
3.2.2 对字符串数据的访问 ······································ 41
3.2.3 涉及字符串类型的类型转换 ································· 42
3.2.4 涉及字符串类型的简单函数 ································· 44
3.2.5 转义字符 ··· 44
3.2.6 字符串的格式化输出 ······································ 46
3.3 布尔类型的语法基础 ··· 48
3.4 元组型的语法基础 ··· 49
3.4.1 元组的定义 ··· 49
3.4.2 元组的访问 ··· 50
3.4.3 元组的简单操作 ·· 51
3.5 列表型的语法基础 ··· 52
3.5.1 列表的定义 ··· 52
3.5.2 列表的访问 ··· 52
3.5.3 列表的简单操作 ·· 53
3.5.4 多维列表简介 ·· 56
3.6 字典的语法基础 ··· 57
3.6.1 字典的定义 ··· 57
3.6.2 字典的访问 ··· 57
3.6.3 字典的简单操作 ·· 58
3.7 集合型的语法基础 ··· 59
3.7.1 集合的定义 ··· 59
3.7.2 集合的简单操作 ·· 60
3.8 课后思考与练习 ··· 61
3.8.1 练习第 1 部分——基础数据类型练习 ·························· 61
3.8.2 练习第 2 部分——进阶数据类型练习 ·························· 63

第 4 章 变量与计算 ··· 64
4.1 变量的含义 ··· 64

4.2	变量的动态属性	66
4.3	变量的命名	67
4.4	与变量相关的简单函数	69
4.5	运算符和表达式	70
	4.5.1 赋值运算符（=）	70
	4.5.2 算术运算符	71
	4.5.3 逻辑运算符	73
	4.5.4 比较运算符	75
	4.5.5 标识运算符（is、is not）	76
	4.5.6 成员运算符（in、not in）	77
	4.5.7 表达式的构建与运算符优先级	78
	4.5.8 其他一些需要注意的情况	79
4.6	课后思考与练习	81

第5章 流程控制 … 82

5.1	条件分支	84
	5.1.1 单分支（if…）	84
	5.1.2 双分支（if…else…）	85
	5.1.3 多分支（if…elif…else…）	86
	5.1.4 分支语句的嵌套	88
5.2	循环	89
	5.2.1 while 循环	89
	5.2.2 for 循环	92
	5.2.3 range()函数简介	93
	5.2.4 循环的嵌套	95
	5.2.5 pass 占位符	96
	5.2.6 continue 和 break 的用法	97
	5.2.7 for 循环的列表构建方法	99
5.3	课后思考与练习	99

第6章 错误与错误处理 … 102

6.1	语法错误	102
6.2	异常错误	104
6.3	错误处理	106
	6.3.1 try…except 语句	107

        6.3.2　try…except…else 语句 ……………………………………………… 108
        6.3.3　try…except…else…finally 语句 ……………………………………… 109
        6.3.4　手动抛出异常错误 …………………………………………………… 111
    6.4　调试模式 …………………………………………………………………………… 111
        6.4.1　调试模式的激活 ……………………………………………………… 112
        6.4.2　通过调试模式对代码进行调试 ……………………………………… 113
        6.4.3　在代码中设置断点 …………………………………………………… 115
    6.5　课后思考与练习 …………………………………………………………………… 116

第 7 章　函数 ……………………………………………………………………………… 117
    7.1　函数的定义与调用 ………………………………………………………………… 118
        7.1.1　函数定义与调用的基本语法 ………………………………………… 118
        7.1.2　返回值的设定 …………………………………………………………… 120
        7.1.3　函数作为对象的存在 …………………………………………………… 123
        7.1.4　带参数函数的定义与调用 …………………………………………… 124
        7.1.5　匿名函数 ………………………………………………………………… 127
    7.2　变量作用域、参数传递与参数类型 ……………………………………………… 128
        7.2.1　变量作用域 ……………………………………………………………… 128
        7.2.2　参数传递 ………………………………………………………………… 132
        7.2.3　参数类型 ………………………………………………………………… 136
    7.3　内建函数 …………………………………………………………………………… 139
        7.3.1　数学运算函数 …………………………………………………………… 139
        7.3.2　字符串函数 ……………………………………………………………… 140
        7.3.3　列表函数 ………………………………………………………………… 143
        7.3.4　字典函数 ………………………………………………………………… 145
        7.3.5　集合函数 ………………………………………………………………… 147
        7.3.6　其他内建函数 …………………………………………………………… 147
    7.4　课后思考与练习 …………………………………………………………………… 149

第 8 章　面向对象的程序设计 …………………………………………………………… 151
    8.1　类的简单定义和实例化 …………………………………………………………… 153
    8.2　构造函数与析构函数 ……………………………………………………………… 156
    8.3　类的成员 …………………………………………………………………………… 161
    8.4　类的继承 …………………………………………………………………………… 164
    8.5　多态 ………………………………………………………………………………… 171

8.6	运算符重载	173
8.7	小结	175
8.8	课后思考与练习	176

第9章 模块 178

9.1	模块的引用	179
9.2	模块的部署位置及搜索顺序	181
9.3	自定义模块	182
9.4	第三方模块的管理	184
9.5	常用内建模块	189
	9.5.1 math 模块与 cmath 模块	189
	9.5.2 random 模块	191
	9.5.3 time 模块	193
	9.5.4 datetime 模块	195
9.6	课后思考与练习	197

第10章 文件操作 199

10.1	文件系统简介	199
	10.1.1 内存与外存	199
	10.1.2 文件编码形式	200
	10.1.3 文件定位方法	202
10.2	文件对象的基本操作	204
	10.2.1 打开文件	204
	10.2.2 读取文件内容	206
	10.2.3 写入文件内容	208
	10.2.4 关闭文件	210
	10.2.5 文件内读写指针的位置移动	212
10.3	文件夹的基本操作	214
10.4	课后思考与练习	216

第11章 tkinter 图形界面设计 219

11.1	窗口的创建	220
11.2	窗口内元素的布局	222
11.3	tkinter 常用组件	228
11.4	tkinter.Canvas 图形绘制组件	234

11.5 tkinter 事件处理 ·············238
   11.5.1 事件类型 ·············238
   11.5.2 事件处理函数与事件绑定 ·············240
11.6 图形界面设计综合范例 ·············247
   11.6.1 登录界面开发 ·············247
   11.6.2 在画布上控制图片的移动 ·············250
11.7 课后思考与练习 ·············252

第 12 章 数据库与数据库连接操作 ·············253

12.1 数据库管理系统、数据库和数据表 ·············254
12.2 在本地部署 MySQL 数据库管理系统 ·············256
12.3 数据库连接操作 ·············257
   12.3.1 pymysql 第三方模块配置 ·············257
   12.3.2 数据库连接测试 ·············257
   12.3.3 创建数据库 ·············260
   12.3.4 创建数据表 ·············260
   12.3.5 向数据表内插入记录 ·············262
   12.3.6 查询记录 ·············263
   12.3.7 修改记录 ·············264
   12.3.8 删除记录 ·············265
12.4 课后思考与练习 ·············265

第 1 章　绪论

Python 是一种程序语言，由吉多·范罗苏姆于 1989 年发明。Python 这一英文词汇的意思是大蟒蛇，也许吉多对爬行类动物情有独钟吧。本质上，Python 是一种语言，但又与我们日常使用的自然语言有些不同。人类使用自然语言实现的是人与人之间的交流，而 Python 作为一门程序语言，是实现人与计算机之间沟通交流的媒介。在让别人为自己做某些事情的时候，我们只需使用自然语言，直接对这个人说明要做哪些事情就行了；而如果想让计算机帮我们做事，就必须对它讲一些它能"听"得懂的指令（命令），Python 语言正是构建这种指令的一种还不错的载体。

1.1　计算机程序语言层级结构

从自然语言这方面来讲，人类之间交流用的语言种类是很多的，如常用的汉语、英语、法语、德语、俄语、日语等，这些语言使用的文字有些是象形文字，有些是拼音文字，有些则是两者的混用。类似地，如图 1-1 所示，用来对计算机发布指令的语言也有很多种类，我们可以称之为计算机程序语言（简称"程序语言"），大致可以将程序语言分为三类：一是机器语言，二是汇编语言，三是高级语言。

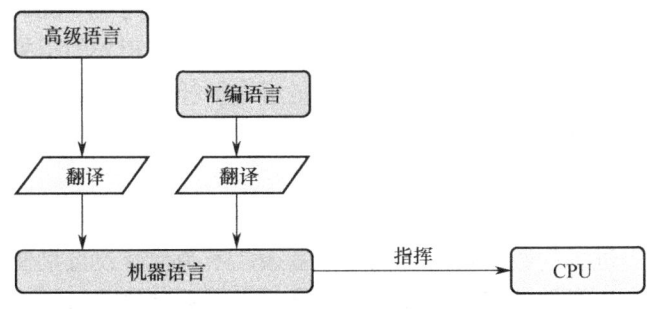

图 1-1　计算机程序语言层级结构

最早的程序语言是机器语言。在这种语言中，计算机的每项指令都是用一串二进制数字表示的。虽然真实的情况可能比较复杂，但其原理却是比较简单和直观的。为了方便理解，我们不妨忽略大部分的细节，在此处做一种最简单的假设。例如，我自己设计了一台计算机，这台计算机可以进行加法和减法的简单运算，而我可以规定，做加法的指令为"00000001"，做减法的指令则可以为"00000010"。有些同学可能会很好奇，为什么机器码的形式这么奇怪，我们平时在操作计算机的时候，点点鼠标、敲敲键盘就可以让计算机帮我们做很多事情，好像从来都没试过对着计算机念这样一串串数字。这是因为计算机工程师为了让大家都能使用计算机，把这些细节隐藏起来了。这些聪明的工程师专门制作了能够把我们单击鼠标、敲击键盘的动作转换成 0/1 数字序列的翻译工具，这个翻译的过程极其迅速和隐蔽，以至于我们根本察觉不到它的存在。

事实上，计算机真正能够识别的语言只有机器语言，使用其他任何形式对计算机发出的指令，最终都必须转化为机器语言才能够被计算机识别和执行。要理解这一点就需要对计算机的结构有一个大致的了解。现代电子计算机的核心部件——中央处理器（CPU）其实就是一块电路板，它的作用就是接收数据和指令，根据指令对数据进行相应的计算，最后将计算结果返回。如果只考虑最简单的情况，电路板一条电路的可能状态就只有通电和断电两种，而我们所要做的就是用通电/断电的电路状态组合来表示数据及指令，启动对应的电路状态操作，操作的结果就是计算机所得出的新数据。

那么，要怎样才能做到这一点呢？此处以最简单的自然数加法来进行说明。以"2+3=5"为例，这个式子用我们日常生活中最常见的十进制表示待计算的两个数"2"和"3"，用"+"表示加法，用"5"表示所得的结果。根据我们的计算习惯，可以通过对电路状态的操作实现十进制数学计算。

如图 1-2 所示，我们将 9 个小灯泡排成一行，用 2 个这样的排列来表示 2 个加数，灯泡亮起的个数分别表示希望相加的数据 2 和 3。我们用另一行小灯泡表示计算符，此处用 1 个小灯泡亮起表示加法（其指令编号为 00000001），最后可以得到一组有 5 个小灯泡亮起的排列，表示前面两个数相加的结果为"5"。虽然这个模型看起来很简陋，但 CPU 确实就是用这种朴素的思想搭建起来的。可能你听说过 ENIAC 这台最早的电子计算机，印象中它又大又复杂，但它的设计思路同这里所讲的内容并无二致。

当时有一位很了不起的计算机科学家——冯·诺依曼，他敏锐地觉察到，用电路状态表示十进制的数字在工程上过于复杂，于是他建议直接使用电路状态表示二进制数字，这样做的好处是能够使电路状态和数字的映射关系变得直观和清晰，从而大大降低电路设计的复杂度。如图 1-3 所示，若用二进制来重现刚刚的计算，就可以得到更为简洁的电路状态。

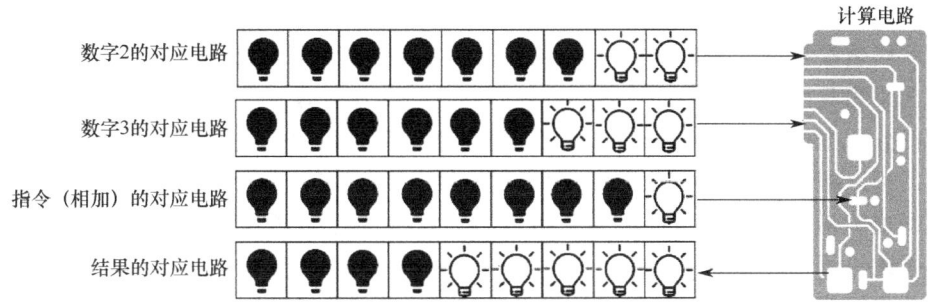

图1-2 通过对电路状态的操作实现十进制数学计算

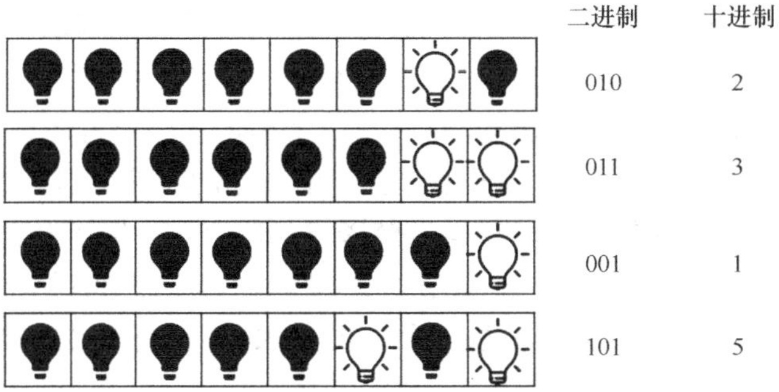

图1-3 通过对电路状态的操作实现二进制数学计算

通过比较两种电路所能表示的数字范围，我们可以大概了解它们之间的效率差异。前面一组电路含 9 个小灯泡，只能表示 0~9 的数；后面一组电路含 8 个小灯泡，却能表示 $0\sim 2^8-1$（0~255）的数。看，这是多么大的差距，如果后者换成 9 个小灯泡，则能表示 $0\sim 2^9-1$（0~511）的数了。基于这种设计的优越性，后来所有的计算机都继承了用电路状态来表示二进制数与二进制数计算符的方法。CPU 最终所能接收的数据和计算指令本质上是一组电路状态，而冯·诺依曼的设计使我们能够将其和二进制数及其计算对应起来。简而言之，机器语言就是用二进制数对计算指令和数据加以编码的语言，如将加法编为 00000001，将减法编为 00000010，以此类推。同时，CPU 只能理解用机器语言写出的语句，这是由它的电路结构决定的。

通过以上内容，我们对机器语言有了一个大致的了解，那汇编语言又是什么呢？这就要从一位传奇的女性——格蕾丝·穆雷·霍珀说起，作为一名数学家，她为美军服务，美军为了留住这位"奇才"，不断地给她提升军衔，最后升至少将。她的主要工作就是为美军做计算，面对当时的计算机，她只能不断地将要做计算的数据和算法用二进制数描述在长长的纸带上。虽然她本身是个数学家，但她还是认为用一串串二进制数来表示计算指令的方法太难记忆，于是着手设计一种更简便的替代方案。

格蕾丝发现，在电报的编码中，是用二进制数字串来表示一个个字母的，为什么不将其用于文字在计算机中的编码呢？于是她便设计了汇编语言。给每个计算符分配一个英文单词，而单词中的每个字母又可以用二进制数来表示。如此一来，可以把计算中涉及的所有的计算符用英文单词来表示，再有一台能够将单词翻译成对应的机器语言的机器就可以了。这台进行翻译的机器，就称为"编译器"或"解释器"。

虽然汇编语言在很大程度上降低了编写指令的复杂度，但它还是很复杂。有没有更简单的解决方案呢？有！那就是高级语言。高级语言的设计思路和汇编语言很像，也是利用文字来进行指令的编写。但高级语言的写法更加贴近自然语言，如使用 if...then...表示条件分支。现在的软件工程师主要通过高级语言来跟计算机沟通，而 Python 正是高级语言的一种。类似的高级语言还有 Java、C 语言等。与汇编语言一样，每种高级语言都有一个自己的"编译器"或"解释器"，负责将用高级语言写成的语句（代码）翻译成机器语言。编译器和解释器的功能类似，前一种是整体翻译，后一种则是即时翻译。具体细节我们不在本书中做过多讨论，但有一点请大家牢牢记住："所有的 Python 代码都要在被送到解释器中并被翻译成机器码之后，才能被 CPU 理解并运行。"

1.2 人机系统结构

我们学习 Python 语言的目的是用它来操作机器（通常称这样的机器为计算机），然后机器会进行某些操作，进而影响我们的社会生活，这样看来各要素都是紧密相关的，而它们之间的关联关系可以用图 1-4 来描述。

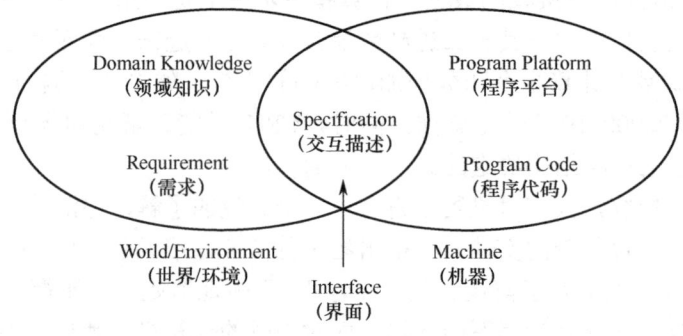

图 1-4　人机系统结构示意

第 1 章 绪论

在日常生活中，人们可能会有各种各样的需求，如购买咖啡。在有这个需求时，我刚好知道某条小巷里有家不错的咖啡馆，基于这一领域知识，我就去了这家咖啡馆（见图 1-5）。为了喝到咖啡，我不得不向咖啡馆内的营业员说明我想喝的咖啡。营业员的业务很熟练，摆弄着各种我不知道用途的瓶瓶罐罐，不一会儿，她就将一杯热腾腾的卡布奇诺摆在了我面前的桌子上。我一边感慨着她精湛的技术，一边慢慢品尝着咖啡。在秋日的午后来上一杯是最惬意不过的事情了。在喝完咖啡后，我支付了咖啡钱并致谢，然后就离开了。

图片来源：约稿画师。

图 1-5 咖啡馆场景

现在，我们从系统的角度来分析一下上述场景所涉及的元素之间的关系。首先，可以发现图 1-4 左侧所示的椭圆代表我生活的社区（环境），而喝咖啡是我在社区生活中的一项重大"需求"，基于我对社区生活的了解（领域知识：哪家店何时开门，哪家店的咖啡最好喝），我选择了 A 咖啡店。请注意，此处的 A 咖啡店整体（包括它的硬件设施和人员）成为满足我需求的解决方案，是不是可以将其看成一台为我服务的很大的机器呢？从抽象层面上来讲是没有问题的。我不用搞清楚这台机器是怎样运作的（说实话我对咖啡的制作技巧一窍不通），我只需对着这台机器的界面（营业员）说出我想要喝的咖啡就行了，她的操作细节和她所使用的所有工具都不是我需要关心的事情。

不过生活也并非总是美好的，有一段时间我出差在外，能满足我需求的"机器"变成了真的机器。如图 1-6 所示，这台机器不会笑，甚至不会对我讲话，只是提供几个按钮用以表示咖啡种类。在我做出选择后，它的表面开始闪烁，并显示文字，提示我向投币口塞硬币，我只好照做。在投币后，它好像没那么"生气"了，没有继续闪烁。只听见一阵响声，然后"啪"的一声，一只杯子掉了出来，之后咖啡就从上面的管子里流出来，等到它快加满的时候，机器又闪烁起来，提示我赶快把咖啡端走。我端着盛满咖啡的纸杯子，站在门外一边透气一边无奈地喝起了这杯"苦涩"的咖啡。

图 1-6 咖啡机场景

从结构上来看，上述两个场景是很相似的。对于同一种需求，在不同的场景中有不同的"机器"参与进来，虽然"机器"的界面和内部运作方式各异，但最终都给出了能够满足需求的解决方案。对于喝咖啡的这个需求，我还是更喜欢社区咖啡馆营业员手工调制的咖啡。但是在另一些场景中，比起与人打交道，我们可能会更喜欢真正的机器所带来的便捷和高效。例如，在手机上就能实现的转账功能，让我们不再需要去银行营业网点（可能排很长时间的队），然后麻烦柜员帮我们处理转账业务。

可以说，用 Python 写的代码（程序代码）在机器硬件（程序平台）的支持下，可以通过界面实现人机交互，最终满足使用者的需求。将加载了各种 Python 指令的机器嵌入适当的场景，就能满足多种需求。由于电力驱动的机器不知疲倦且运转快速，所以常被用于满足人们大量的全天候、高并发需求。现在使用手机点餐的服务，使得整个区域内的餐饮行业都被集成为一台"超大型机器"，餐馆、送餐员、道路交通设施等都通向一个界面，那就是手机屏幕。

更宏观地来讲，手机屏幕这个界面已经将相关领域内海量的可利用资源整合成了一个超大型的机器，我们可以通过这个界面与机器进行交互。而 Python 代码作为界面与机器硬件的指挥员，在这个人机系统中发挥着重要作用。当然，Python 也可以被其他程序语言所替代，但就目前的趋势来看，Python 受欢迎的程度还在不断攀升，尤其在数据分析这个领域，Python 几乎占据了主导地位。利用 Python 可以很方便地实现很多数据操作，从数据的采集到数据的清洗，再到数据的存储与管理、数据的统计与分析、分析结果的可视化及基于分析的决策系统开发等。

1.3　Python 简介

Python 是一种开源的、免费的、解释型的、跨平台的、动态的、面向对象的高级程序语言。

开源的意思就是源代码开放，任何人都可以查看其源代码甚至参与维护和升级工作，与世界各地的使用者分享自己的贡献。GNU 组织就是一个致力于发布和维护开源软件的典型代表，其主张也被递归地写进了名字中，GNU 的意思是"GNU is Not Unix"。IT 产品也有收费和免费之分，如 Windows、macOS、Unix 等都是收费的软件，但是 Linux 系列的操作系统（如 Ubuntu）是免费的。GO 语言是收费的，但 Python 是免费的。这就给大众更多选择的空间，使我们的世界更加多元化。

Python 是一门解释型的语言，并且具有跨平台性。这要怎么理解呢？"解释型"其实是指将用 Python 写成的语句转化为 CPU 可识别的机器语言的一种方式，即随着 Python 语句的执行，逐行地将 Python 语句"解释"成机器语言并执行的方式。我们称负责解释（翻译）的机器为解释器（翻译器）。对应解释型语言，还有一种称为编译型语言的程序语言。编译型语言在运行前，需要将所有语句都翻译成机器语言。

现在来看两种语言的原理区别，如图 1-7 所示。解释型语言在运行时，依次翻译每行语句，每翻译完一行，就送去 CPU 执行。编译型语言则一次性翻译所有语句，获得一个完整的机器码文件（称为可执行文件），之后将这个文件送给 CPU 执行。在部署了 Windows 操作系统的计算机上，以扩展名".exe"（Execution 的前三个字母）标记结尾的文件都是这种机器码文件，一般双击后会直接运行。因此，在执行效率上，解释型语言要比编译型语言低。另外，要执行

Python 语言基础

Python 语句,就必须获得其原始语句,这样一来,Python 的源代码就不具有保密性,而用编译型语言写成的语句可以使用编译后的机器码执行,送机器码即可,因此后者的保密性更好一些。

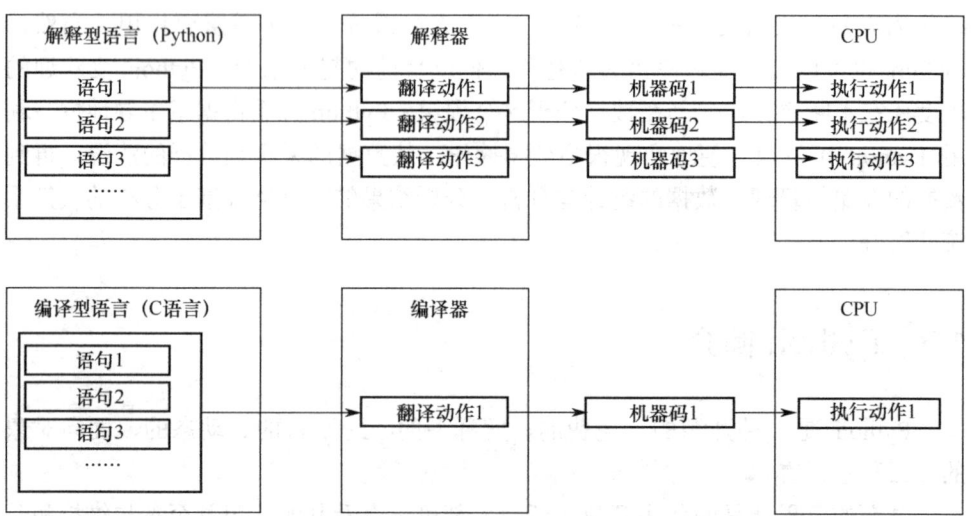

图 1-7　解释型语言与编译型语言的原理区别

  但是,解释型语言也并非没有优点,其跨平台性通常比编译型语言好得多,如图 1-8 所示。只要目标机器上安装了对应自己平台的解释器版本,那么,同样的 Python 源代码就既可以在 Windows 平台上运行,也可以在 macOS 平台上运行。而如果要在不同的平台上执行同一段编译型语句,则必须先在本地用不同的目标编译器生成不同版本的机器码,再把它们发送给目标机器执行。不同的平台使用不同的 CPU 和操作系统,其自身框架的设计决定了它们都有各自不同的可接受机器码指令集。换句话说,解释型语言的翻译工作是在目标机器上完成的,而编译型语言的翻译工作是在本地完成的。

  什么是动态和面向对象呢?简单来说,动态是指我们使用 Python 语言定义的内容的意义可以随着上下文改变(具体细节我们在第 3 章讲解)。面向对象是一种编写 Python 语句的思路,或称为思考方式,这种方式使我们在编写 Python 语句时,可以类比我们对世界上真实事物的抽象方式。例如,我们习惯将事物归类,每类事物都有自己的特点,这些特点可能是静止的属性,也可能是某种潜在的功能或能力。相应地,我们在 Python 语句中定义类、类的属性及类的功能。当然,类可以被实例化,进而得到类的实例,这种关系很像集合与集合中元素的关系。但是,面向对象的话题涉及内容比较多,有时也很抽象,我们将其留到第 8 章专门讨论。

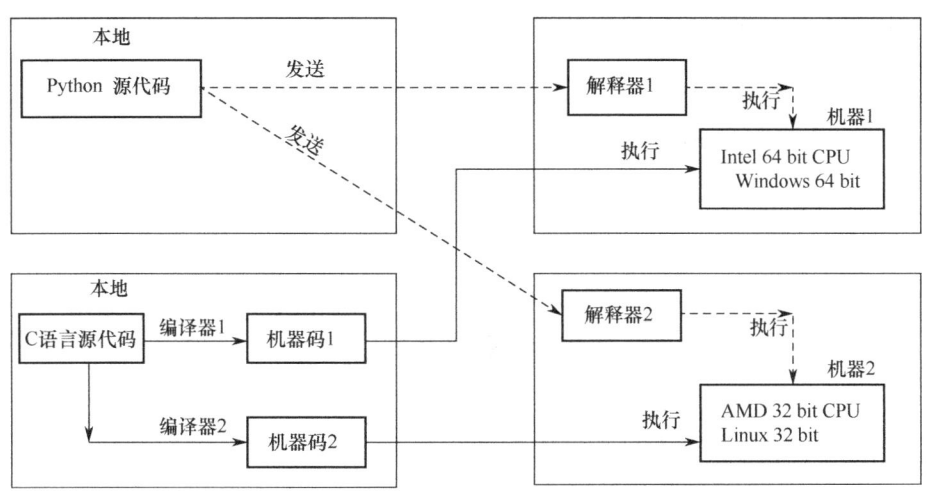

图 1-8　解释型语言与编译型语言的跨平台特性区别

1.4 计算机发展简史

关于计算机的起源，很多人都喜欢从第一代电子计算机 ENIAC 说起，其实在没有使用电力之前，计算机就已经诞生并且慢慢演化了。计算辅助工具可看作计算机的前身，两者的区别是计算机本身包含了计算法，而计算辅助工具本身并不包含计算法。

1.4.1 计算法与计算辅助工具

直式加减法（或称竖式加减法）是我们在小学时就学习的计算法，这套计算法已经被我们熟练掌握，而纸、笔、橡皮擦、阿拉伯数字等就是计算辅助工具。借助这些计算辅助工具，我们可以运用直式加减法完成任意十进制数的加减运算。

筹算是一种将"筹"作为计算辅助工具来进行计算的计算法，是我国古代常用的一种计算法，由此衍生出来的词汇有很多沿用至今。例如，"运筹帷幄"这个词的字面意思就是在帷幄之中进行筹算，计算各种军事问题。《三国演义》中形容诸葛亮的常用句子就是"运筹帷幄之中，决胜千里之外"，这就是在描述他的计算非常准确。

如图 1-9 所示，筹算以竹签的排列来表示数字，这些竹签即被称为筹。在筹算中，还有"一纵十横，百立千僵"的说法，就是说个位用纵竹签表示，十位用横竹签表示，百位用纵竹签表示，千位用横竹签表示，这种交错排列可以更好地区分数位。

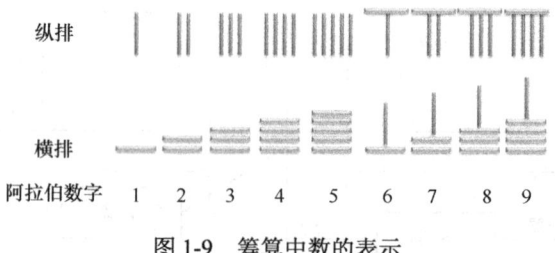

图 1-9　筹算中数的表示

此处给出一个简单范例，1024 可被表示成如图 1-10 所示的形式，两个连续的横竹签可提示中间还有一个百位。

图 1-10　筹算中 1024 的表示方法

利用筹算可以做很多事情，我在网络上找到了一个使用筹算求解方程组的范例（据说这是描述刘徽筹算法的范例）。如图 1-11 所示，网格中每个方格内的筹代表一个数字，深色的是正数，浅色（黑边）的是负数。而纵向观察网格的话，每列中的筹组成一个方程。按此规则，从右向左排列的方程为 $3x+21y-3z=0$，$-6x-2y-z=62$，$2x-3y+8z=32$。在摆好筹之后，只要按照计算法操纵网格中的筹，即可解出方程中的变量。

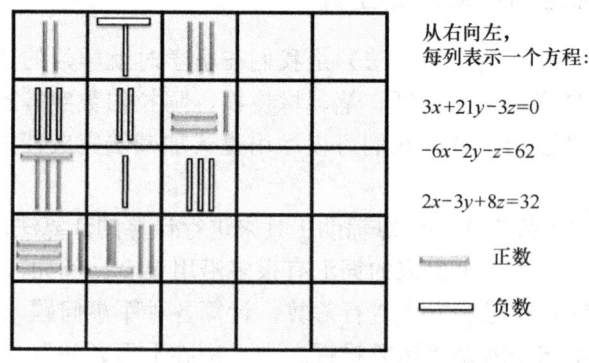

图 1-11　使用筹算法解方程组

除了直式计算法和筹算，珠算也是在我国常用的一种计算法。珠算使用算盘作为计算辅助工具，以算盘珠代表数字，以不同的杆代表不同的数位，使用"一上一，二上二"之类的珠算口诀来进行数学运算。

综上所述，我们可以总结出这样的共性：计算辅助工具只能存储数据（Data），却无法实现自动计算的步骤（Program），需要由人来执行对筹或者算盘珠的控制以实现计算。换言之，计算法是独立于计算辅助工具而存在的，因此筹或算盘不能被视为现代意义上的计算机。

1.4.2 自动计算机

有一句玩笑话是"懒惰使人进步"，是说为了做事情能够更省力气，人类总会发明出更加高效、便捷的工具。在低效率的状态下，过分努力并不可取，下面通过计算简单数学问题的范例来加以说明。

1 个问题：问题很简单，我只要动笔算算，很快就算出来了。

10 个问题：问题很简单，数量也不多，动笔算算也不难。

100 个问题：问题很简单，但是数量有点多，需要花些时间。

1000 个问题：问题很简单，但是数量太多了，我可能需要花一整天的时间去计算这些问题，而且可能会因为精力下降而出错。

10000 个问题：天啊！能不能找别人帮我算啊？

对于简单的数学运算，人类使用竖式计算法可以应付的规模有限，如果运算的规模继续扩大，则是时候考虑开发一套更加高效的计算方法了，而利用机器解决大量简单、重复的计算是我们常用的手段。

通过了解历史可以知道，社会发展对大量简单、重复的计算的需求巨大，伴随着机械技术的不断发展，有人开始考虑能不能制造出一种机器，可以代替人类完成简单运算，这样不但运算速度会更快，而且出错的概率会更小。

17 世纪，齿轮连杆等机械零件已经普及，法国人帕斯卡（Pascal）在 19 岁的时候，利用一些零件为他的父亲设计了一部机器，只要转动拨盘输入待运算的数，并且转动一旁的摇杆，里面的齿轮就会完成加法运算，将答案显示在拨盘上。这就是自动计算机的雏形。图 1-12 给出了帕斯卡的肖像，以及基于他的想法所发明的 Pascaline 机械计算机的照片。为了纪念帕斯卡的贡献，有一种比较古老的计算机程序语言是以他的名字命名的。

相比于之前的计算辅助工具，帕斯卡发明的计算机已经有了本质上的改变，这种计算机不仅可以存储数据，而且将计算法固化在了计算机内部。这样一来，人类就不需要再记忆各种口诀或者心法，只要提供需要计算的原始数据和相应的计算要求，计算机就会自动给出对应的计算结果。这是质的飞跃，但这种计算机只能完成固定的工作，不能改变程序，即 not programmable。因此，我们也称这种计算机为不可变程序的机械计算机。

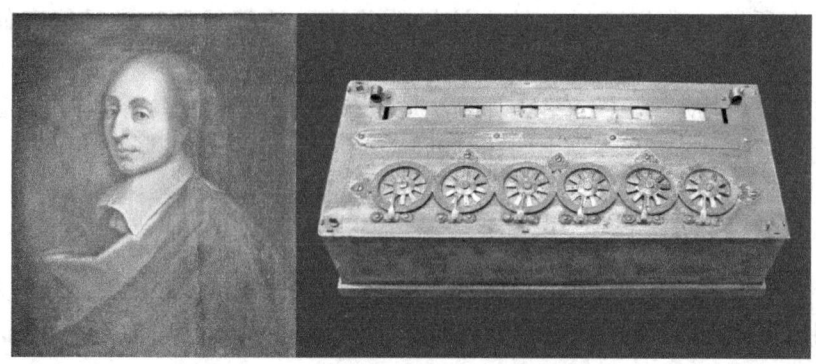

资料来源：帕斯卡肖像来源于法国历史博物馆，Pascaline 机械计算机照片来源于法国工艺美术博物馆。

图 1-12　帕斯卡和 Pascaline 机械计算机

　　17 世纪，数学也获得了很大的发展。牛顿和莱布尼兹发明了微积分计算法，很多原本很复杂的问题都可以转化为简单问题的组合，这使得自动计算机的实用价值更加突显。巴贝奇在 22 岁时从剑桥大学获得数学博士学位，为满足社会对大量计算的需求，他毕生都在为制造出高效的计算机而努力。大约在 1832 年，他领悟到，一台理想的计算机必须能够依据指令改变其执行的程序，这就是可变程序的概念。他一生为此做了大量的工作，留下了 300 多张详细的设计图、6000 多页笔记，以及很多半成品，但因为当时的机械技术还不成熟，所以他生前未能如愿。基于巴贝奇的工作，后人利用摩擦的轮盘制造出了类比型计算机。到了 20 世纪，则出现了电机计算机，即利用由电力驱动的零件制造了可变程序的机械计算机。

　　可变程序的机械计算机可以存储数据，也可以改变指令，计算机根据指令进行不同的运算程序，即 programmable。这又是一次质的飞跃，但这些指令必须由外部依次输入到计算机内部进行运算，计算机本身还不能存储这些指令。ENIAC 继承了巴贝奇的基本设计理念，莫希利和埃克特利用电子管代替机械零件来表示数字并进行运算，这在介质上有了进步，使计算机的计算速度大幅提高，但在设计理念上还停留在机械计算机的时代。

　　最终，冯·诺依曼给出了计算机设计的基本框架，而他的设计理念被沿用至今。首先，他建议改用二进制（Binary），电子元件的通电与断电状态刚好可以对应数字 1 和 0，这样建立起来的表述法会最大限度地发挥电路[①]的优势；其

---

① 实际的设计是使用高低电压来分别表示数字1和数字0。

次，程序（Program）和数据（Data）一样，都应该都存放在计算机内部，由此催生了我们现在熟知的存储器（Memory）。

自 1945 年年末到 1951 年，冯·诺依曼按照自己对计算机的理解制造出了 IAS 计算机。这台机器因其所在的研发单位而得名，即普林斯顿大学高等研究院（Institute for Advanced Study）的首字母缩写，有时它也被称为冯·诺依曼计算机，IAS 计算机所使用的设计框架也被称为冯·诺依曼架构。如果说帕斯卡是"机械计算机之父"，那么冯·诺依曼则当之无愧地是"现代计算机之父"，直到如今（这个所谓的人工智能时代）所使用的计算机依然沿用冯·诺依曼架构。

1.5 小结

归根结底，我们学习编程的目的就是根据需求写出各种各样的计算指令序列（这种指令序列称为程序代码，即 Program Code），然后将程序代码保存到存储器中，再将程序代码和需要处理的数据一并传递给 CPU 进行计算，在完成计算后，CPU 将计算结果写回到存储器中。当然，根据冯·诺依曼架构，传输给 CPU 计算的程序代码和数据都应该使用二进制数字进行表示。

Python 的本质是一种语言，更具体地，它是一种用于控制计算机的语言，加载了 Python 代码的机器通过界面实现与外部环境的互动，即在人机交互框架中，Python 代码负责指挥机器。我们学习 Python 语言的最终目的就是能根据外部环境的需求来编写对应的用于控制机器的 Python 代码。

随着机器语言演变至现在的 Python 语言，软件工程师的工作被大大简化，其更多的精力可以用于业务逻辑的理解与实现，而不必为繁杂的底层物理逻辑、电路逻辑纠结。因此，我们应该庆幸生在当下，可以享受先辈给我们创造的便捷，让我们一起来学好 Python 吧！

1.6 课后思考与练习

1. 计算机程序语言层级结构是怎样的？
2. 人机系统结构是怎样的？请举出几个范例。
3. Python 语言有哪些特点？
4. 计算辅助工具与计算机有哪些异同？

第 2 章 编程环境

编程环境就是软件工程师进行代码编辑和调试所需的工具集合。Python 编程环境主要包含两大组成部分：编辑器和（Python）解释器。其中，编辑器负责代码的编写和编辑，而解释器负责将写好的代码转换成机器码并传送给 CPU 进行处理。很多 Python 教材都低估了编程环境的重要性，导致学生只知道 Python 语法而不知道代码执行原理，由此导致在编程实践中，许多学生无法解决 Python 编程环境的工程配置问题，使得学生将 Python 编程环境视为一个抽象且神秘的"黑盒"。为解决这一问题，本书专门设置了本章，详细介绍编程环境。

2.1 理论模型解释

首先，我们回顾一下 Python 代码的运行原理。通过第 1 章的学习，大家都明白了计算机在终极意义上就是用电路来模拟数字计算的机器。计算机所处理的一切内容都是由数字编码而成的，这其中也包括发送给计算机的各种指令。事实上，早期的一个计算机指令就是用一串二进制数字来表示的，我们称这种由二进制数字构成的指令为机器码，而 CPU 所能接受的机器码集合就称为指令集。将需要执行的一系列指令排列起来就构成了计算机指令序列，通常称为程序代码（简称代码，用于指挥计算机）。

机器码十分复杂，只有极少数的专业人士才能用它编写计算机的指令序列。为了解决编程语言过于复杂的问题，格雷斯·霍珀开发了一套由英文单词组成的计算机指令集。其实，这背后的逻辑并不复杂，我们可以使每个机器码指令对应一个英文单词，而组成单词的每个字母又可以用数字来进行编码。也就是说，单词可以经过解码被计算机接受并对应到机器码上，最后再由 CPU 执行。单词和机器码指令是一对一的关系，这就称为汇编语言（Assembly Language）。

后来，人们沿着这个思路又创造出了高级语言，高级语言是对人类更加友好的程序语言。制造一个"黑匣子",把高级语言转换成汇编语言,再把汇编语言转换成机器码送去 CPU 执行即可。这个"黑匣子"就是编译器或解释器,两者在技术上的区别就不在此处讨论了。现在,我们只要知道 Python 语言其实就是一种解释型的高级程序语言就可以了。图 2-1 描述了 Python 代码经由解释器解释,获得对应机器码,并最终被 CPU 执行的过程。

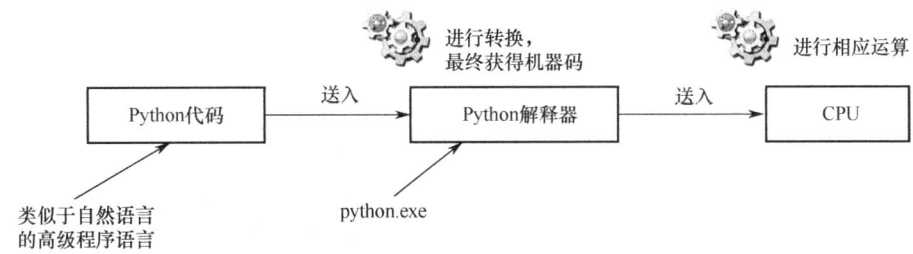

图 2-1 Python 代码执行过程示意

对使用 Python 进行编程的软件工程师来说,编程环境就是进行代码编辑和调试所需工具的集合。假设各位都已拥有一台可以正常运行的计算机,并且已经搭载了操作系统,可能的方案是 PC+Windows 或是 Mac+macOS。由于国内读者大多使用 PC+Windows 方案,所以本书以 Windows 操作系统为例进行说明。在配置了 PC+Windows 软硬件平台的前提下(当然,各种输入、输出等设备也需要正常工作),再部署一个代码编辑器和一个 Python 解释器即可完成编程环境的部署。

在图 2-1 中,已经注明了 Python 解释器的存在形式及其作用。具体来说,在 Windows 操作系统中,它就是一个可执行文件——python.exe,作用就是将已经编辑好的 Python 代码转换成 CPU 可以接受的机器码,python.exe 文件可以从 Python 官网下载。

代码编辑器是负责代码编写和编辑的工具,最简单的编辑器可能就是记事本这个应用了。记事本其实就是一个简单的文本编辑器,而 Python 代码就是文本,所以用记事本来编辑 Python 代码基本上也行得通。使用记事本编辑的 Python 代码可以被保存成扩展名为.py 的文件,将该.py 文件传送给解释器,再由解释器得到机器码,之后传递给 CPU 处理就可以了。

由图 2-2 可以看出,此处我们用记事本创建了一个名为 test.py 的文本文件,它就是一个简单的 Python 代码文件,文件内容包含了一条指令 print("hello world"),其作用是输出"hello world"字样。在此基础上,可以通过 CMD 命令提示符输入命令"python test.py",其作用就是向 Python 解释器传递 test.py 这个文件。Python 解释器在收到 test.py 文件后,将对其进行解释,然后将解释得到的机器码送给 CPU 执行，而我们也可以通过 CMD 命令提示符看到由 CPU 返回的处理结果，即输出了"hello world"字样。

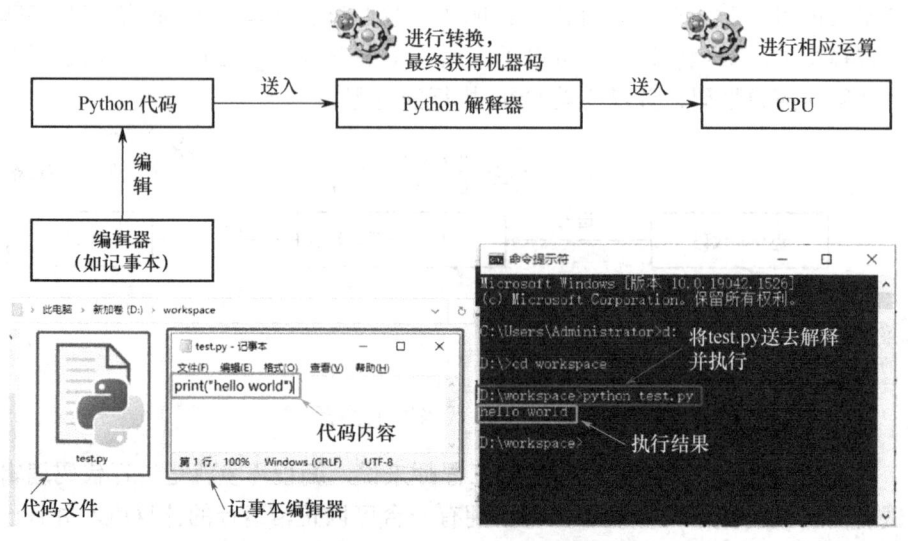

图 2-2 编辑器与解释器工作原理及范例

有时源代码实在太简单了，如只有一行指令 print("hello world")，我们可以利用内嵌在 CMD 命令提示符中的交互式编辑器来实现对源代码的编辑，然后直接将编辑好的源代码送去解释和执行。其实现过程如图 2-3 所示，首先，在 CMD 命令提示符中输入命令"python"，进入交互式编辑器；然后，在交互式编辑器中直接写入命令 print("hello world")，并按下回车键将该命令送去解释和执行，由界面反馈可知，命令 print("hello world")被正确执行。

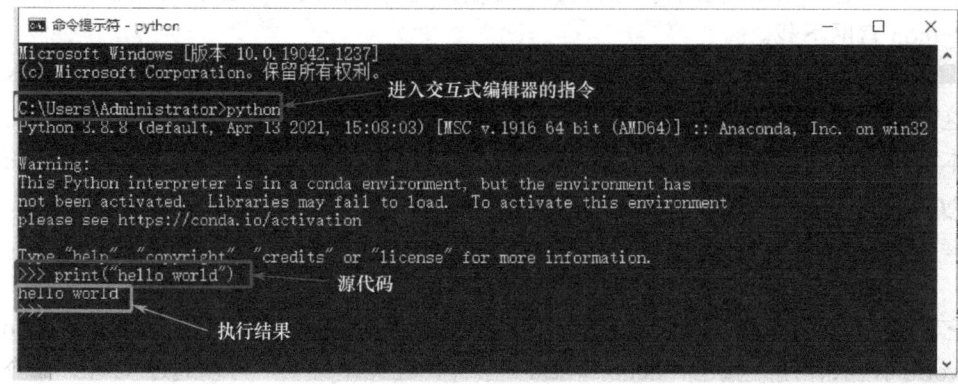

图 2-3 交互式编辑器使用范例

这个功能是 Python 安装包中附加的增值功能。在配置好 Python 编程环境之后，我们在 CMD 命令提示符中输入指令"python"就可以进入/激活这个交互式编辑器。当然，在解释器"python.exe"的目录下键入"python"命令一样可以调用交互式编辑器，只不过前一种方式是经由环境变量设定的快捷方法，将"python.exe"所在的目录事先存放于预置的搜索列表中，然后我们就可以在任意目录下定位到"python.exe"。

在面对更复杂的源代码时，使用 CMD 交互式编辑器和记事本工具就会显得有些原始和简陋了。IDLE 作为一款 Python 安装包自带的编辑器，提供了更加强大的交互式编辑器和文本文件编辑器。特别是 IDLE 的文本文件编辑器，它使用各种特定颜色高亮标记关键字，提示输入的语法错误，还可以自动填充关键字，这些功能给软件工程师带来了很大便利。

除了上述编辑器，还有其他更高级的编辑器，如 PyCharm 和 Jupyter Notebook（Jupyter Notebook 隶属 Anaconda 解决方案），这两款编辑器都是免费的，很适合专业的 Python 开发人员使用。本书推荐读者从 IDLE 的文本文件编辑器学起，熟悉之后再选用更高级的编辑器。

总结一下，Python 编程环境的核心组成部分就是编辑器和 Python 解释器。如图 2-4 所示，这两个组成部分可以由两个相邻的方框加以表示，两个方框中可加入不同的内容以形成各种组合。至于什么样的组合最合适，就要看编程任务的需求及个人的编程习惯了。

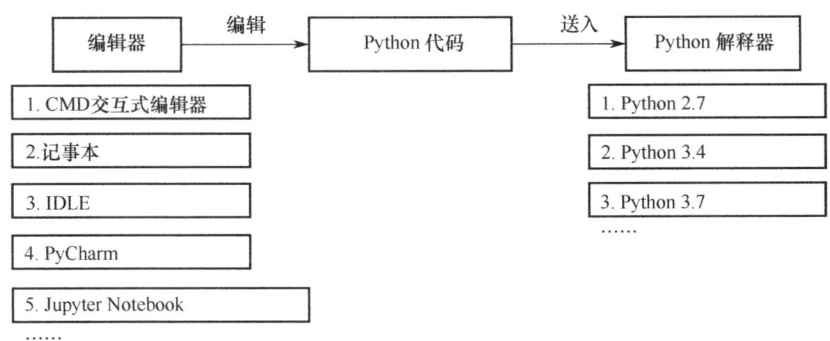

图 2-4 编辑器与解释器的不同组合

2.2 Python 编程环境配置

在初学 Python 的时候，为了简化配置流程，快速体会 Python 编程的魅力，配置 Python 官方安装包自带的编程环境是一个不错的选择，其配置过程大致可分为3个步骤，包括安装包的获取、安装包的部署及编程环境部署状态测试，下面依次进行介绍。

2.2.1 安装包的获取

Python 安装包就像一只大口袋，内部囊括了配置 Python 编程环境所需的全部"零件"，而该安装包可以从 Python 官方网站获得。如图 2-5 所示，在进入 Python 官方网站的首页后，从"Downloads"选项中找到"Windows"子项，单击后页面会跳转至如图 2-6 所示的新页面。

图 2-5　访问 Python 官方网站

如图 2-6 所示，该页面罗列了许多适用于 Windows 操作系统的 Python 安装包，这些安装包是根据其包含的解释器版本进行归类的，图 2-6 中显示的是包含 Python 3.7.1 特定解释器版本的若干安装包。随着时间的推移，页面显示的版本号也许会跟本书稍有不同，选择最新的稳定版本进行下载即可。

以图 2-6 为例，基于 Python 3.7.1 特定解释器版本的安装包又有很多选择，从操作的简单程度来考量的话，"executable installer"安装包最为合适。这种安装包以可执行文件的形式存在，运行该文件即可激活 Python 编程环境的安装引导程序，这很适合初学者。不过，可以发现包含 Python 3.7.1 的"executable installer"安装包有 2 种，包括"Windows x86 executable installer"和"Windows x86-64 executable installer",前者适用于 32 位的 Windows 操作系统,而后者适用于 64 位的 Windows 操作系统。就一般情况而言,目前国内市面上出售的个人计算机所搭载的 Windows 操作系统都是 64 位的,因此下载"Windows x86-64 executable installer"安装包即可,下载结果如图 2-7 所示,Python 安装包以一个可执行文件的形式存在。

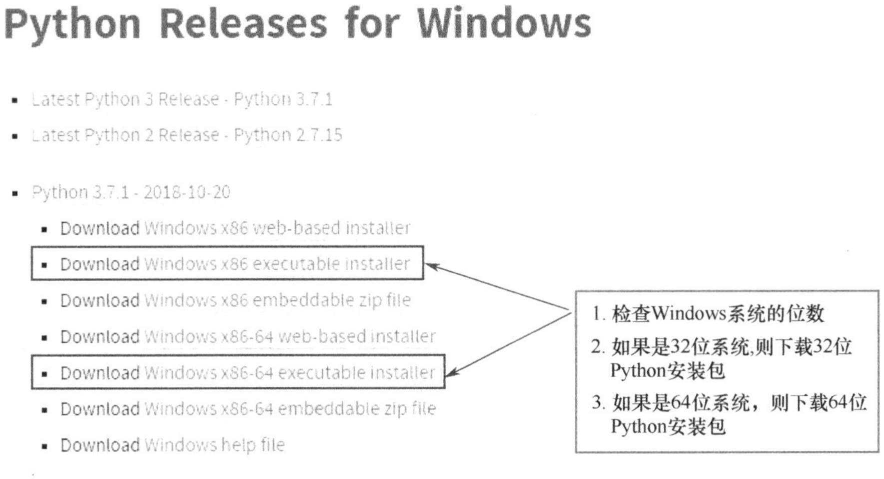

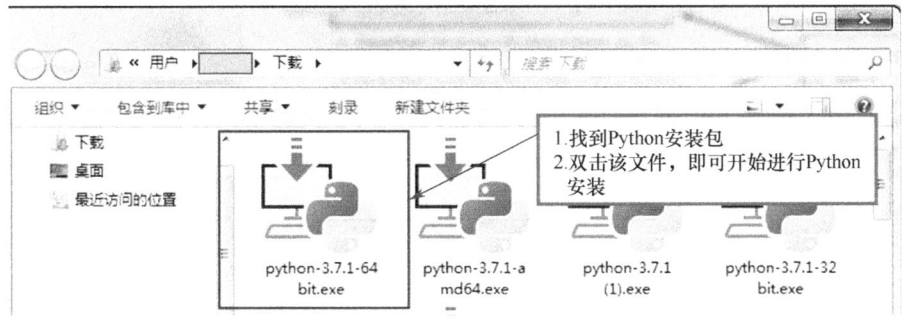

图 2-6 根据计算机操作系统选择对应的 Python 安装包版本

图 2-7 Python 安装包下载结果

2.2.2 安装包的部署

双击下载好的 Python 安装包文件,会打开如图 2-8 所示的页面,在该页面中可以配置 Python 解释器及配套工具包的部署路径、系统环境变量等选项。方便起见,初学者可以勾选"Add Python 3.7 to PATH"来添加环境变量,保持默认部署路径,然后单击"Install Now"进行安装,安装过程如图 2-9、图 2-10 所示。

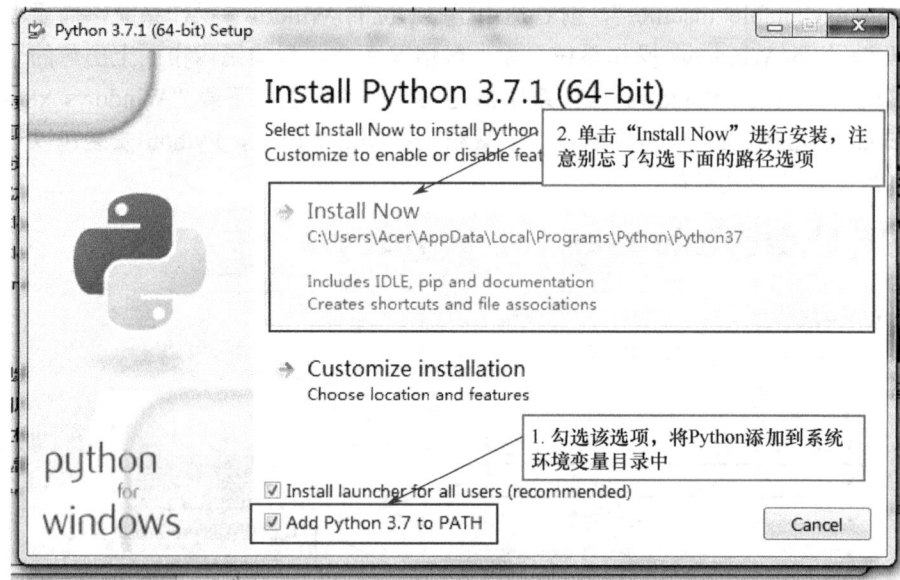

图 2-8　配置 Python 初始安装参数

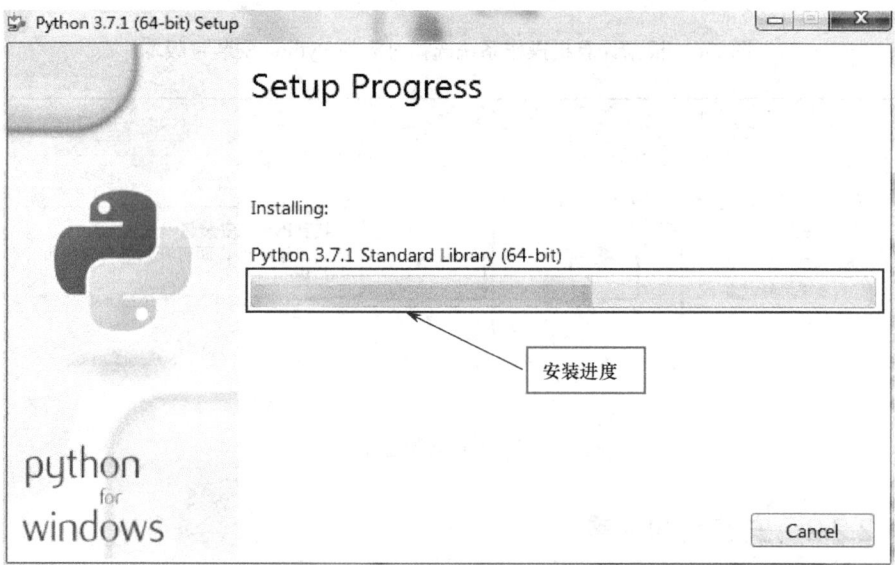

图 2-9　安装进度显示

第 2 章 编程环境

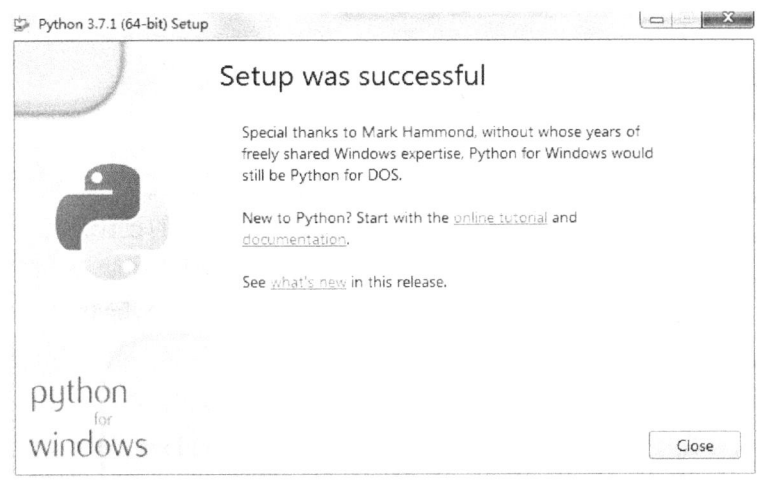

图 2-10 安装完成提示界面

2.2.3 编程环境部署状态测试

在看到如图 2-10 所示的页面时，一般可以认为本次 Windows 环境下的 Python 编程环境已经部署成功，但如果要确认部署状态，则需要进行以下操作，获得如图 2-11 所示的结果。

（1）打开 CMD 命令提示符窗口。

（2）在当前命令提示符中输入命令 "python"，并按回车键确认。

（3）查看系统返回的信息。

（4）输入 "import sys" 以载入 sys 模块。

（5）调用 sys 模块中的 version 属性变量，输入 "sys.version"，并按回车键确认。

（6）查看系统返回的版本信息。

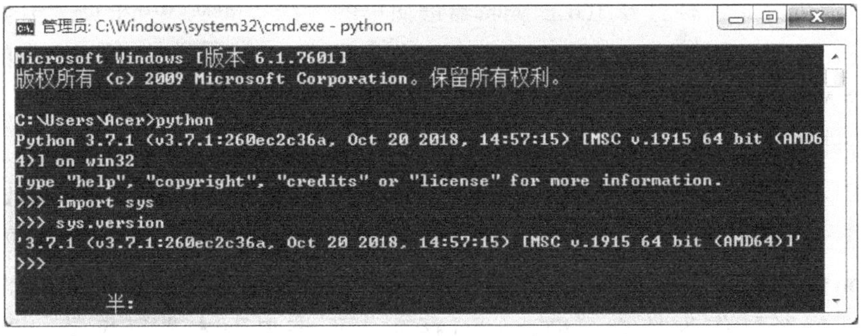

图 2-11 在 CMD 命令提示符中测试 Python 部署状态

2.3 IDLE 编辑器使用简介

在 2.2 节中，我们完成了 Python 编程环境的部署。在这一过程中，引导程序为我们屏蔽了大量的后台配置细节，这种简化配置过程的设计为初学者在工程配置方面提供了便利，但也给初学者对编程环境的理解埋下了隐患。

在此，我必须强调 2.2 节中编程环境配置最主要的实际意义，即完成了"Python 解释器"（python.exe）与"Python 代码编辑器"（IDLE）的配置。Python 解释器以一个名为 python.exe 的可执行文件的形式存在，该文件的位置已在安装包引导程序中设定（见图 2-8），读者可通过 Windows 资源管理器定位至目标文件夹以查看该文件。Python 代码编辑器的部分则由 IDLE 实现，需要注意的是，IDLE 仅仅是一个代码编辑器，它的主要职责是为代码编辑工作提供辅助，将编写好的代码送去解释器进行解释，等待解释器与 CPU 交互完成，最后将 CPU 的运行结果加以显示。

注意，不可将 IDLE 等同于 Python 语言本身，或者将解释器与 CPU 的"功劳"也都归于 IDLE。IDLE 就是一个 Python 代码编辑器，无论其功能多么强大，它也不能"越俎代庖"。例如，你在手机上点了一份午餐外卖，此时手机仅仅是一个操作界面，真正为你做饭和送餐的另有其人，IDLE 就好比此处的手机。上面说了不少关于 IDLE 的"坏话"，但它作为代码编辑器本身还是很优秀的，下面我们就一起来看看 IDLE 究竟能帮我们做哪些事。

2.3.1 打开 IDLE 编辑器

IDLE 是一款 Python 代码编辑器，本质上，它和"记事本"应用并没有什么区别。此处介绍一种打开 IDLE 编辑器最简单的方法，即从 Windows "开始"菜单打开。如图 2-12 所示，在 Windows 操作系统中，只要在开始按钮上方的搜索栏中输入"IDLE"就可以找到 IDLE 启动图标（Windows 8 及以上版本），单击该图标即可打开 IDLE 编辑器。

IDLE 的初始界面如图 2-13 所示，这是一个典型的 Windows 窗口界面，包含标题栏、菜单栏、工作区域、状态栏等组成部分。标题栏中显示的内容为"Python 3.7.1 Shell"，提示该编辑器关联到的 Python 解释器版本号为"3.7.1"，Python 解释器作为核心（Core）而存在，而该界面本身仅仅是一层外壳（Shell）。

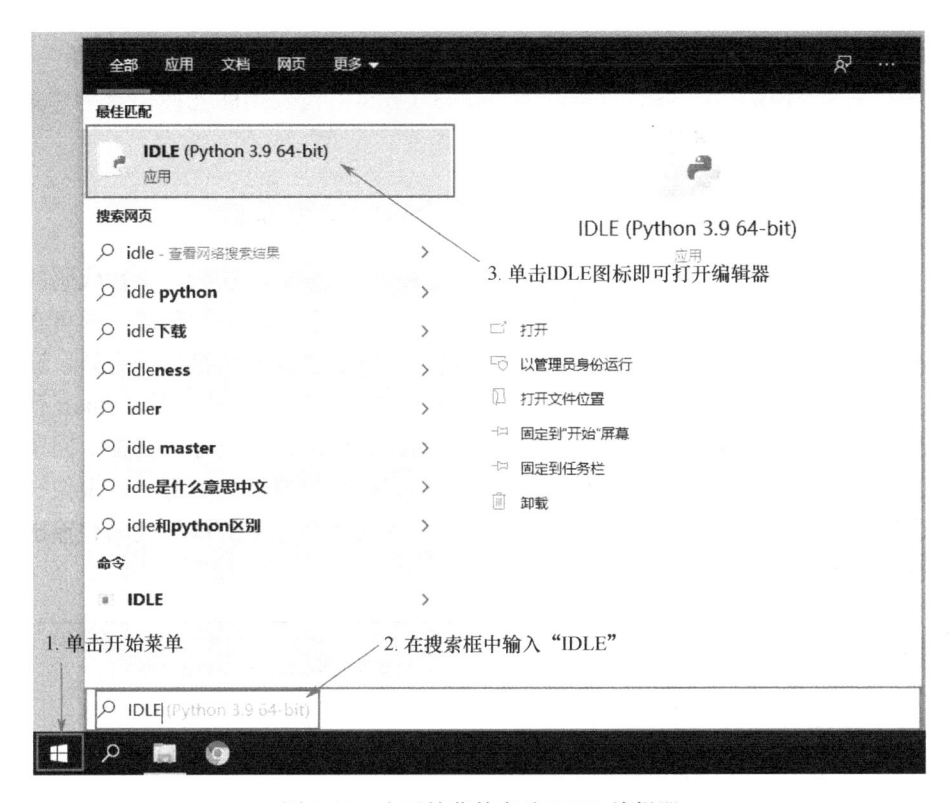

图 2-12　由开始菜单启动 IDLE 编辑器

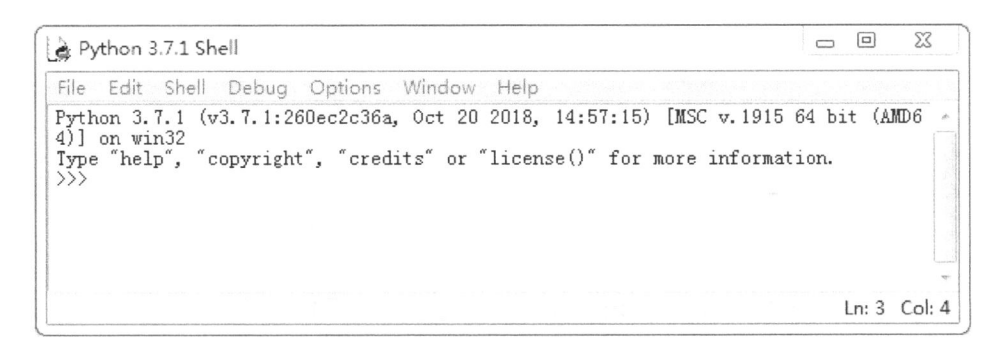

图 2-13　IDLE 的初始界面

菜单栏在标题栏的下方,包含了"File""Edit""Shell"等可选菜单,菜单中封装了各种 IDLE 提供的功能。工作区域就是中间的白色区域,图 2-13 中的">>>"符号指示输入 Python 代码的位置,在此处输入代码后,按回车键就会将代码送去执行(经由解释器和 CPU),然后在代码的下方显示运行结果。换句话说,此处实现了一个简单的交互式命令行编辑器的功能。当然,工作区域的功能还不止于此,我们将在后续内容中继续学习。最下方为"状态栏",显示关于程序当前运行状态的信息,如"Ln:3 Col:4"代表当前光标位置为"第 3 行、第 4 列"。

2.3.2　IDLE 提供的基于交互式命令行的编程界面

如图 2-14 所示,在">>>"提示符后输入一行 Python 代码,该行代码的意思是指挥计算机输出双引号内的字符串。在输入完成后,按下回车键,即可在所输入代码的下方得到输出结果,此处原样输出了双引号内的字符串。另外,通过观察可知,在结果的下方又出现了新的">>>"提示符,即等待新的 Python 代码输入。在交互式命令行中,每次编辑和运行的代码通常只有一行,在按下回车键后可以立即得到代码运行的结果。这种编程模式适合处理简短的指令,很像一次性餐具,用完即弃,在 IDLE 关闭后,所有交互式命令行中的输入代码和输出结果都会被清除。

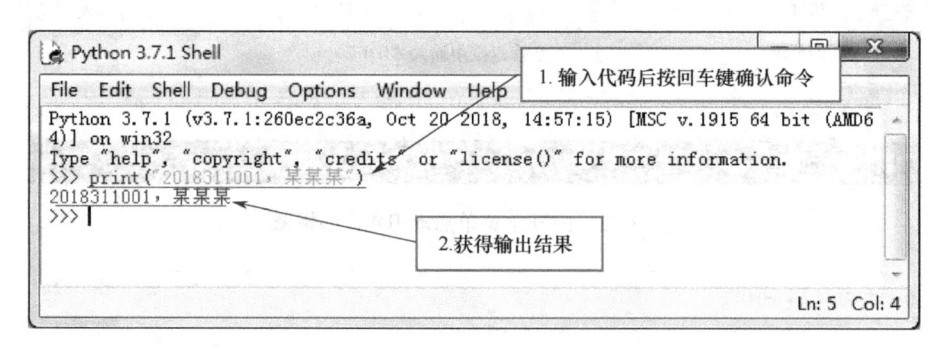

图 2-14　在 IDLE 提供的交互式命令行中测试 Python 指令

2.3.3　IDLE 提供的基于代码文件的编程界面

在很多情况下,我们要处理的代码不止一行,并且希望能够长期保存代码,反复对已经保存的代码进行编辑和测试,此时就需要用到 IDLE 提供的基于代码文件的编程界面。Python 代码文件在逻辑上就像一个容器,用以存储 Python 代码;Python 代码的本质就是纯文本,一个 Python 代码文件就是一个保存了纯文本的文件,在计算机上通常以.py 扩展名标记。类比于使用记事本创建的纯文本文件,二者本质上并没有什么差别,只不过记事本文件通常以.txt 扩展名标记。

在通过编辑器创建 Python 代码文件后,该代码文件即可在本地硬盘中长期保存,另外,可以根据需要随时通过编辑器进行加载,进而继续编辑其中的代码,并运行或测试代码。

1. 创建一个空白文件

如图 2-15 所示，在"Python 3.7.1 Shell"窗口中单击菜单栏中的"File"选项，在弹出的下拉菜单中单击"New File"子项，即可创建一个空白的 Python 代码文件并进入（对该文件的）编辑模式。图 2-16 所示为代码文件编辑界面，该界面是独立于"Python 3.7.1 Shell"的新窗口，可见该窗口的标题栏显示"Untitled"，表示该文件还未被命名，工作区域是空白的，可以开始编辑代码。

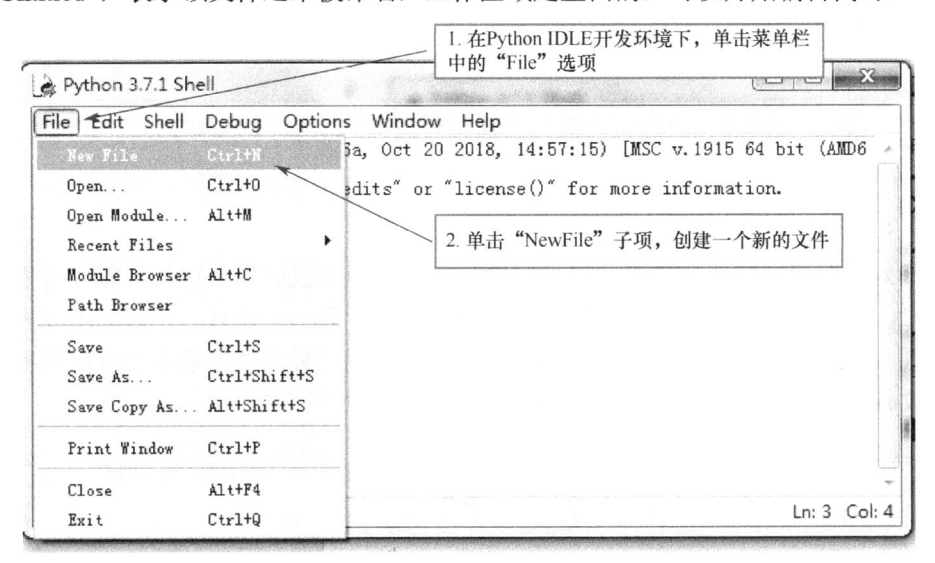

图 2-15　创建空白的 Python 代码文件

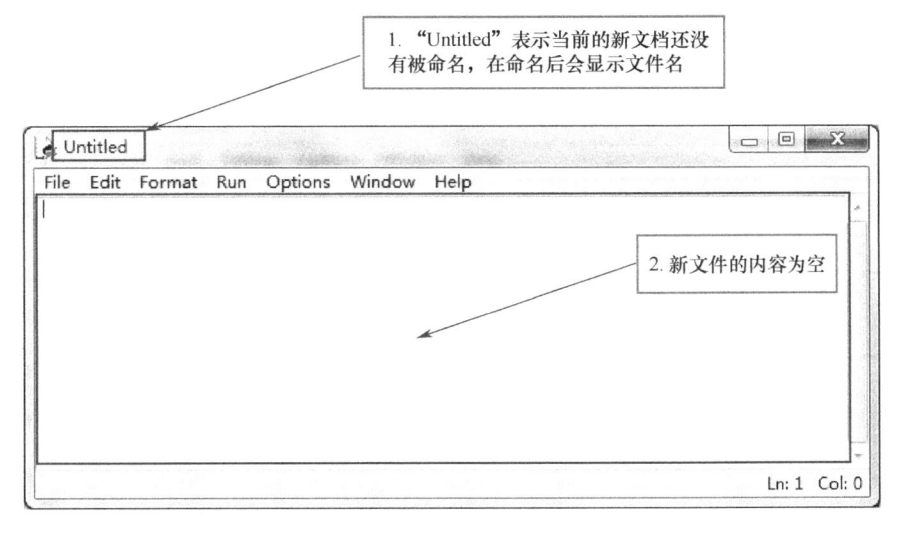

图 2-16　代码文件编辑界面

2. 在空白文件中写入代码

在文本编辑器的空白区域内可以输入任意代码，如图 2-17 所示，此处使用的是 2.2.2 节中的代码。

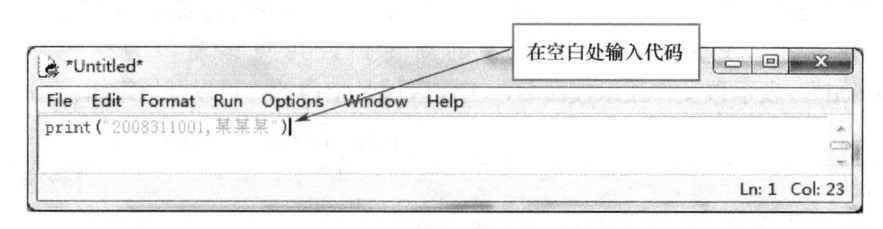

图 2-17 在编辑器中输入测试代码

3. 将编辑好的代码文件保存到本地

对于编辑好的代码文件，可以将其保存至本地硬盘的指定位置，保存过程如图 2-18、图 2-19 所示。在代码文件保存成功后，界面会跳转回代码编辑界面，如图 2-20 所示。通过 Windows 资源管理器定位到目标文件目录下，可以查看代码文件确实被保存成为以 .py 扩展名标记的文件，如图 2-21 所示。

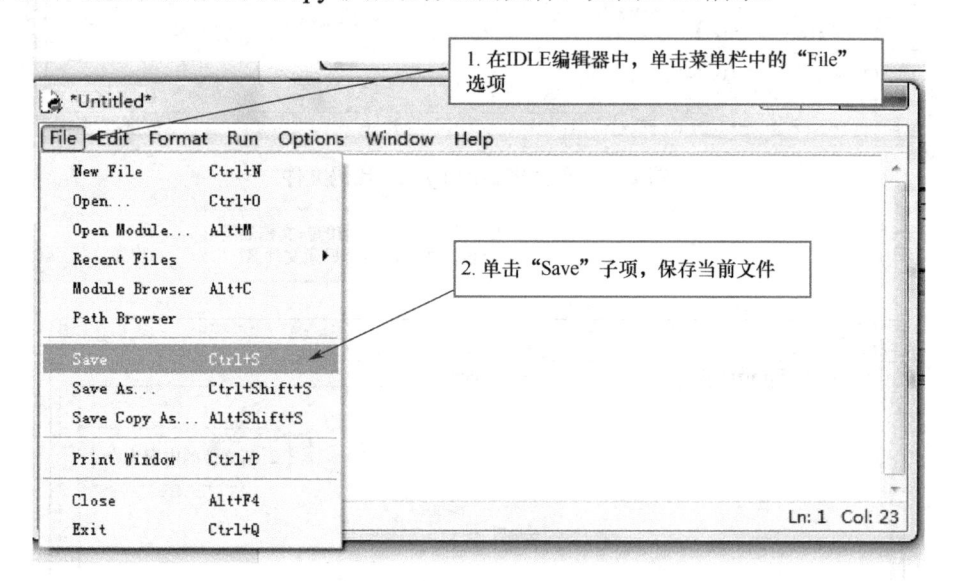

图 2-18 保存代码文件

第 2 章 编程环境

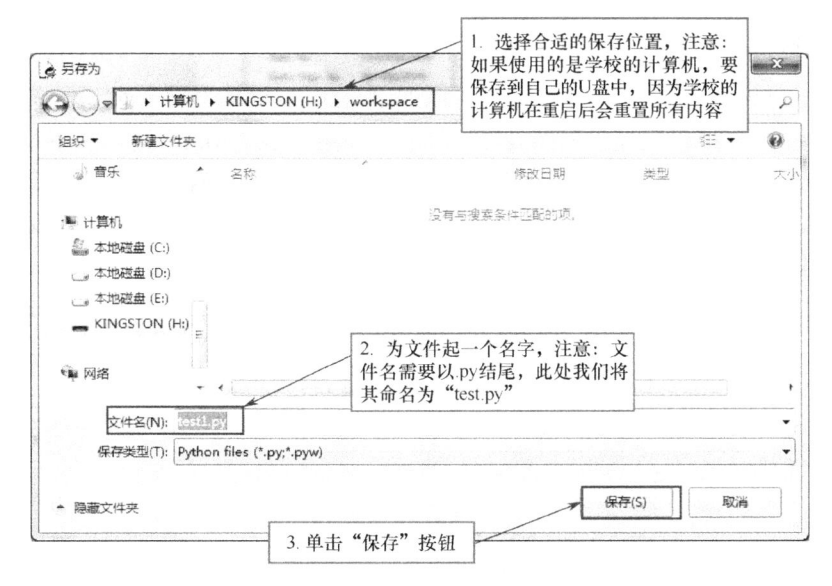

图 2-19 选择文件保存位置

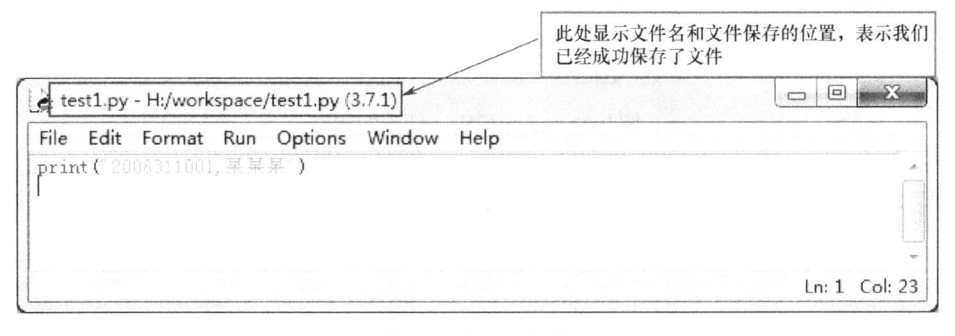

图 2-20 文件保存成功后的代码编辑界面

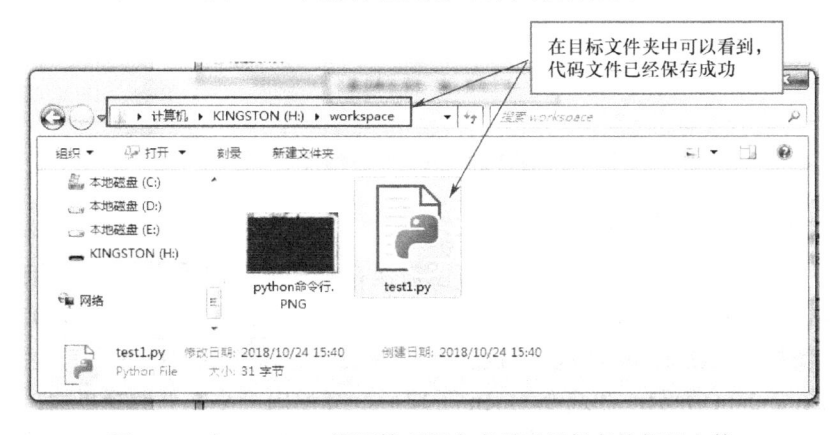

图 2-21 在 Windows 资源管理器中查看已经保存的代码文件

4. 运行代码文件并查询结果

对于已经保存好的代码文件，可以通过 IDLE 编辑器将其发送给解释器和 CPU 以进行解释和运行。如图 2-22 所示，在菜单栏"Run"选项的下拉菜单中选择"Run Module"子项，即可实现对当前代码文件的解释和运行。代码的运行结果会在"Python 3.7.1 Shell"的工作区域中显示，如图 2-23 所示，此处原样输出了代码中引号内的字符串。

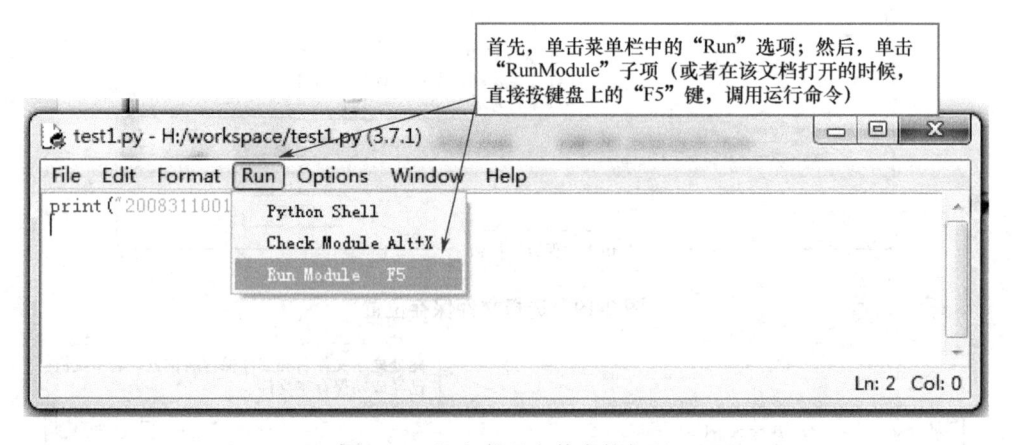

图 2-22 运行代码文件中的代码

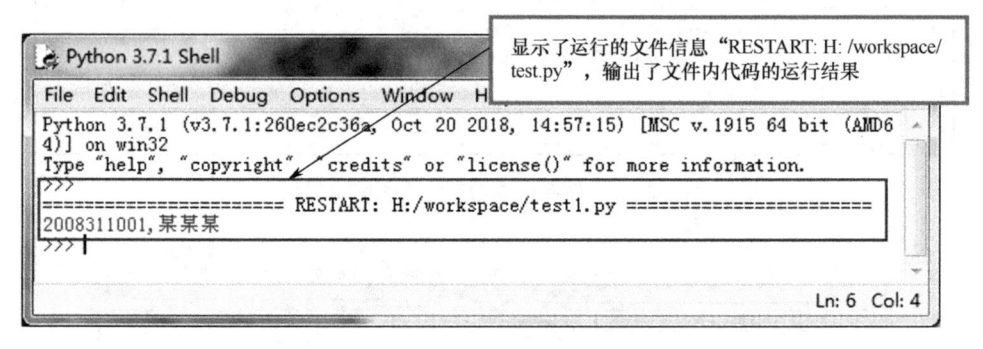

图 2-23 代码运行结果

5. 重启 IDLE 后重新加载代码文件

利用 IDLE 编辑器创建的文件可以被保存到本地文件系统中，在关闭 IDLE 编辑器后，该文件可以在本地文件系统中继续存在；如果需要对其进行编辑，则可以重新打开 IDLE 编辑器，通过调用"File"选项中的"Open"子项进行加载，如图 2-24(a)所示；在选择 Open 子项后，会弹出一个文件选择界面，此时选择目标文件并单击"打开"按钮即可，如图 2-24(b)所示；文件中的代码将会显

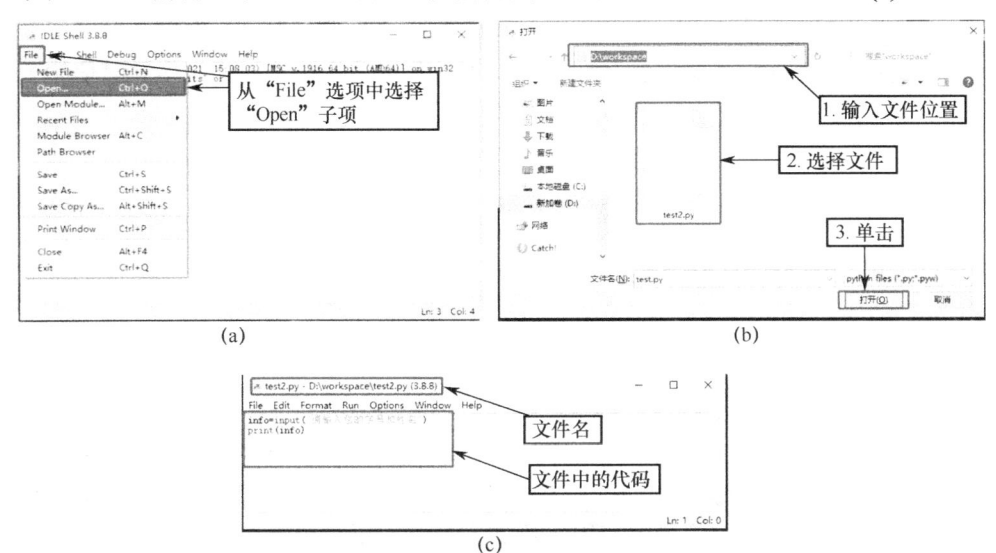

示在 IDLE 编辑器中，此时可以继续编辑代码或者运行代码，如图 2-24(c)所示。

(a)

(b)

(c)

图 2-24　加载已经在本地保存好的代码文件

2.3.4　输入与输出指令

由前文可知，编程环境的主要作用是帮助软件工程师实现对代码的编辑、解释、运行及对结果的显示。可以发现，所有的工作都是围绕代码展开的，换言之，代码是编程工作的核心处理对象。要想计算机完成预期的操作，就必须写出正确的代码。此处以最常用的输入与输出指令为例，介绍如何通过代码实现简单的人与计算机的交互，编程环境则在全过程中起到了辅助作用。

- input(参数)：输入指令，用于从键盘获取一段用户输入的字符串。
- print(参数)：输出指令，用于输出由参数指定的内容。

在调用 input()指令时，可以添加一个参数，该参数的作用是显示一串提示字符，提示用户输入指定的信息。例如，input("请输入您的学号和姓名")的意思就是输出提示信息"请输入您的学号和姓名"，然后等待用户从键盘输入内容。

用户在利用键盘输入内容后，按下回车键，此时程序会将用户的所有键盘输入作为一个字符串返回，例如，输入"001 王晓伟"后按下回车键，该内容就会以字符串的形式返回。为了在 Python 程序中接收这个字符串，可以将 input()指令的结果赋值给一个本地变量，如可以将源代码改成 info=input("请输入您的学号和姓名")。这样一来，从 input()指令获得的字符串"001 王晓伟"就会被赋值给 info 变量。为验证 info 变量是否被正确赋值，可以追加一行代码 print(info)，

· 29 ·

输出变量 info 的值。

如图 2-25 所示，编辑窗口的工作区域内显示了代码文件的内容，可以发现该文件包含 2 行代码：第 1 行代码负责从键盘获取用户输入的字符串并赋值给变量 info，第 2 行代码负责输出变量 info 的值。

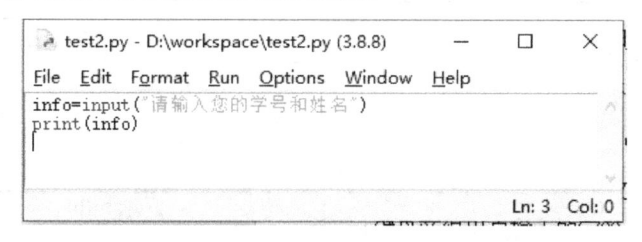

图 2-25 包含输入和输出指令的代码文件内容

在运行图 2-25 中的代码后，会触发 2 个连续的程序运行阶段，如图 2-26 及图 2-27 所示。图 2-26 显示了第 1 个阶段的结果，提示信息实际使用蓝色文本显示，用户从键盘输入的信息则使用黑色文本显示，用户在输入内容后，可以按下回车键，此时程序将进入第 2 个阶段；在第 2 个阶段，程序从 input() 指令获得的字符串"001 王晓伟"将会被赋值给 info 变量，并通过 print(info) 指令输出 info 变量的值，进而获得如图 2-27 所示的结果。在本部分，读者着重体验操作过程即可，指令的语法细节会在后续章节中详细介绍。

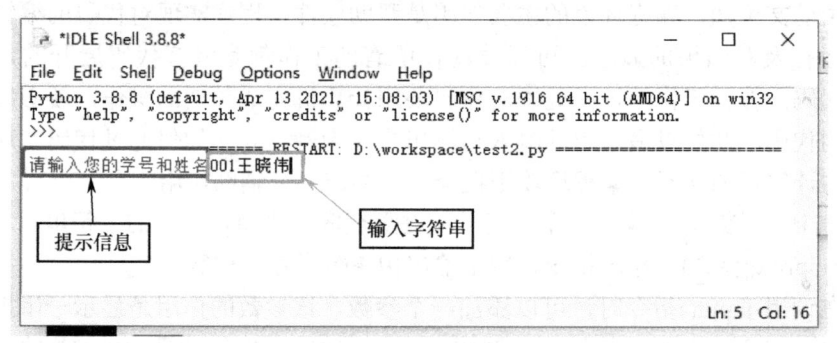

图 2-26 执行输入指令

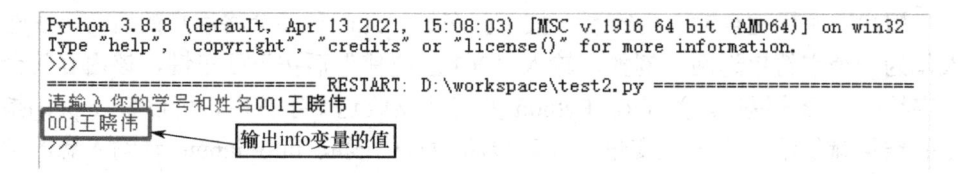

图 2-27 执行输出指令

2.3.5 代码的注释方法

代码的作用是指挥计算机，其本质是用程序语言写成的描述段落，这种描述段落的最终读者是计算机。虽然程序语言经过了数次升级，现在的高级程序语言对于用户已经非常友好，但人类终究还是不习惯阅读代码的，当程序的内容比较复杂、代码量很大的时候，更是如此。为了辅助用户更好地阅读使用程序语言写成的代码，"注释"被引入程序语言。

注释是对代码的解释，在注释中，可以使用任意自然语言来对代码进行说明，而当代码被送给解释器的时候，这些注释会被解释器忽略。由此可知，注释的作用是为用户提供解释说明，与代码的运行无关。虽说如此，注释的作用却极大，好的注释会大幅提高代码的可读性，降低代码的维护成本。

注释在由多人参与的大型软件开发中尤为重要，在团队成员阅读由同事编写的代码时，注释能提供很大的帮助。因此，专业的软件开发团队都会要求成员提供规范的代码注释。在极端的情况下，如有团队成员离职，接手任务的新人可依赖的资源往往就只有前人留下的注释，注释的重要性由此可见一斑。

此处介绍两种 Python 常用的注释方法：单行注释与多行注释，而代码注释的具体实现方法可参考图 2-28。

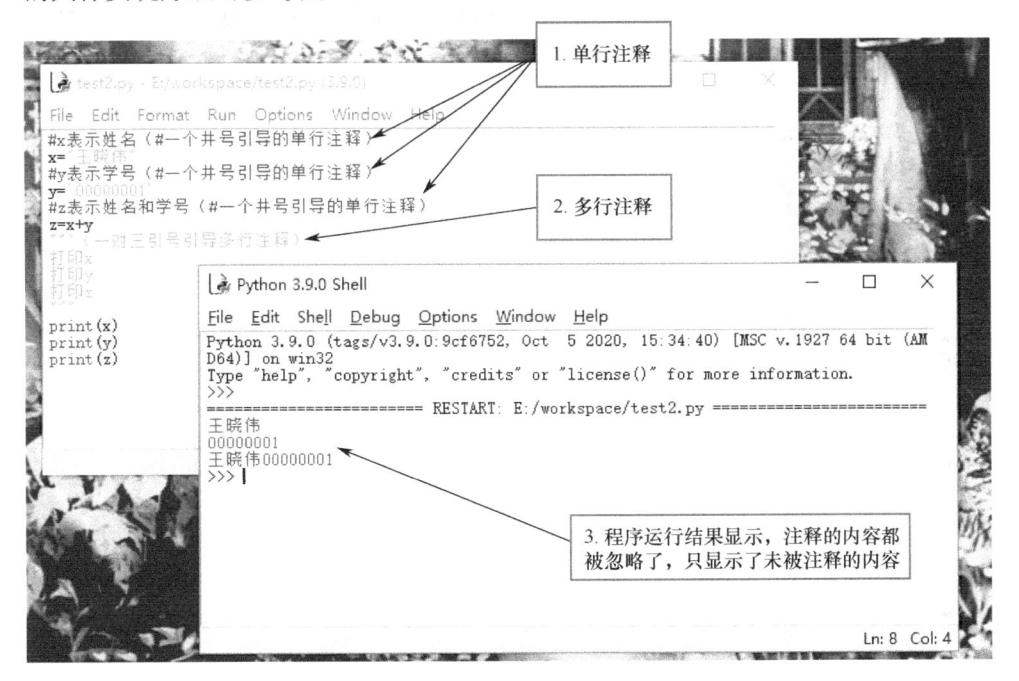

图 2-28 代码注释的具体实现方法

（1）单行注释：#（井号）表示注释掉其后一行内容，一般用来说明程序的运行机制和作用。

（2）多行注释：一对三引号"'' ''或""" """可以引导多行注释，三引号内可以添加任意内容而不会被解释器解释，一般用于大段的说明。

2.4 课后思考与练习

1. 查询计算机的系统类型（操作系统位数可以通过系统属性查询）。

2. 下载对应版本的 Python 安装包并进行安装，设置环境变量（环境变量的查询和设置方法可通过搜索引擎查找和学习），并验证 Python 是否被正确安装。

3. 打开 Python IDLE 交互式编程环境，输出自己的学号和姓名。

4. 打开 Python IDLE 交互式编程环境，使用 input("请输入姓名和学号：")从键盘获取输入，输入内容为自己的姓名和学号，将获取的输入内容保存到一个字符串变量中，最后使用 print()语句输出自己的姓名和学号。

5. 通过 IDLE 创建一个新的 Python 文件，保存在硬盘中，命名为"test1.py"，文件内容为输出自己的学号和姓名，最后运行该文件，查看输出结果。

6. 通过 IDLE 创建一个新的 Python 文件，保存在硬盘中，命名为"test2.py"，文件内容如下：

```
x="name"              #此处为姓名
y="student num"       #此处为学号
z=x+y
print(x)
print(y)
print(z)
```

7. 在"test2.py"文件中使用两种形式的注释，注释内容为对每行语句的解释说明，然后运行该文件。

第 3 章 数据类型

顾名思义，Python 数据类型就是指 Python 语言中数据的类型，Python 根据人们日常处理数据的习惯提供了不同的数据类型，以处理不同类型的数据。这听起来有点"拗口"，但其本质就是为每种类型的数据提供一种在计算机中的封装格式，也就是将人们日常处理的数据转换成计算机可以保存并处理的形式。

根据 Python 数据类型的复杂程度，本书将其分成两大类，包括基础数据类型和进阶数据类型。如图 3-1 所示，基础数据类型下分三个子数据类型：数值型（numerical）、字符串型（string）、布尔型（bool），其中数值型又可以细分为三类：整型（int）、浮点型（float）、复数型（complex）。进阶数据类型下分四个子数据类型：元组（tuple）、列表（list）、字典（dict）、集合（set）。根据这一分类，本章后续内容会对每种数据类型进行详细的介绍。

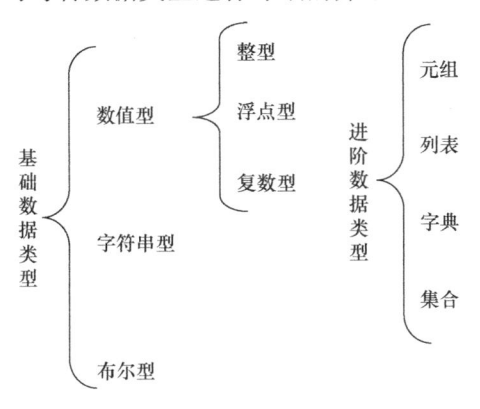

图 3-1 Python 数据类型体系

3.1 数值类型的计算机表示原理及其语法基础

根据冯·诺依曼对现代电子计算机的设计思路，利用电路中自然的通电与断电状态（或者高电压与低电压状态）来表示二进制中的"1"和"0"是对物理电

Python 语言基础

路性质最高效、最直接的应用。因此，所有数据最后都会以二进制数的形式在计算机中进行储存。

3.1.1 整型的内存结构

计算机最早期的处理对象是"数"，那么计算机必须想办法将人类所知的不同类型的数用二进制的方法进行表示和存储。据此，需要处理的对象应包含"自然数"（Natural Number，通常用 N 表示）、整数（Integer，德文称 Zahlen，通常用 Z 表示）、实数（Real Number，通常用 R 表示，因又可以用小数表示，所以也称为浮点数，即 Floating Point Number），随着虚数（Imaginary Number，通常用 I 或 i 表示）的出现，人们又将数域推广至复数（Complex Number，通常是由实数部分和虚数部分一起组成的，写成 $R+x\cdot i$ 的形式）。针对这些不同类型的数，计算机给出了对应的二进制表示方案，如图 3-2 所示。

自然数	无符号整型
整数	整型
实数	浮点型
复数	复数型

图 3-2 不同数值类型对应的数据类型

最简单的数值类型是无符号整型，通常用于表示自然数，以 byte（字节）为最小存储单位。如图 3-3 所示，因为 1byte 的 8bit（位）可以表示 256 种不同状态，所以它可以表示 0~255（0~2^8-1）的自然数。如果觉得表示范围太小，则可以增加 byte 的个数，如使用 2byte，就有 16bit，可以表示 0~$2^{16}-1$ 的自然数。

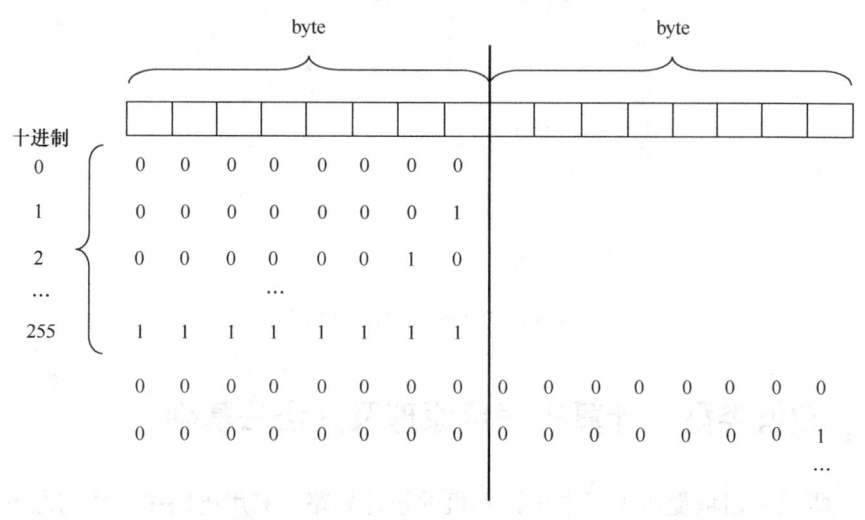

十进制	byte	byte
0	0 0 0 0 0 0 0 0	
1	0 0 0 0 0 0 0 1	
2	0 0 0 0 0 0 1 0	
...	...	
255	1 1 1 1 1 1 1 1	
	0 0 0 0 0 0 0 0	0 0 0 0 0 0 0 0
	0 0 0 0 0 0 0 0	0 0 0 0 0 0 0 1
		...

图 3-3 无符号整型的内存结构示意

整数是对自然数的扩展，除 0 外，每个正数都有一个绝对值相等的负数。那么只需要给无符号整型加上正负符号即可表示所有的整数。如图 3-4 所示，假如我们还是用 1byte 来表示整数，就可以用该 byte 最开头的 bit 来表示正负符号，0 表示正，1 表示负，那么该 byte 所能表示的整数范围就是−128～+127。与之前一样，如果觉得表示范围太小，则可以增加 byte 的个数。由于整数包含自然数，所以方便起见，Python 只设置了整型，即 int。

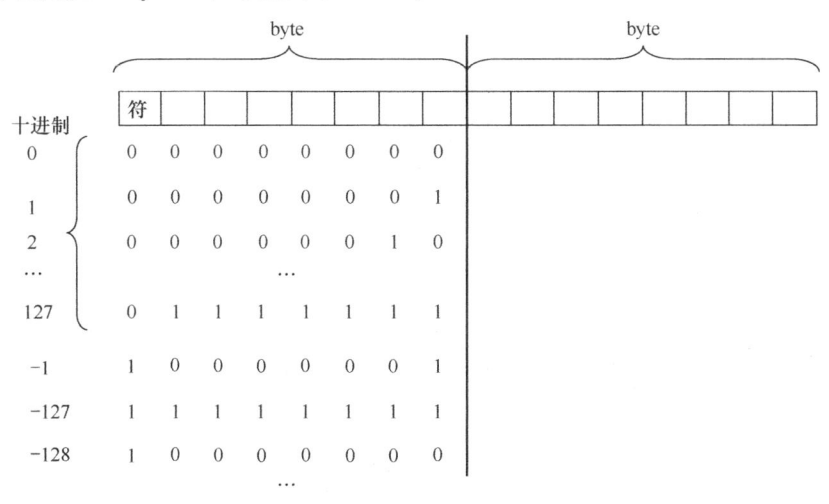

图 3-4　整型的内存结构示意

3.1.2　浮点型的内存结构

计算机通常采用浮点数方法来对实数进行表示。一个很自然的设计就是取 2byte，一个 byte 表示小数点前的整数部分，另一个 byte 表示小数点后的小数部分。按照该思路，我们可以得到如图 3-5 所示的结构，图中的二进制小数 101.011 转换成十进制为 $1×2^2+0×2^1+1×2^0+0×2^{-1}+1×2^{-2}+1×2^{-3}=5.375$，此处的运算和十进制类似，只是将底数 10 换成了底数 2。无论是十进制还是二进制，我们都称之为对位的计数法。与非对位的计数法相比，这种方法使数字的表示和运算变得非常简洁。罗马数字的表示和计算使用非对位计数法，因此其表示和计算都相当烦琐，并不适合规模较大的运算，感兴趣的读者可以去研究一下。

以上的设计只是一个假设的概念模型，浮点数在计算机中的二进制表示实际是以科学记数法的方式进行存储的。还是类比十进制的科学记数法，将底数换成 2 且将尾数（或称有效数）用二进制表示即可。在图 3-6 中，图 3-6(a)是我们日常使用的十进制浮点数的科学记数法，图 3-6(b)是一个假设的计算机中的二进制浮点数科学记数法模型，图 3-6(c)则是实际的计算机中的二进制浮点数科学记数法模型。

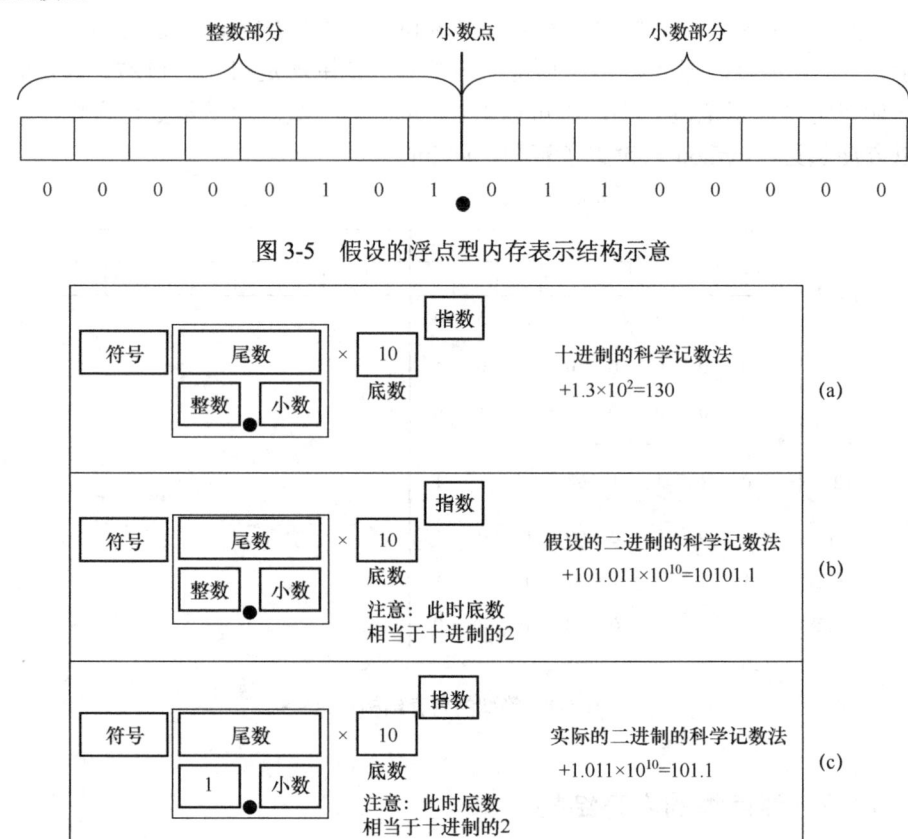

图 3-5 假设的浮点型内存表示结构示意

图 3-6 浮点数的科学记数法表示

在计算机中，我们使尾数中的整数位置默认是 1，所有的二进制小数都表示成"符号×尾数×10^{指数}"的形式，因此我们只需要设置 byte 的排列，使其表示对应的"符号""尾数小数部分""指数"即可。因为在 Python 中采用 8byte 的双精度表示方法，此处就以双精度 F8 64bit 的排列为例进行说明。如图 3-7 所示，我们使用 MSB 作为符号位，后面 11bit 用来表示指数，在这 11bit 中，紧挨着 MSB 的那一位作为指数的符号，指数后面的 52 位则表示尾数中的小数部分。

此处需要特别注意的是，与整数的精确表示不同，计算机中的二进制浮点数无法精确表示部分小数，原因是计算机中的储存空间是有限的，无论取一个多长的有限 byte 排列，最后的小数位从……00 到……01 的实数是无法精确表示的。在双精度 F8 中，最小的表示间隔为 $2^{-52-1024}$，由于 F8 中 52bit 的小数位限制，在将用双精度 F8 表示的二进制数转换为十进制数时,所能保存的准确位数应是 $\log_{10}2^{53}$,取整得到 15,也就是说,双精度 F8 保证 15 位以内的十进制数是准确的。感兴趣的同学可参考数值分析中的误差分析,此处只需了解计算机的浮点数表示思想及可能存在的误差。

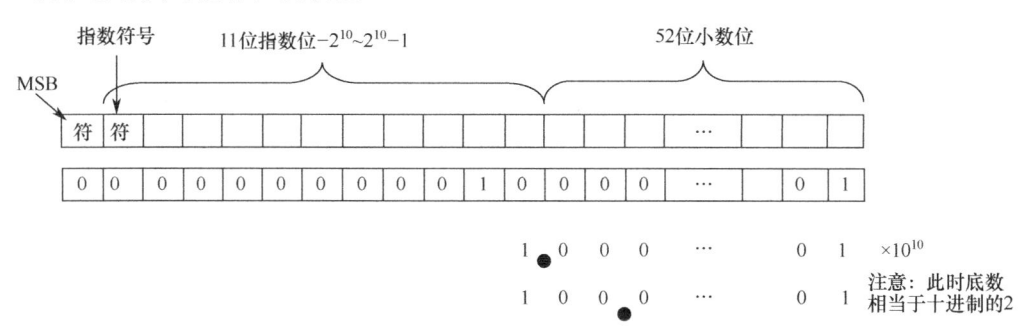

图 3-7 双精度 F8 浮点数的内存结构示意图

3.1.3 复数型的内存结构

有了双精度 F8 浮点数的表示基础,我们只要用两个 F8 分别表示复数的实部和虚部就可以了。至此,我们就对已知的所有数值类型做了二进制表示,如图 3-8 所示,区别于图 3-2,Python 语言不再单独考虑无符号整型。

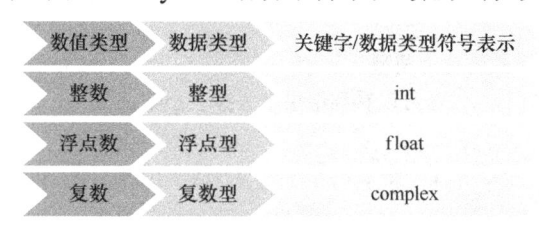

数值类型	数据类型	关键字/数据类型符号表示
整数	整型	int
浮点数	浮点型	float
复数	复数型	complex

图 3-8 Python 提供的数值类型

3.1.4 数值类型的语法表示规则

需要注意的是,我们只说明了如何用二进制对各种类型的数进行表示,以此说明区分数据类型的重要性,而如何进行具体的底层四则运算则超出本书的范畴,有兴趣的读者可以参考其他相关书籍(如《程序是怎么跑起来的》)。讲完原理,我们接着来讲讲不同数值类型在 Python 中的语法表示规则。

1. 整型

相关代码说明如下。

```
1010,  99,  -217     #十进制,与我们日常的使用习惯保持一致(Decimal)
```

```
0b010, 0B101              #二进制, 以0b或者0B开头 (Binary)
0o123, -00456             #八进制, 以0o或者0O开头 (Octonary)
0x9a,  0X89               #十六进制, 以0x或者0X开头 (Exadecimal)
```

2. 浮点型

相关代码说明如下。

```
0.0,    -77.,    -2.17     #十进制小数表示
96e4,   4.3e-3,  9.6E5     #科学记数法表示
#字母"e""E"作为幂符号, 表示以10为底数
#例如, 96e4表示96乘以10的4次方, 即96*10⁴
```

3. 复数型

相关代码说明如下。

```
12.3 + 4j, -5.6 + 7j       #a+bj, a为实部, b为虚部, a和b均为浮点数, j为虚
数单位
```

3.1.5 数值类型之间的转换

数值类型之间的转换，使用对应函数 int()、float()、complex()。此处引入了函数的概念，其英文名为"Function"，是可以完成特定功能的一种工具，我们用关键字后加一对圆括号的方式来标注。以上3个函数的功能如下。

```
In [1]:
#int(参数): 将参数转化为整型
print(int(4.5))         #可以看到结果中去掉了小数部分
Out[1]:
4


In [2]:
#float(参数): 将参数转化为浮点型
print(float(4))         #可以看到结果中增加了小数部分
Out[2]:
4.0


In [3]:
#complex(参数): 将参数转化为复数
print(complex(4))       #可以看到结果中增加了虚数部分
Out[3]:
(4+0j)
```

3种数值类型间具体的转换关系如图3-9所示，其中 int 与 float 可互相转换，

第 3 章 数据类型

而对于 complex 只能单向转换。注意,此处只说明了外观形式的变化,需要清楚其背后是不同 byte 排列规则的转换,此处进一步说明了区分数据类型的重要性。

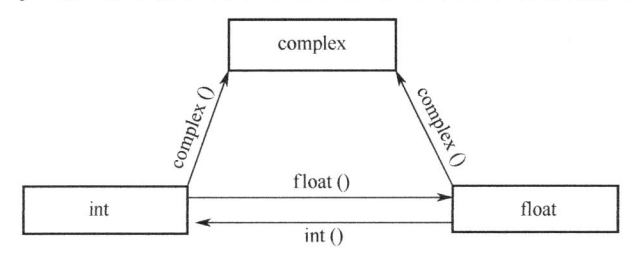

图 3-9 3 种数值类型间具体的转换关系

接下来,再介绍一个函数 type(),其可以帮助使用者弄清楚当前操作对象的数据类型,下面范例中将 type()函数的结果作为 print()输出函数的参数,最后输出的是数据类型。

```
In [4]:
#type(参数):返回参数的数据类型
print(type(4))              #输出为整型
print(type(4.0))            #输出为浮点型
print(type(4+0j))           #输出为复数型
Out[4]:
<class 'int'>
<class 'float'>
<class 'complex'>
```

3.1.6 变量与赋值的简单说明

在了解数值类型的表示方法后,为了进一步在编程过程中使用它们,我们必须引入"变量"和赋值符号"="的概念。如图 3-10 所示,所谓变量就像一个贴了标签的盒子,这个盒子可以装下任何类型的对象,当然也包括我们之前介绍的数值型对象。为了把对象放入盒子,我们需要一个放入的动作,这个动作称为赋值操作。例如,我们要往一个贴着"x"标签的变量盒子中放入一个整数"8",可以写如下语句:x=8。

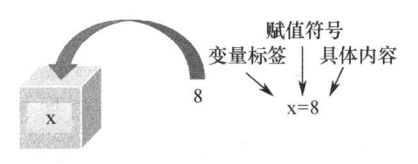

图 3-10 变量赋值过程的形象比喻

在变量被赋值后,就可以通过这个变量的标签来访问变量盒子中存储的值,因此我们可以写出如下代码:

```
In [5]:
x=8              #将整数8赋值给标签为x的变量
```

```
print(x)        #输出标签为x的变量
Out[5]:
8
```

其结果是将整数 8 输出到屏幕上,此处的 print()函数就是我们之前提到过的基础输出函数,不再赘述。另外,还需要注意区别数学中的等号"="与 Python 语言中的赋值符号"="的区别,初学者很可能混淆,此处再举两例。

```
In [6]:
y=6.8           #将浮点数6.8赋值给标签为y的变量
print(y)        #输出标签为y的变量
Out[6]:
6.8


In [7]:
z=8+6.8j        #将复数8+6.8j赋值给标签为z的变量
print(z)        #输出标签为z的变量
Out[7]:
(8+6.8j)
```

变量赋值的实际后台操作为:Python 首先识别对象的数据类型,在内存中根据数据类型分配适当的 byte 数,在分配到的 byte 中以对应类型的二进制表示规则表示该对象,指向整体的内存位置。当然,这一过程太过底层,在很多时候只要用前面提到的变量盒子概念模型去理解就好,详细的说明在本书第 4 章。

3.2 字符串类型的计算机表示原理及其语法基础

3.2.1 字符串类型的理论模型

除了表示数字,计算机也可以表示字符,只要给每个字符一个编号就可以了。将这些字符排列起来,就构成了我们所说的字符串。最简单的字符编码是 ASCII 编码(美国信息交换标准代码,全称为 American Standard Code for Information Interchange),包含大小写英文字母、0~9 的数字、标点符号,还包含若干控制符。例如,"A"编为 65 号,"a"编为 97 号,"@"编为 64 号。

对于 ASCII 字符,我们使用 1byte 就足够了,但对于许多东方国家的文字(如我国汉字字符有数万个),只用 1byte 就无法对其编码了。通常需要至少 2byte 来表示一个汉字字符,如我们常用的 GB2512 标准就采用了双字节编码标准。其他常见的汉字编码规则还有 BIG5、GBK、GB18030、UTF-8 等。这些编码的思想都是给字符编号,只不过在编码规则和所使用的 byte 数上有所差别。

在 Python 中，表示字符串内存结构时所使用的是一种有序概念模型，凡是由引号（单引号'*'、双引号"*"、三引号"""*"""/"""*"""）引起来的一串字符，都称为字符串，字符串从左至右形成一个有序排列，称为一种序列。

一个代码范例如下。

```
In [8]:
S="Python中国"    #为变量S赋值字符串"Python中国"
```

此段代码的意思就是将字符串"Python 中国"赋值给 S，而 Python 提供概念模型对其进行表示，如图 3-11 所示。字符串中的每个字符（从左到右）都有一个索引号，从最左边的"0"开始编制，依次递增 1。当然，也可从字符串的结尾逆序向左编制索引号，从最右边的"-1"开始，向左依次递减 1。

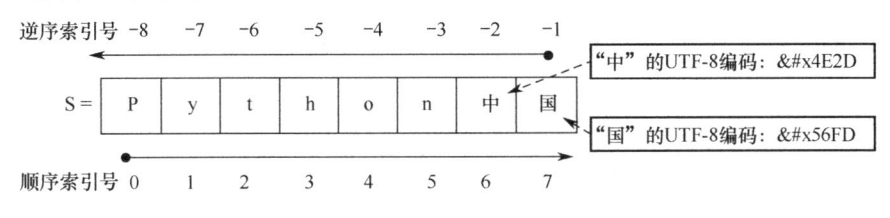

图 3-11 字符串逻辑存储结构示意

3.2.2 对字符串数据的访问

在提供对字符串中每个字符的索引号后，就可以通过索引号访问字符串中的字符了，基本的访问格式如下。

```
In [9]:
#语法：字符串[索引号]
S="Python中国"    #为变量S赋值字符串"Python中国"
print(S[6])      #输出结果为"中"
print(S[7])      #输出结果为"国"
print(S[-2])     #输出结果为"中"
print(S[-1])     #输出结果为"国"
print(S[1])      #输出结果为"y"
print(S[-7])     #输出结果为"y"
Out[9]:
中
国
中
国
y
y
```

由此例可知，在 Python 的字符串中，无论是英文字符还是汉字字符，都用一个索引号指示。当然，Python 默认使用 UTF-8 编码，而 UTF-8 又是兼容 ASCII 的，因此中英文字符都按照 UTF-8 编码来处理就可以了。另外，无论是顺序索引号还是逆序索引号，都可用于字符访问。

还要说明的是，除了访问单个字符，我们也可以从字符串中截取一部分，这也很简单，只要给出首尾两个索引位置就可以了，格式如下。

```
In [10]:
#语法：字符串[起始索引号 : 结尾索引号]
S="Python中国"         #为变量S赋值字符串"Python中国"
print(S[4 : 6])        #输出结果为"on"
print(S[4 : -2])       #输出结果为"on"
print(S[  :  ])        #输出结果为"Python中国"
print(S[4 :  ])        #输出结果为"on中国"
print(S[  : 6])        #输出结果为"Python"
print(S[  : -2])       #输出结果为"Python"
Out[10]:
on
on
Python中国
on中国
Python
Python
```

对字符串进行片段截取称为"切片"操作，后文还会介绍更多有序的数据类型及其对应的切片操作。切片的起始索引取索引号对应的字符，结尾索引则不直接取值，而是向左推一位后再取。如范例中的 S[4 : 6]，索引号 4 对应"o"，作为起始索引被直接取到，而索引号 6（结尾索引）虽然对应"中"，却不直接取"中"，而是向左推一位取"n"，这样截断之后得到"on"。

注意，我们使用"："对起始索引和结尾索引进行区分，但当对应位置上没有写上数字时，则代表不限位，顺延直至取完。如果是左侧空置，则代表从头开始取；如果是右侧空置，则代表一直取到右边结尾处；如果两边都空置，则取整个字符串。

3.2.3 涉及字符串类型的类型转换

下面介绍数值类型与字符串类型之间的转换，如图 3-12 所示，Python 提供了 str() 函数用于实现其他数据类型到字符串型的转换，这与之前提到的 int()、float() 等函数类似。

第3章 数据类型

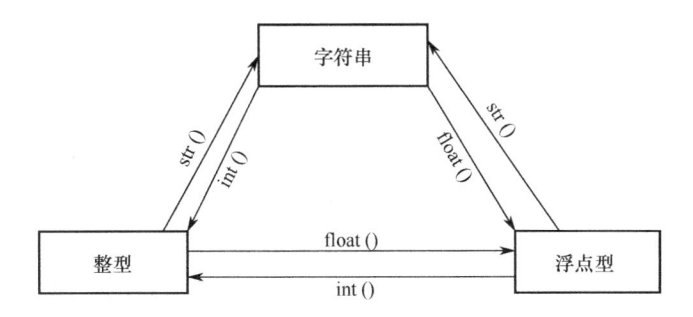

图3-12 数值类型与字符串类型之间的转换示意

具体的转换过程可以参考如下范例代码。

```
In [11]:
x=str(4)                    #将字符串类型的4赋值给变量x
print(x,type(x))            #输出变量x的值，以及变量x的类型
#可以从输出结果看到，虽然形式上跟整数一致，但其类型已经是字符串
y=str(4.0)                  #将字符串类型的4.0赋值给变量y
print(y,type(y))            #输出变量y的值，以及变量y的类型
#可以从输出结果看到，虽然形式上与浮点数一致，但其类型已经是字符串
#另外，print()也可以同时输出多个参数，在各参数之间添加逗号即可
#print()函数的其他用法后文会陆续介绍
Out[11]:
4 <class 'str'>
4.0 <class 'str'>
```

需要注意的是，对于不同的数据类型（如字符串和整型），无法直接计算，这是因为其二进制的表示法不同。例如，运行 20+'20'这行代码，会返回一个错误信息：Type Error：unsupported operand type(s) for+: 'int' and 'str'，具体代码如下。

```
In [12]:
20 + '20'  #加号左侧为整型，右侧为字符串（因为加了引号）
#由报错结果可知，整型与字符串不能直接相加
Out[12]:
---------------------------------------------------------------------------
TypeError                                 Traceback (most recent call last)
<ipython-input-17-6c710ec7d009> in <module>
----> 1 20 + '20' #加号左侧为整型，右侧为字符串（因为加了引号）
      2 #由报错结果可知，整型与字符串不能直接相加
TypeError: unsupported operand type(s) for +: 'int' and 'str'
```

3.2.4 涉及字符串类型的简单函数

3.2.3 节最后的范例中出现了加法运算符"+"[①]，Python 会根据运算符两边连接对象的类型来解释"+"的意义。对于□+△，如果□和△都是数值型数据，则做数学加法运算；如果□和△同为字符串，则将□和△连接起来，得到一个新的长字符串"□△"。但当□和△类型不同时，Python 就不知道应做什么了，只好给出一个错误信息。注意，此处对于相同运算符"+"在不同情况下给出不同解释的处理方式，称为运算符的重载，是多态的一种形式，后文会有更多介绍。这里只是引入了运算符的概念，对于更多的运算符和运算规则，后文会有专门的详细介绍，此处仅举几例。

```
In [13]:
print( 20 + int('20'))    #数字加法，将字符串'20'转换成整型后相加
print( str(20) + '20')    #字符串加法，将整型20转换成字符串后拼接
print(20   * 3)           #数字乘法
print('20' * 3)           #字符串乘法，重复字符串
Out[13]:
40
2020
60
202020
```

另外，Python 还提供了许多可以对字符串进行处理的函数。例如，len(参数)函数可以用于返回参数的长度，此处仅举一例进行说明。

```
In [14]:
#语法：len(字符串)
print(len('Python中国'))  #因为字符串由8个字符组成，所以此处返回8
Out[14]:
8
```

3.2.5 转义字符

除了可显示的字符，有些不可显示的字符也需要表示，另外，有些被 Python 占用的特殊字符无法直接显示，要表示这些内容，就需要用到转义字符"\"（反斜杠）。在 Python 中，反斜杠是唯一的转义字符，在转义字符的后面跟上一个现有字符，就可以构成一个跟现有字符含义不同的字符，其格式为 现有

[①] 运算符其实是函数的一种表现形式，一般的函数是使用形如"add(参数 1, 参数 2)"的形式来定义和使用的，为了对其进行简化，我们可以将其改写为"参数 1 + 参数 2"的形式，这一写法完成的功能与带括号的写法完成的功能没有本质区别。

字符。例如，\n 的含义就不再是 n 了，而是换行；\t 的含义也不是 t 了，而是横向制表符。范例代码如下。

```
In [15]:
print("Li Lei: Good Morning!\nHan Meimei:Good moring!")
Out[15]:
Li Lei: Good Morning!
Han Meimei:Good moring!

In [16]:
print("Li Lei is\tHan Meimei\'s\tbest friend")
Out[16]:
Li Lei is	Han Meimei's	best friend

In [17]:
print("Here are some special characters: \'\t\"\t\\")
Out[17]:
Here are some special characters: '	"	\
```

转义字符还有一个特殊的功能，就是当一行代码太长的时候，使用反斜杠来表示同一行的代码被分割成了多行。注意，Python 解释器在解释 Python 源代码的时候，是以行为单位的。范例代码如下。

```
In [18]:
x=1+2+3+4+5+\
  6+7+8+9+10
print(x)
Out[18]:
55
```

为方便读者查询，此处提供一个常用转义字符表。如表 3-1 所示，转义字符可以实现很多不同的转义功能，可根据需要选择使用。

表 3-1 常用转义字符

转义字符	描述
\	在行尾时充当续行符
\\	反斜杠符号
\'	单引号
\"	双引号
\a	响铃
\b	退格（Backspace）
\000	空（None）

(续表)

转义字符	描述
\n	换行
\v	纵向制表符
\t	横向制表符
\r	回车
\f	换页
\oyy	八进制数，yy 代表的字符，如\o77 表示?
\xyy	十六进制数，yy 代表的字符，如\x77 表示 w

3.2.6 字符串的格式化输出

我们已经知道，print()是 Python 给我们提供的一个用于输出的函数，它可以直接输出字符串，也可以对已经赋值的变量进行输出。但是有时候我们需要更加复杂的输出，输出结果中会同时包含字符串和变量。为了满足这种输出要求，Python 为我们提供了格式化输出方法。

1. 百分号标记占位符

范例代码如下。

```
In [19]:
name='xiaowei'
age=18
print("My name is %s, and I am %d years old"%(name,age))
Out[19]:
My name is xiaowei, and I am 18 years old
```

可以发现这种方法是在要输出的字符串主体内的对应位置上插入形如 "%*" 的占位符，此处百分号后跟的字符代表不同的含义。%s 代表此处是一个字符串占位符，%d 表示此处是一个整型占位符，更多符号可参考表 3-2。主体字符串的后方跟了一个百分号和括号，形如 "%(具体值序列)"，此处的括号中需要填入具体的值，用来替换前方占位符。注意，括号中具体值的顺序是敏感的，要跟前面的占位符一一对应，如此处的 xiaowei 对应%s，18 对应%d。另外，占位符和具体值的数据类型也要一一对应，否则就会报错，范例代码如下。

```
In [20]:
print("My name is %s, and I am %d years old"%(18,'xiaowei'))
Out[20]:
---------------------------------------------------------------
TypeError                    Traceback (most recent call last)
<ipython-input-35-3a213b6e3d8d> in <module>
```

```
----> 1 print("My name is %s, and I am %d years old"% (18,
'xiaowei'))
```
TypeError: %d format: a number is required, not str

换言之,在字符串中可以嵌入%s、%d 等占位符,暂不决定输出的内容,只指定相应的数据类型。在指定了占位符和相应的数据类型后,应在字符串后指定具体的输出内容,在结尾引号之后接%(),在括号内一一对应地给出具体内容。

表 3-2　Python 字符串格式化符号

符号	描述
%c	字符
%s	字符串
%d	整数
%u	无符号整型
%o	无符号八进制数
%x	无符号十六进制数
%X	无符号十六进制数(大写)
%f	浮点数,可指定小数点后的精度
%e	用科学记数法表示的浮点数
%E	作用同%e,即用科学记数法表示的浮点数
%g	%f 和%e 的简写
%G	%f 和%E 的简写

2. 大括号标记占位符(.format()方法)

使用.format()方法可以进行更精确的格式化,而且语法更加灵活。这种方法是百分号占位符方法的升级版本,在如下代码中,可以看到我们用两个大括号{}替换了%s 和%d,字符串主体后面的%变成了.format()。输出结果跟之前是一样的,但是这种方法更为简单,我们无须关注数据类型的对应关系,只关注占位符的位置就可以了。

```
In [21]:
print("My name is {0}, and I am {1} years old".format('xiaowei',
18))
Out[21]:
My name is xiaowei, and I am 18 years old
```

字符串中带数字的大括号是占位符,输出时到后接的列表中按序号查找对应的内容,例如,此处的{0}对应"xiaowei",{1}对应 18。可以看到,此处省去了数据类型的声明。

另外，我们在占位符{}中间填入数字序号（从 0 开始），用来从后续的具体值序列中挑选特定的值。如果不指定序号的话，就依次从后续的具体值序列中取值并填入占位符，此时大括号内不能有任何字符，空格字符也不行。另外，大括号中的序号可以不按顺序写，如以下范例所示。

```
In [22]:
print("My name is {1}, and I am {0} years old".format('xiaowei', 18))
print("My name is {}, and I am {} years old".format('xiaowei', 18))
Out[22]:
My name is 18, and I am xiaowei years old
My name is xiaowei, and I am 18 years old
```

3.3 布尔类型的语法基础

布尔其实是一位数学家的名字，其英文全名是 George Boole，他于 1815 年 11 月 2 日出生于英格兰的林肯。这位数学家在 1847 年出版了他的著作《逻辑的数学分析》，后又在 1854 年出版了《思维规律的研究》一书，在书中他介绍了以自己的名字命名的布尔代数。

布尔代数看上去很简单，只包含两个量"True"和"False"，也就是"真"和"假"，以及三个运算符"and""or""not"，即"与""或""非"。如表 3-3 所示，用三张真值表就可以定义所有运算。

表 3-3 与或非真值表

and 运算			or 运算			not 运算	
X	Y	X and Y	X	Y	X or Y	X	not X
True	True	True	True	True	True	True	False
True	False	False	True	False	True	False	True
False	True	False	False	True	True	—	
False	False	False	False	False	False		

注意，在 Python 的布尔运算中，以下几种情况会被认为是 False：数字 0、空字符串、表示空值的 None（表示什么也没有），以及本章后续会讨论的空元组、空列表、空字典、空集合等，其他非空值则都为 True。下面给出几个范例来说明布尔运算的具体实现方法。

```
In [23]:
#布尔类型的值只有两个：True和False
print(True)        #True代表真
```

```
print(False)        #False代表假
Out[23]:
True
False
```

```
In [24]:
x=True
y=False
print("x and y = ", x and y)
print("x or y = ", x or y)
print("not x = ", not x)
print("not y = ",not y)
Out[24]:
x and y = False
x or y = True
not x = False
not y = True
```

```
In [25]:
a='Python'           #非空值为真
print( a and True)   #两个真的与运算的结果为真
b=''                 #空值为假
print( b or False)   #两个假的或运算的结果为假
Out[25]:
True
False
```

3.4 元组型的语法基础

元组也是一种序列型数据类型，与字符串数据类型是很相似的，字符串是用一对引号'"'或""来标记的，而元组是用一对圆括号( )来标记的。元组中可以包含多个元素，元素之间用逗号隔开，如果元组中没有元素，则我们可以直接用一对空圆括号来表示。

3.4.1 元组的定义

定义元组的代码如下。

```
In [26]:
tup1=(0,1,2,3)
tup2=('Li Lei','Han Meimei','Lucy','Lily')
tup3=()
print(tup1)
print(tup2)
print(tup3)
Out[26]:
(0, 1, 2, 3)
('Li Lei', 'Han Meimei', 'Lucy', 'Lily')
()
```

另外，元组中的元素不一定是相同的数据类型，如以下代码所示。

```
In [27]:
tup4=(0,1,2,3,'Li Lei','Han Meimei','Lucy','Lily')
print(tup4)
Out[27]:
(0, 1, 2, 3, 'Li Lei', 'Han Meimei', 'Lucy', 'Lily')
```

3.4.2 元组的访问

元组的访问其实和字符串的访问是一样的。单个元素的访问对应字符串中单个字符的访问，使用语法 元组名[索引号]，连续多个元素的访问对应字符串中的子串切片访问，语法为 元组名[起始索引号:结尾索引号]。范例代码如下。

```
In [28]:
tup4=(0,1,2,3,'Li Lei','Han Meimei','Lucy','Lily')
print(tup4[0])
print(tup4[-1])
print(tup4[1])
print(tup4[-7])
print(tup4[5])
print(tup4[-3])
print("--------------分隔符--------------")
print(tup4[2:5])
print(tup4[2:-3])
print(tup4[-6:5])
print(tup4[-6:-3])
print("--------------分隔符--------------")
print(tup4[2:])
```

```
print(tup4[:5])
print(tup4[:])
Out[28]:
0
Lily
1
1
Han Meimei
Han Meimei
--------------分隔符--------------
(2, 3, 'Li Lei')
(2, 3, 'Li Lei')
(2, 3, 'Li Lei')
(2, 3, 'Li Lei')
--------------分隔符--------------
(2, 3, 'Li Lei', 'Han Meimei', 'Lucy', 'Lily')
(0, 1, 2, 3, 'Li Lei')
(0, 1, 2, 3, 'Li Lei', 'Han Meimei', 'Lucy', 'Lily')
```

3.4.3 元组的简单操作

元组的简单操作也和字符串是类似的，如以下范例所示。

```
In [29]:
tup1=(0,1,2,3)
tup2=('Li Lei','Han Meimei','Lucy','Lily')

#元组的加法运算
#使用+运算符，其运算为将两个元组进行拼接，从而得到一个更大的新元组
print(tup1+tup2)
#元组的标量乘法（与自然数相乘），使用*运算符，对元组进行重复
print(tup1*3)
#此处，我们再扩展一个运算符——in运算符，判定某一元素是否存在于当前的元组中
print('Li Lei' in tup2)
print('赵灵儿' in tup2)
Out[29]:
(0, 1, 2, 3, 'Li Lei', 'Han Meimei', 'Lucy', 'Lily')
(0, 1, 2, 3, 0, 1, 2, 3, 0, 1, 2, 3)
True
False
```

3.5 列表型的语法基础

列表也是一种有序数据类型，它与元组的定义和操作都非常类似。唯一不同的是，元组为不可变类型，而列表是可变类型（简单来讲，就是我们可以更改列表中的元素，而不能更改元组中的元素）。元组是用一对圆括号()来标记的，列表是用一对中括号[]来标记的。列表中可以包含多个元素，元素之间用逗号隔开，如果列表中没有元素，则我们可以直接用一对空方括号[]表示。

3.5.1 列表的定义

定义列表的代码如下。

```
In [30]:
list1=[0,1,2,3]
list2=['Li Lei','Han Meimei','Lucy','Lily']
list3=[]
print(list1)
print(list2)
print(list3)
Out[30]:
[0, 1, 2, 3]
['Li Lei', 'Han Meimei', 'Lucy', 'Lily']
[]
```

另外，列表中的元素不一定是相同的数据类型，如以下代码所示。

```
In [31]:
list4=[0,1,2,3,'Li Lei','Han Meimei','Lucy','Lily']
print(list4)
Out[31]:
[0, 1, 2, 3, 'Li Lei', 'Han Meimei', 'Lucy', 'Lily']
```

3.5.2 列表的访问

列表的访问其实和元组的访问是一样的。单个元素的访问使用语法 列表名[索引号]，连续多个元素的访问使用语法 列表名[起始索引号 : 结尾索引号]。范例代码如下。

```
In [32]:
list4=[0,1,2,3,'Li Lei','Han Meimei','Lucy','Lily']
print(list4[0])
```

```
print(list4[-1])
print(list4[1])
print(list4[-7])
print(list4[5])
print(list4[-3])
print("--------------分隔符--------------")
print(list4[2:5])
print(list4[2:-3])
print(list4[-6:5])
print(list4[-6:-3])
print("--------------分隔符--------------")
print(list4[2:])
print(list4[:5])
print(list4[:])
Out[32]:
0
Lily
1
1
Han Meimei
Han Meimei
--------------分隔符--------------
[2, 3, 'Li Lei']
[2, 3, 'Li Lei']
[2, 3, 'Li Lei']
[2, 3, 'Li Lei']
--------------分隔符--------------
[2, 3, 'Li Lei', 'Han Meimei', 'Lucy', 'Lily']
[0, 1, 2, 3, 'Li Lei']
[0, 1, 2, 3, 'Li Lei', 'Han Meimei', 'Lucy', 'Lily']
```

3.5.3 列表的简单操作

列表的简单操作也和字符串是一样的,如以下范例所示。

```
In [33]:
list1=[0,1,2,3]
list2=['Li Lei','Han Meimei','Lucy','Lily']
```

```
#列表的加法运算
#使用+运算符,其运算为将两个列表进行拼接,从而得到一个更大的新列表
print(list1+list2)
#列表的标量乘法(与自然数相乘),使用*运算符,对列表内容进行重复
print(list1*3)
#in运算符对于列表的功能和元组是一致的,即判定某一元素是否存在于当前的列表中
print('Li Lei' in list2)
print('赵灵儿' in list2)
Out[33]:
[0, 1, 2, 3, 'Li Lei', 'Han Meimei', 'Lucy', 'Lily']
[0, 1, 2, 3, 0, 1, 2, 3, 0, 1, 2, 3]
True
False
```

除了加法和乘法运算符,这里再介绍一些常用的列表相关函数的使用方法,主要包括列表元素的增加、列表元素的修改及列表元素的删除。

1. 列表元素的增加

(1)使用 列表.append(参数) 函数在列表的尾部增加一个元素,此处的点引用方法是基于面向对象编程理念设计的函数调用模式,简单来讲,可以把此处的"."理解为"的"的意思,"列表.append(参数)"的意思其实就是 列表 内包含的 append() 函数,即 append() 函数是该列表的从属函数。不同的数据类型拥有不同的从属函数,这些函数都可以通过这种点引用方法来使用。详细的讲解涉及面向对象编程中类与实例的使用方法,到第 8 章再详细介绍,此处记住可以使用点引用方法来调用不同数据类型的从属函数即可。

增加列表元素的代码如下。

```
In [34]:
list4=[0,1,2,3,'Li Lei','Han Meimei','Lucy','Lily']
list4.append('赵灵儿')     #在列表的尾部增加一个元素
print(list4)              #从结果可以看出,"赵灵儿"这个元素被添加到了列表尾部
Out[34]:
[0, 1, 2, 3, 'Li Lei', 'Han Meimei', 'Lucy', 'Lily', '赵灵儿']
```

(2)使用 列表.insert(索引位置参数, 待添加内容参数) 在指定的索引位置插入一个新元素,接续前一范例,代码如下所示。

```
In [35]:
list4.insert(4,'林月如')  #在指定的索引位置插入一个新元素
print(list4)
Out[35]:
```

[0, 1, 2, 3, '林月如', 'Li Lei', 'Han Meimei', 'Lucy', 'Lily', '赵灵儿']

2．列表元素的修改

使用 列表[索引位置参数]=更新后的元素 语法在指定的索引位置更新元素，接续前一范例，代码如下所示。

```
In [36]:
list4[5]='彩依'  #更新指定位置的元素
print(list4)
Out[36]:
[0, 1, 2, 3, '林月如', '彩依', 'Han Meimei', 'Lucy', 'Lily', '赵灵儿']
```

3．列表元素的删除

（1）使用 del(列表[索引位置参数])函数将指定索引位置的元素删除，与之前的点引用函数方法不同，这里没有依赖特定的列表对象来调用函数，而是直接写出了函数名，函数的输入参数依照访问列表元素的语法给出。这种函数不依赖特定对象，在已被定义的情况下可以直接调用，其本身可作为一个独立的对象存在。del()是一个内建函数，函数在 Python 中是一个较大的命题，各种函数的异同会在后续章节详细讲解，此处知道调用函数可以有不同的方法即可。接续前一范例，范例代码如下。

```
In [37]:
del(list4[6])  #删除指定索引位置的元素
print(list4)
Out[37]:
[0, 1, 2, 3, '林月如', '彩依', 'Lucy', 'Lily', '赵灵儿']
```

（2）使用 列表.remove(待删除内容参数)删除第一个匹配到的元素，如果在列表中没有找到匹配的内容，则会弹出报错信息。接续前一范例，相关代码如下所示。

```
In [38]:
list4.remove('Lucy')  #删除第一个匹配到的元素
print(list4)
Out[38]:
[0, 1, 2, 3, '林月如', '彩依', 'Lily', '赵灵儿']

In [39]:
list4.remove('Lucy')  #删除第一个匹配到的元素
```

```
print(list4)
Out[39]:
---------------------------------------------------------------
ValueError                       Traceback (most recent call last)
<ipython-input-21-67c791f51499> in <module>
----> 1 list4.remove('Lucy')  #删除第一个匹配到的元素
      2 print(list4)
ValueError: list.remove(x): x not in list
```

3.5.4 多维列表简介

基于一维列表，此处简单说明一下多维列表的定义与访问。所谓多维列表，就是将一个列表嵌套为另一个列表的元素。以 2 维列表为例，在一个外围列表内添加多个元素，每个元素自身又是一个新列表，此时称外围列表内包含的元素处于第 1 维，而作为元素的列表本身所包含的元素处于第 2 维。以此类推，更高维的列表就是嵌套更多层。下面以 2 维列表的定义与操作为例进行说明。

```
In [40]:
#定义多维列表（此处为2维列表）
list5=[[0,1,2,4],[5,6,7,8],[9,10,11,12]]
print(list5)
Out[40]:
[[0, 1, 2, 4], [5, 6, 7, 8], [9, 10, 11, 12]]
```

多维列表单元素的访问使用形如 多维列表[第 1 维索引][第 2 维索引][第 3 个维度]…[第 *n* 维索引]的语法，多维列表后的多个方括号代表维度，每个维度的索引都可以使用单元素索引或者切片索引，具体使用方法可以参考如下代码。

```
In [41]:
#多维列表单元素的访问
print(list5[1][2])
print(list5[1])

#多维列表多元素切片的访问
print(list5[1][1:3])
print(list5[0:2])
print(list5[0:2][1])
Out[41]:
7
[5, 6, 7, 8]
```

```
[6, 7]
[[0, 1, 2, 4], [5, 6, 7, 8]]
[5, 6, 7, 8]
```

3.6 字典的语法基础

与前面提到的字符串、元组和列表都不同，字典数据类型是一种无序的数据类型。字典用一对大括号{}表示，字典中的元素用逗号隔开，同时每个元素又由一组键值对构成，键与值之间使用分号":"进行分割，如{key1:value1, key2:value2, key3:value3, …, key_n:value_n}。其中，值的数据类型是没有限制的，但键的数据类型一定是不可变数据类型，如数值、字符串、元组，不可以是列表。

3.6.1 字典的定义

定义字典的代码如下。
```
In [42]:
#字典的简单定义
dictionary_1={1:'李逍遥',2:"赵灵儿", 3:"林月如", 4:"阿奴"}
print(dictionary_1)
dictionary_2={"five":"丁香兰","six":"丁秀兰", "seven":"彩依", "eight":"韩梦慈"}
print(dictionary_2)

dictionary_3={} #空字典定义
print(dictionary_3)
Out[42]:
{1: '李逍遥', 2: '赵灵儿', 3: '林月如', 4: '阿奴'}
{'five': '丁香兰', 'six': '丁秀兰', 'seven': '彩依', 'eight': '韩梦慈'}
{}
```

3.6.2 字典的访问

字典元素的访问是通过指定键（key）来访问值（value）的，以下介绍两种方法，这两种方法的访问结果是一样的。

（1）使用方括号指定键名：字典[key]，代码如下。
```
In [43]:
#方法一：使用方括号指定键名
```

```
print(dictionary_1[1])
print(dictionary_2["six"])
Out[43]:
李逍遥
丁秀兰
```

（2）使用get()函数指定键名：字典.get(key)，代码如下。

```
In [44]:
#方法二：使用get()函数指定键名
print(dictionary_1.get(1))
print(dictionary_2.get('six'))
Out[44]:
李逍遥
丁秀兰
```

3.6.3 字典的简单操作

（1）in 运算：以 参数 key in 字典 的形式来判断某个键 key 是否在字典中，代码如下。

```
In [45]:
dictionary_1={1:'李逍遥',2:"赵灵儿", 3:"林月如", 4:"阿奴"}
dictionary_2={"five":"丁香兰","six":"丁秀兰", "seven":"彩依",
"eight":"韩梦慈"}
print('seven' in dictionary_1)
print('seven' in dictionary_2)
Out[45]:
False
True
```

（2）向字典里添加新的键值对：使用 字典[新键名]=新值 的形式，给出需要添加的键值对，代码如下。

```
In [46]:
dictionary_2['nine']='盖罗娇'
print(dictionary_2)
Out[46]:
{'five': '丁香兰', 'six': '丁秀兰', 'seven': '彩依', 'eight': '韩梦慈', 'nine': '盖罗娇'}
```

（3）更新某个键值对的值：形式上与增加一组键值对的语法是一样的，使用 字典[旧键名]=新值 的形式，给出需要更新的键值对。例如，我们可以将"韩梦慈"改成"柳媚娘"，代码如下。

```
In [47]:
dictionary_2['eight']='柳媚娘'
print(dictionary_2)
Out[47]:
{'five': '丁香兰', 'six': '丁秀兰', 'seven': '彩依', 'eight': '柳媚娘', 'nine': '盖罗娇'}
```

（4）删除某组键值对：只需要利用 del()内建函数，其语法为 del(字典[键名])。例如，如果我们想要删除掉 'six':'丁秀兰'这组键值对，则可以写如下代码来实现。

```
In [48]:
del(dictionary_2['six'])
print(dictionary_2)
Out[48]:
{'five': '丁香兰', 'seven': '彩依', 'eight': '柳媚娘', 'nine': '盖罗娇'}
```

（5）字典数据类型的一些其他操作。
- keys()函数返回所有的键名
- values()函数返回所有的值
- items()函数返回所有的键值对

相关代码如下。

```
In [49]:
print(dictionary_2.keys())
print(dictionary_2.values())
print(dictionary_2.items())
Out[49]:
dict_keys(['five', 'seven', 'eight', 'nine'])
dict_values(['丁香兰', '彩依', '柳媚娘', '盖罗娇'])
dict_items([('five', '丁香兰'), ('seven', '彩依'), ('eight', '柳媚娘'), ('nine', '盖罗娇')])
```

3.7 集合型的语法基础

集合也是用一对大括号{}来表示的，但与字典不同，集合中的元素不是键值对，而是单个值，而且集合中不能存在重复的值。

3.7.1 集合的定义

定义集合的方法就是写一对大括号，然后在大括号内写入用逗号隔开的单个元素，重复的元素会被剔除。另外，为了区别于空字典，使用 set() 方法对空集合进行定义，代码如下。

```
In [50]:
#集合的简单定义
set_1={'体力','文科','理科','艺术','运动',1,2,3,4}
print(set_1)

#重复的元素会被剔除
set_2={'体力','文科','理科','理科','艺术','运动',1,2,3,4,4}
print(set_2)

#为了区别于空字典，使用set()方法对空集合进行定义
set_3=set()
print(set_3)
Out[50]:
{'体力', 1, 2, 3, 4, '文科', '理科', '运动', '艺术'}
{'体力', 1, 2, 3, 4, '文科', '理科', '运动', '艺术'}
set()
```

3.7.2 集合的简单操作

（1）in 运算：以 元素 in 集合 的形式判断某个元素是否在集合中，代码如下。

```
In [51]:
#成员测试 in
print('运动' in set_2)
print('毅力' in set_2)
Out[51]:
True
False
```

（2）集合运算：交集 "&"、并集 "|"、差集 "-"、同时不存在于两个集合中 "^"，代码如下。

```
In [52]:
set_a={1,2,3,4,5,6,7}
set_b={5,6,7,8,9}
print(set_a&set_b)
print(set_a|set_b)
print(set_a-set_b)
print(set_a^set_b)
```

```
Out[52]:
{5, 6, 7}
{1, 2, 3, 4, 5, 6, 7, 8, 9}
{1, 2, 3, 4}
{1, 2, 3, 4, 8, 9}
```

3.8 课后思考与练习

3.8.1 练习第1部分——基础数据类型练习

1．整型数据的赋值与简单运算。
（1）为变量 a 赋值一个整型数据：100。
（2）为变量 b 赋值一个整型数据：-50。
（3）计算 a+b 的值，并将计算结果赋值给变量 c。
（4）输出变量 c 的值。

2．浮点型数据的赋值与简单运算。
（1）为变量 d 赋值一个浮点型数据：88.8。
（2）为变量 e 赋值一个浮点型数据：-66.6。
（3）计算 d+e 的值，并将计算结果赋值给变量 f。
（4）输出变量 f 的值，我们可能发现计算结果很奇怪，其小数点后只能精确到第 15 位，并且最后一位的值是误差值，回忆一下浮点数的表示方法，我们就可以找到这其中的原因。

3．基于前面两题的结果，进行整型与浮点型的转换和复合运算。
（1）对变量 d 使用 int()函数之后与变量 a 相加，即 a+int(d)，将其计算结果赋值给变量 temp，然后输出变量 temp 的值（我们可以发现，变量 d 小数点后的位数都被消去了，此处是直接消去，没有考虑四舍五入）。
（2）对变量 a 使用 float()函数之后与变量 d 相加，即 float(a)+d，将其计算结果赋值给变量 temp，然后输出变量 temp 的值。
（3）将变量 a 与变量 d 直接用"+"相加，即 a+d，将结果赋值给变量 temp，然后输出变量 temp 的值（Python 是动态语言，可以自动检测变量 a 和变量 d 的数据类型，然后选择一个兼容性更好的数据类型来进行操作）。

4．综合应用运算。
一年有 365 天，以第 1 天的能力值为尾数，记为 1.0，当好好学习时能力值比前一天提高 1%，当没有学习时（由于遗忘等原因）能力值比前一天下降

1%。每天努力和每天放任，一年下来的能力值相差多少呢？（注：两个**代表乘方，如 10**2 的值为 100。参照教材内容进行实现，并在程序最后一行输出自己的姓名和学号。）

5．字符串型数据的赋值与简单运算。

（1）为变量 first_name 赋值一个字符串（名），如"灵儿"。

（2）为变量 family_name 赋值一个字符串（姓），如"赵"。

（3）计算 family_name+first_name 的值，并将计算结果赋值给变量 full_name。

（4）输出变量 full_name 的值。

（5）计算 first_name*3+family_name*3 的值，并将计算结果赋值给变量 temp。

6．字符串与数值之间的类型转换。

（1）将自己的学号以字符串形式赋值给变量 str_student_id。

（2）将自己的学号以数值形式赋值给变量 int_student_id。

（3）分别输出变量 str_student_id 与变量 int_student_id 的数据类型。

（4）尝试将两个变量直接相加，解释器会抛出一个 TypeError 错误，即类型错误（这是因为解释器不知道是应该把整型转换成字符串，还是应该把字符串转换成整型）。

（5）将变量 str_student_id 转换成整型之后与变量 int_student_id 相加，并输出结果。

（6）将变量 int_student_id 转换成字符串之后与变量 str_student_id 相加，并输出结果。

7．字符串数据作为序列的单元素索引及切片索引方法。

（1）初始化一个字符串变量 s，变量的值由学号和姓名这两部分构成。

（2）取字符串中的最后一个数字字符和最后一个文字字符，分别输出结果。

（3）从变量 s 中取出一个片段，该片段包含最后三个数字字符和前一个文字字符，最后输出结果。

8．使用转义字符串，一次输出两行内容，第一行内容为自己的姓名，第二行内容为自己的学号。

9．使用百分号占位符格式化字符串的方法输出以下内容："我叫 xxx，我的学号是 yyy"，其中 xxx 和 yyy 的部分用自己的姓名和学号代替。

10．使用大括号占位符格式化字符串的方法输出以下内容："我叫 xxx，我的学号是 yyy"，其中 xxx 和 yyy 的部分用自己的姓名和学号代替。

11．新建 Python 文件，综合运用字符串和布尔运算的知识，设 x 和 y 为两个布尔型变量，输出 x 与 y 进行逻辑运算的真值表，包括"and""or""not"三种逻辑运算符，如"当 x=True，y=False，x and y 为 False，x or y 为 True，not x 为 False，not y 为 True"，一共 4 种情况，分别输出，最后输出自己的姓名、学号。

3.8.2 练习第 2 部分——进阶数据类型练习

1．新建 Python 文件，定义一个元组 x，第一个元素为自己的姓名，另外再安排 5 种自己喜欢的水果作为元素。

（1）输出该元组。

（2）对元组进行单元素访问并输出 x[0], x[1], x[-1], x[-2]。

（3）对元组进行切片并输出 x[:], x[0:], x[0:5], x[1:5], x[1:-1], x[:-2]。

2．定义一个列表 y，第一个元素为自己的姓名，另外再安排 5 种自己喜欢的水果作为元素。

（1）输出该列表。

（2）在索引号为 2 的位置插入一个新的水果。

（3）删除索引号为 1 的位置上的水果。

（4）输出列表内容。

（5）对列表进行切片并输出 y[:], y[0:], y0:5], y1:5], y[1:-1], y[:-2]。

3．新建 Python 文件，定义一个字典 z，定义一组键值对，将 1~7 的整型数字作为键名，对应值为星期一至星期日的英文单词。

（1）输出该字典。

（2）输出键名 4 所代表的值。

（3）删除键名 7 所代表的值。

（4）再次输出该字典。

（5）最后输出自己的姓名、学号。

4．新建 Python 文件，定义一个集合 set1，集合内包含 12 个字符串元素，这 12 个字符串的内容为一年中 12 个月的英文单词，最后输出该集合。

第 4 章　变量与计算

4.1　变量的含义

之前在提到变量的时候，我们曾用比喻的方法来说明，即把变量看作一个贴了标签的盒子，盒子中可以装入一份数据。当我们想要访问数据或对数据进行操作时，就需要先指明盒子的标签（变量名），根据给定的标签就可以找到想要的盒子（变量）了，然后从盒子（变量）中将其保存的数据取出或进行其他的操作。

实际情况要稍微复杂一点，涉及一些基础的内存操作。由于此种内存操作规则有时会让一些代码的执行结果看起来有些"反常"，所以有必要将实际的情况用概念模型的形式简单地说明一下，但此处不会对内存的分配机制做更多深入的介绍（涉及的内容就非常多了）。这里，我们先来看一个范例。

```
a=[1,2,3]
b=a
b.append(4)
print(b)      #输出的结果为[1,2,3,4]
print(a)      #输出的结果会是什么呢？
```

大家猜一下，第 5 行代码 print(a)的输出结果会是什么呢？我猜肯定有人会说，结果是[1,2,3]，但实际的输出结果是[1,2,3,4]。

```
In [1]:
a=[1,2,3]
b=a
b.append(4)
print(b)
print(a)
Out[1]:
[1, 2, 3, 4]
[1, 2, 3, 4]
```

第 4 章　变量与计算

这乍一看确实有点奇怪，但如果我们了解了变量的运作机制就不会感到奇怪了。下面来逐行分析一下上述代码。

第 1 行，a=[1,2,3]，是将列表[1,2,3]赋值给名为 a 的变量，其在内存中的操作如图 4-1 所示：在内存中创建一个列表[1,2,3]；在内存中创建一个变量，其名为 a；使名为 a 的变量指向先前创建的列表[1,2,3]。

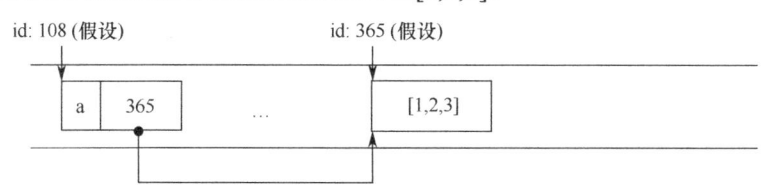

图 4-1　将列表[1,2,3]赋值给变量 a

第 2 行，b=a，注意，此处是理解的关键，虽然变量 a 中的数据是列表[1,2,3]，但此处的实际操作并没有在内存中创建一个新的列表，而是变量 a 将自己指向的数据的内存地址提供给了变量 b。换句话说，我们在内存中创建了一个新的名为 b 的变量，变量 b 从变量 a 处获得 a 所指向的数据内存地址，即变量 a 和变量 b 指向了相同的数据内存地址，如图 4-2 所示。

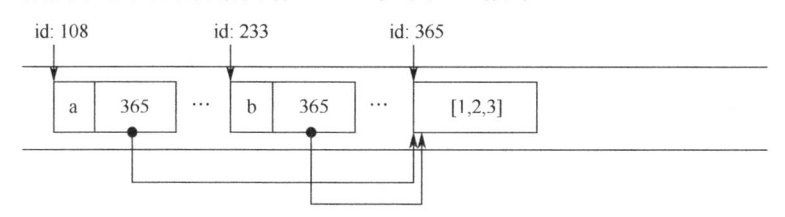

图 4-2　将变量 a 指向的数据内存地址传递给变量 b

第 3 行代码，b.append(4)，代表对变量 b 所指向的列表的内容进行修改。列表是可变数据类型，可以对其进行修改。此处，列表的内存地址没有发生变化，但其内容从[1,2,3]变成了[1,2,3,4]。也就是说，此时的变量 a 和变量 b 还是指向同一个内存地址的，而该地址保存的值为经过修改的列表[1,2,3,4]，如图 4-3 所示。

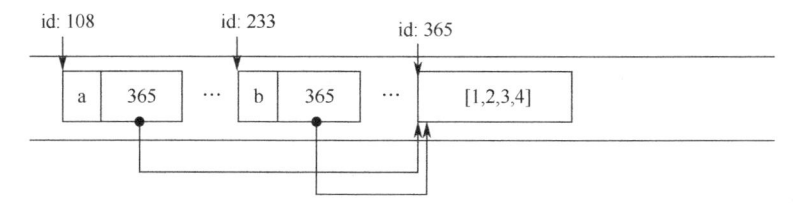

图 4-3　修改变量 a 和变量 b 所指向的列表

因此，无论我们输出变量 b 还是输出变量 a，其结果均为列表[1,2,3,4]。不过,如果我们再给变量 a 赋一个新的具体值,那么变量 a 将指向新值的地址。例如,我们追加第 6 行代码 a=[1,2,3,4,5],则 Python 解释器会让 CPU 在内存中开辟一块"新地",新的内存地址用于保存列表[1,2,3,4,5],同时让变量 a 指向该地址,如图 4-4 所示。

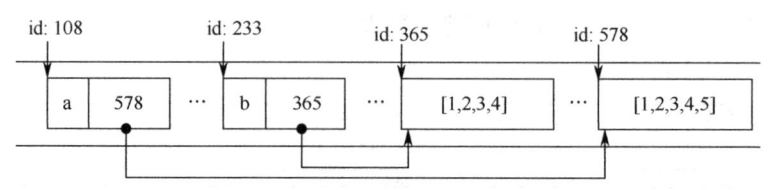

图 4-4 让变量 a 指向新值的内存地址

此时,我们继续添加第 7 行、第 8 行代码:print("a: ",a)和 print("b: ",b),输出 a 与 b。最后的输出结果为:a: [1,2,3,4,5]和 b: [1,2,3,4]。具体代码如下所示。

```
In [2]:
a=[1,2,3]
b=a
b.append(4)
print(b)
print(a)
a=[1,2,3,4,5]
print("a: ", a)
print("b: ", b)
Out[2]:
[1, 2, 3, 4]
[1, 2, 3, 4]
a: [1, 2, 3, 4, 5]
b: [1, 2, 3, 4]
```

4.2 变量的动态属性

在绪论中,我们曾提到,Python 是一种动态语言,体现在变量上有以下两点。
(1) 在给变量赋值的时候,并不需要显式地告诉变量赋值数据的类型,Python 解释器会自行对数据进行分析,从而判断出数据的类型,最后根据数据的类型分配内存空间,例如:

```
In [3]:
a=135
```

```
b="BCD"
```
这与其他非动态语言（C 语言或 Java）相比是非常方便的，例如，在 C 语言中以上两行代码要写成：
```
In [4]:
#C语言语法
#int a=135
#char *b="BCD"
```
由此可以看出，在使用非动态语言赋值的时候，必须明确指定赋值数据的类型，如果不明确指定，则会报错。例如，在 C 语言中直接写 a=135 就会报错。

（2）已经被赋值的变量可以被重新赋值，而新值的数据类型可以与旧值的数据类型不一致，例如：
```
In [5]:
a=135
a="BCD"
```
在 Python 中，这样写是不会报错的，而在非动态语言中就做不到这一点了（这是因为不同数据类型的内存分配规则是不一样的）。由此可以看出，动态语言为我们提供了更大的灵活性和便利性。

4.3 变量的命名

在 Python 中，变量的思想与数学中代数的思想很相近，都是使用英文字符来代表某个具体的值以参加各种运算。在命名变量时，要符合一定的语法要求，以保证其能被解释器认定为变量。部分语法要求如下。

（1）不要使用系统保留关键字，如不能将变量命名为 int、float、print 等，因为这样做会覆盖保留关键字的原义或触发错误。如以下范例所示，系统关键字 int 在被重新赋值之后，失去了原来的数据类型转换的功能。
```
In [6]:
int=1
print(int)
int('1')
Out[6]:
1
-----------------------------------------------------------------
TypeError                                 Traceback (most recent call last)
<ipython-input-1-ef1e008efaa7> in <module>
```

```
  1 int=1
  2 print(int)
----> 3 int('1')
TypeError: 'int' object is not callable
```

（2）变量名可以包含字母、数字及下画线"_"，但只能以字母或下画线开头，不能以数字开头。虽然在 Python 中也可以将字母认为是 UTF-8 编码中的任意中文字符，但目前并不建议使用中文字符作为变量名的组成部分，因为这有可能引起编码上的问题。另外，变量名中也不能包含空格。

（3）变量名是大小写敏感的，如 a 与 A 代表两个不同的变量。

（4）为便于理解，很多工程师喜欢使用英文单词作为变量名，如 name="wang"，age=18 等。当变量所代表内容的名称由短语构成时，如 first name、family name，我们可以将短语包含的所有单词连接在一起，同时大写每个单词的首字母以区分各单词（驼峰式命名法），如 FirstName、FamilyName。当然，我们还可以在单词之间加入下画线，以更明显地标识变量，如 First_Name、Family_Name。

以下给出一些常见的合法变量赋值范例。

```
In [7]:
#合法变量赋值范例
a=100
a2=102
a_3=103
_=104
_a=105
_6a=106
b='bcd'
bbb='bcdefg'
my_str='hello world!'

#大小写敏感
My_str='good morning!'
My_bool=True

#驼峰式命名法，便于理解和区分
FirstName='灵儿'
FamilyName='赵'
First_Name='灵儿'
Family_Name='赵'
```

注意，初学 Python 的同学很容易犯的一个错误就是不会区分变量与字符串，如有些同学在想输出字符串"cat"的时候，会写成 print(cat)。此时的 cat 两端没有加引号标识，因此被认为是一个变量，如果变量 cat 之前未被赋值，则此处就会报错。变量与字符串有着本质的区别，变量可以被概念化地理解为容器，容器中可以装各种类型的具体数据，而字符串则是一种具体的数据类型。

还需要注意的是，与变量相对的概念是"常量"，常量一般指不变的量，用大写英文字符标识。例如，表达式 PI=3.14 中的 PI 一般被称为常量。但是，Python 中没有常量机制，我们只是用大写的变量名来标识一个常量，实际上，常量的值在 Python 语法中是可变的，因此在 Python 中不用太过强调常量的概念。

4.4 与变量相关的简单函数

（1）使用 id(变量)函数获得变量所指向的内存地址，方法如下所示。
```
In [8]:
a=123
print('address of a: ',id(a))
b='ABC'
print('address of b: ',id(b))
Out[8]:
address of a:  1485405056
address of b:  1903125779600
```
（2）使用 del(变量)函数删除变量，释放资源。以下两种语法都可以，但建议使用 del()。
- 语法 1：del 变量
- 语法 2：del(变量)

范例代码如下。
```
In [9]:
a=3
print("a: ", a)
del a
print(a)
Out[9]:
a:  3
-----------------------------------------------------------------
NameError                              Traceback (most recent call last)
```

Python 语言基础

```
<ipython-input-4-4a1e85348424> in <module>
      4 del a
----> 5 print(a)
NameError: name 'a' is not defined
```

```
In [10]:
b=4
print("b: ", b)
del(b)
print(b)
Out[10]:
b: 4
---------------------------------------------------------------
NameError                                 Traceback (most recent call last)
<ipython-input-5-581e0f175221> in <module>
      2 print("b: ", b)
      3 del(b)
----> 4 print(b)
NameError: name 'b' is not defined
```

4.5 运算符和表达式

在定义了各种数据类型及变量的基础上，我们可以通过各种运算符将数据或者封装了数据的变量组合在一起以形成表达式，这种理念与数学中的表达式构建是一致的。以下对常用的运算符进行介绍。

4.5.1 赋值运算符（=）

赋值运算符用来对变量进行赋值，注意此处只有一个等号。此处的等号与数学中的等号意义不同，这是一个二元运算符，如 a=b 代表把右边的值赋给左边，并且左边的 a 只能是变量，右边的 b 则可以是具体值、变量、常量、函数调用等，或者是由具体值、变量、常量、函数调用组成的表达式。以下给出合法的赋值操作范例。

```
In [11]:
a=1 #将一个具体值赋给一个变量
print(a)
b=2 #将一个具体值赋给一个变量
```

```
print(b)
b=1         #给已经赋过值的变量赋予新的值
print(b)
b=3         #给已经赋过值的变量赋予新的值
print(b)
a=b         #将一个变量的值赋给另一个变量
print(a)
c=a + b     #将一个表达式的计算结果赋给一个变量
print(c)
c=c + 1
print(c)
Out[11]:
1
2
1
3
3
6
7
```

4.5.2 算术运算符

Python 为我们提供了很多用于进行数学运算的运算符,我们称此类运算符为算术运算符,以下举例说明。

```
In [12]:
a=5
b=10
result=a+b          #加法运算符+
print(result)
result=a-b          #减法运算符-
print(result)
result=a*b          #乘法运算符*
print(result)
result=a/b          #除法运算符/
print(result)
result_1=a%b        #求余数运算符%
print(result_1)
result_2=b%a        #求余数运算符%
```

```
print(result_2)
Out[12]:
15
-5
50
0.5
5
0

In [13]:
a=4
b=10
result=b//a        #整除运算符//（忽略结果中的小数部分）
print(result)
result=b**a        #指数（幂）运算符**
print(result)
Out[13]:
2
10000
```

对以上内容进行总结，如表 4-1 所示。

表 4-1 算术运算符

运算符	描述	实例（a=10, b=2）
+	加：两个数相加	a+b 的输出结果为 12
-	减：两个数相减	a-b 的输出结果为 8
*	乘：两个数相乘	a*b 的输出结果为 20
/	除：两个数相除	a/b 的输出结果为 5
%	求余数（取模）：返回除法的余数	a%b 的输出结果为 0
//	取整除：返回商的整数部分（向下取整）	9//2 的输出结果为 4；-9//2 的输出结果为-5
**	幂：x**y 表示返回 x 的 y 次幂	a**b 的输出结果为 100

  Python 还有一个内建模块 math，为我们提供了很多数学运算功能（关于模块，后面还要详细说明，这里先尝试使用一下）。可以通过编写代码载入 math 模块，即 import math，之后我们就可以通过点引用的方法来使用它提供的功能。例如，引用指数函数为 math.pow(x,y)，引用平方根函数为 math.sqrt(x)，或者引用一些常用的数学常数，例如，引用圆周率为 math.pi，引用自然常数为 math.e 等，以下举例说明。

第4章 变量与计算

```
In [14]:
import math
a=4
b=10
result=math.pow(b,a)      #指数运算
print(result)
result=math.sqrt(a)       #求平方根运算
print(result)
print(math.pi)   #输出圆周率
print(math.e)    #输出自然常数
Out[14]:
10000.0
2.0
3.141592653589793
2.718281828459045
```

4.5.3 逻辑运算符

逻辑运算符也称为布尔运算符,与数学中的布尔运算相对应,包含以下3种。

(1)逻辑与 and:二元运算符,对于 A and B,如果 A 和 B 同时为真,则表达式为真,否则为假。

(2)逻辑或 or:二元运算符,对于 A or B,当 A 和 B 至少有一个为真时,表达式为真;当 A 和 B 均为假时,表达式为假。

(3)逻辑非 not:一元运算符,对于 not A,表达式与 A 的值相反,如果 A 为真,则表达式为假;如果 A 为假,则表达式为真。

相关代码如下。

```
In [15]:
x=True
y=False
print("x and y=", x and y)
print("x or y=", x or y)
print("not x=", not x)
print("not y=",not y)
Out[15]:
x and y=False
x or y=True
not x=False
not y=True
```

注意，在逻辑运算中，很多其他数据类型的值也可以被认为是真值或者假值，例如：
- 在数值类型中：0为假，其他值为真
- 在字符串类型中：空字符串''为假，其他值为真
- 在元组类型中：空元组()为假，其他值为真
- 在列表类型中：空列表[]为假，其他值为真
- 在字典类型中：空字典{}为假，其他值为真

相关代码如下。

```
In [16]:
print('在数值类型中：0为假，其他值为真')
print(2333 and True)
print(0 or True)

print('在字符串类型中：空字符串为假，其他值为真')
print('我不是空字符串' and True)
print('' or True)

print('在元组类型中：空元组为假，其他值为真')
print((2,3,3,3) and True)
print(() or True)

print('在列表类型中：空列表为假，其他值为真')
print([2,3,3,3] and True)
print([] or True)

print('在字典类型中：空字典为假，其他值为真')
print({2:"我不是空字典",3:"再来一个元素"} and True)
print({} or True)
Out[16]:
在数值类型中：0为假，其他值为真
True
True
在字符串类型中：空字符串为假，其他值为真
True
True
在元组类型中：空元组为假，其他值为真
True
```

True
在列表类型中：空列表为假，其他值为真
True
True
在字典类型中：空字典为假，其他值为真
True
True

4.5.4 比较运算符

在 Python 中，比较运算符（也称为关系运算符）就是比较两个值的大小的运算符。常用的比较运算符有：相等比较==、不相等比较!=、大于>、大于等于>=、小于<、小于等于<=。注意，比较运算符的运算结果是一个布尔值，因此通常可以跟布尔运算组合成更加复杂的表达式。

相关代码如下。

```
In [17]:
a=10
b=10
c=20
print(a==b)      #==等值比较关系运算符
print(a!=b)      #!=不等值比较关系运算符
print(a==c)      #==等值比较关系运算符
print(a!=c)      #!=不等值比较关系运算符
print(a>b)
print(a>=b)
print(a<c)
print(a<=c)
Out[17]:
True
False
False
True
False
True
True
True
```

总结以上内容，如表 4-2 所示。

表 4-2　比较运算符

运算符	描述	实例（a=10, b=20）
==	等于：比较两个对象是否相等	a == b 返回 False
!=	不等于：比较两个对象是否不相等	a != b 返回 True
>	大于：x>y 返回 x 是否大于 y	a > b 返回 False
<	小于：x<y 返回 x 是否小于 y	a < b 返回 True
>=	大于等于：x>=y 返回 x 是否大于等于 y	a >= b 返回 False
<=	小于等于：x<=y 返回 x 是否小于等于 y	a <= b 返回 True

4.5.5　标识运算符（is、is not）

标识运算符是用来比较两个对象在内存中的位置的运算符。is 运算符是一个二元运算符，对于 A is B，如果 A 与 B 的内存位置相同，则返回 True；如果位置不相同，则返回 False。

is not 运算符与 is 运算符刚好相反，对于 A is not B，如果 A 与 B 的内存位置相同，则返回 False；如果位置不相同，则返回 True。利用刚刚学习的 id()内置函数，我们来测试一下标识运算符，代码如下。

```
In [18]:
a="赵灵儿"
b="林月如"
c=a
print("a's id:", id(a))
print("b's id:", id(b))
print("c's id:", id(c))
print("a is b:", a is b)
print("a is c:", a is c)
print("a is not b:", a is not b)
print("a is not c:", a is not c)
Out[18]:
a's id: 2639204165456
b's id: 2639204166416
c's id: 2639204165456
a is b: False
a is c: True
a is not b: True
a is not c: False
```

4.5.6　成员运算符（in、not in）

成员运算符一般用来检测某个对象是否为某个数据中的元素。成员运算符一般用来检测可以包含多个元素的数据类型，如元组、列表、字典等，字符串也可以理解成以单个字符为元素组合而成的数据类型。

- a in B：a 在 B 中。
- a not in B：a 不在 B 中。

范例代码如下。

```
In [19]:
names_tuple=('李逍遥','赵灵儿','林月如','阿奴')
print('赵灵儿' in names_tuple)
print('彩依' in names_tuple)
print('彩依' not in names_tuple)
print('------------------------')
names_list=['李逍遥','赵灵儿','林月如','阿奴']
print('赵灵儿' in names_list)
print('彩依' in names_list)
print('彩依' not in names_list)
print('------------------------')
names_dict={'李逍遥':1,'赵灵儿':2,'林月如':3,'阿奴':4}
#注意：此处参与运算的是"键"，而非"值"
print('赵灵儿'  in names_dict)
print('彩依'in names_dict)
print('彩依' not in names_dict)
print('------------------------')
name_str="这是一串用于测试的字符串"
print('串' in name_str)
print('串' not in name_str)
print('香' not in name_str)
Out[19]:
True
False
True
------------------------
True
False
True
```

```
------------------------
True
False
True
------------------------
True
False
True
```

4.5.7 表达式的构建与运算符优先级

通过上述内容，我们学习了多种运算符的使用方法，由运算符与变量组成的式子就称为表达式。表达式既可以由单一运算符和变量组成，也可以由多种运算符和变量混合而成，可根据需要合理地进行搭配使用。在构建表达式的过程中，要特别注意运算符的优先级，因为如果搞错了优先级，表达式就会计算出意料之外的结果，具体优先级顺序可参考表 4-3。在不清楚运算符优先级的情况下，可以利用括号来确保优先级，因为括号中的运算符总是要先进行计算的。相关代码如下。

```
In [20]:
a=100
b=50
c=60
d=20
e=(a-b)>10 and (c-d)<10   #此处综合了算术运算、比较运算、逻辑运算和赋值运算
print(e)
Out[20]:
False
```

表 4-3 运算符的优先级

运算符	描述	优先级
**	指数	高
*,/,//,%	乘、除、取整除和取模	
+,-	加法、减法	
in,not in	成员运算符	
is,is not	标识运算符	
<=,<,>,>=,==,!=	比较运算符	
not	逻辑非	
and	逻辑与	
or	逻辑或	
=	赋值运算符	低

4.5.8 其他一些需要注意的情况

1. 空值 None

要理解这部分内容，还需要对变量、内存地址、指针有所了解。

在 Python 中有一个特殊的标识符"None"，None 这个标识符表示没有值、无、不存在。大家也许会发现，这里面其实有一个很有意思的哲学问题（或者说是语言表达技巧），即对于不存在的事物我们需要用一种有形的符号来进行表示。当我们看到这个有形的符号时，想到的是无形的不存在。"无"本身是不存在的，但是我们却可以通过对于存在的反向推理感受不存在。

None 是一个特殊的 Python 对象，在 Python 解释器启动时自动创建，在解释器退出时销毁。在一个解释器进程中，只有一个 None 存在，因为不可能有其他对象会使用 None 已占用的内存（它就是占了个"坑"），它在内存中的地址是唯一的。中文"空值"这个说法其实带有一定的歧义，我们在前面也讲过空字符串、空元组、空列表、空字典、空集合，但它们同 None 存在本质的区别。例如，我们可以把空列表理解为一个空仓库，虽然仓库里没有东西，但是仓库本身是存在的；我们可以同时拥有很多不同的空仓库，这些仓库坐落在不同的位置上，但它们有一个共同特点，即它们都没装东西。类似地，我们可以同时拥有很多不同的空列表，这些空列表在不同的内存地址上，但它们有一个共同特点，即它们之中都没有元素。这和 None 的唯一性是不同的，我们可以通过如下代码来体会空列表[]与空值 None 的区别。

```
In [21]:
#id(a) ：函数返回对象a的内存地址
#a is b ：运算符返回a和b是否指向同一个内存地址
#a==b ：运算符返回a和b各自指向的内存地址所包含的值是否相等
a=[]
b=[]
c=None
d=None
e=a

print('变量a的值为:{}，内存地址为:{}'.format(a,id(a)) )
print('变量b的值为:{}，内存地址为:{}'.format(b,id(b)) )
print('变量c的值为:{}，内存地址为:{}'.format(c,id(c)) )
print('变量d的值为:{}，内存地址为:{}'.format(d,id(d)) )
print('变量e的值为:{}，内存地址为:{}'.format(e,id(e)) )

print('--------测试a与b的关系--------------------')
```

```
print('a==b的结果:', a==b)
print('a is b的结果:', a is b)
print('--------测试a与e的关系--------------------')
print('a==e的结果:', a==e)
print('a is e的结果:', a is e)
print('--------测试a、b、c、e与d的关系--------------------')
print('a==d的结果:', a==d)
print('a is d的结果:', a is d)
print('b==d的结果:', b==d)
print('b is d的结果:', b is d)
print('c==d的结果:', c==d)
print('c is d的结果:', c is d)
print('e==d的结果:', e==d)
print('e is d的结果:', e is d)
Out[21]:
变量a的值为:[], 内存地址为:2639204301704
变量b的值为:[], 内存地址为:2639204301640
变量c的值为:None, 内存地址为:140716392209632
变量d的值为:None, 内存地址为:140716392209632
变量e的值为:[], 内存地址为:2639204301704
--------测试a与b的关系--------------------
a==b的结果: True
a is b的结果: False
--------测试a与e的关系--------------------
a==e的结果: True
a is e的结果: True
--------测试a、b、c、e与d的关系--------------------
a==d的结果: False
a is d的结果: False
b==d的结果: False
b is d的结果: False
c==d的结果: True
c is d的结果: True
e==d的结果: False
e is d的结果: False
```

2. 布尔值参与算术运算

当布尔值参与算术运算时,True 被解释成整数 1,False 被解释成整数 0,范例代码如下。

```
In [22]:
print(True+5)    #True被解释成整数1
```

```
print(False+5)   #False被解释成整数0
Out[22]:
6
5
```

4.6 课后思考与练习

1. 定义变量 a，并将自己的姓名（如"白虎君君"）作为字符串赋值给变量 a，在换行后给变量 a 重新赋值，将自己的学号（如 374360）作为整型数据赋值给变量 a，输出变量 a 的值（注意体会字符串、整型数据与变量的区别）。

2. 使用驼峰式命名法定义变量 FamilyName 并对其赋值字符串，定义变量 FirstName 并对其赋值字符串，对 FamilyName 和 FirstName 中的字符串进行拼接，并将其结果赋给新定义的变量 FullName，输出变量 FullName 的值。

3. 输出第 2 题中变量 FamilyName 和变量 FirstName 的值在内存中的地址，使用标识运算符（is）比较这两个变量是否指向同一个内存地址。

4. 把下列数学表达式转换成等价的 Python 表达式，并给表达式内的变量赋值，测试表达式的最终结果。

提示：math 内建模块的 sin(参数)函数返回参数的正弦值，cos(参数)函数返回参数的余弦值，sqrt(参数)返回参数的平方根，使用时利用 import math 语句先载入模块，然后使用 math.sin()、math.cos()或 math.sqrt()的点引用方法调用对应的函数。

（1）$\dfrac{-b+\sqrt{b^2-4ac}}{2a}$ （2）$\dfrac{n(n+1)}{2}$ （3）2^n-1

（4）$\dfrac{n(n+1)(2n+1)}{6}$ （5）$\left[\dfrac{n(n+1)}{2}\right]^2$ （6）$\dfrac{x^2}{a^2}+\dfrac{y^2}{b^2}$

（7）$b^2+c^2-2bc\cdot\cos\theta$ （8）$\dfrac{(a+b)\times h}{2}$

5. 计算下列表达式的结果（假设 a=8，b=−2，c=4）。

（1）4 * 5 ** 7/3 　　（2）a * 5%3

（3）a%5 + b*b − c//3 　　（4）b ** 2 − 4*a*c

6. 先从键盘获取一个整数并赋值给本地变量 a，再从键盘获取一个整数并赋值给本地变量 b，判断 a 的值是否大于 b 的值。

7. 先定义一个列表 animals，表中的元素包含十二生肖，然后使用成员运算符测试"小猫"是否在列表中。

第 5 章 流程控制

Python 语句被执行的过程称为程序流程。在 Python 语言中，代码是以行为单位被送去解释器执行的。一般来讲，代码是从上向下依次执行的，在前一行的指令执行完毕后，其下方紧邻的一行代码就会接着被送去执行，我们称这样的执行顺序为"正常顺序"。最初的计算机都是不可变程序计算机（如 Pascal 设计的计算机），只会一行一行地顺序执行。如果想要做 10 次 1+1 的计算，就必须重复地将 1+1 这一指令从上到下写 10 次。由此可以看出，顺序执行的方式有很大的局限性，如果只重复 10 次还好，但如果重复一万次，那将是一场"灾难"。

为了改进原本的方式，Babbage 和 Ada 在 19 世纪 50 年代提出了可变程序计算机的想法。他们认为，可以根据需要改变原本的顺序执行方式，在返回之前的某一位置后继续顺序执行，这就是"循环"的思想；或者当程序执行到某一行时，有选择地忽略某些行（不执行），直接跳到后面特定行继续顺序执行，这就是"条件分支（选择）"的思想。为了清楚地表示程序的流程（包含混合的正常顺序、条件分支和循环），工程师经常使用流程图来表达思路。流程图图例如图 5-1 所示。

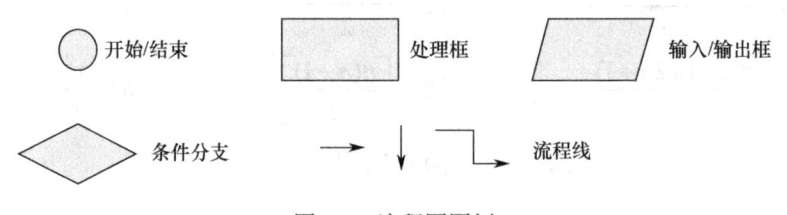

图 5-1 流程图图例

在了解流程控制的思想之后，我们接着来讨论如何在 Python 语言中实现流程控制。为了方便编辑和保存，后续所有代码都会使用基于文件的编程环境进行编辑，也就是在新建.py 文件后，在文件中进行代码的编写和调试。

一个新建的.py 文件在被打开后，看上去就像一张白纸，我们似乎可以在上面任意地"涂鸦"，但实际情况并非如此，对文本的编辑是有很多规则限制的。与其说是白纸，倒不如说是方格作文纸，在每个方格内只能填入一个字符，写完

第 5 章　流程控制

一行之后再写下一行。因为这些方格没有被明显的线条标记出来，所以会使我们将其理解为画布。下面我们来看一段代码：

```
In [1]:
x=[1,2,3]
print(x)
if x[0]==1:
    x[0]=2
    x[1]=3
print(x)
Out[1]:
[1, 2, 3]
[2, 3, 3]
```

这段代码的内容可以通过如图 5-2 所示的页面结构来进行分析，我们显式地画出了方格的边框线条。这段代码的主体一共 6 行，最开始的代码一定是写在第一行并顶格来写的，代表顺序执行的起点。如果它下面的一行也是顶格写的，则代表这一行将正常地顺序执行。第 3 行也是顶格写的，因此它也将顺序执行。

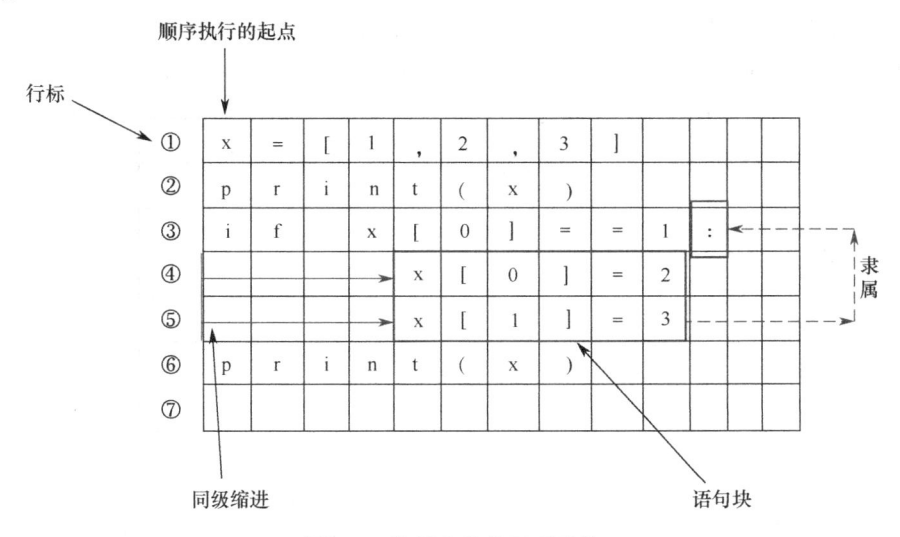

图 5-2　代码文件的页面结构

但是，第 3 行的末尾出现了冒号 ":"，并且接下来的第 4 行和第 5 行都向右缩进了相同的距离，那么此处就要特别注意了，因为冒号加缩进可能是 Python 的流程控制标志，也就意味着正常顺序将会在此处被打破。可以看到，第 3 行的关键字是 if，也就是说，这里是一个条件分支的流程控制。下面有着相同缩进的两行称为一个"语句块"，语句块作为一个整体也遵循自上向下的执行原则。如果 if 后的条件为真，则执行整个语句块（第 4 行、第 5 行）；如果 if 后的条件为假，则跳过整个语句块。

需要注意，冒号和缩进是紧邻出现的，我们可以认为该语句块是隶属该冒号的。相同的缩进代表语句块隶属同一冒号，反过来说，隶属同一冒号的语句块内的语句必须使用相同的缩进；如果缩进不同，则会报错。使用缩进来标识语句块是 Python 的显著语法特点，区别于其他用大括号来标识语句块的语言（如 C 语言、Java 等）。这使得 Python 代码的格式显得整齐有序，有很好的可读性。语句块内的缩进可使用任意长度的空格或制表符"Tab"，一般的工程师会选择 2 个空格或 4 个空格或 1 个 Tab，个人的习惯不太一样，但一旦选择了一种缩进方式，就应通篇保持一致，中途不要更换缩进方式。

不过，值得注意的是，很多常用的编辑器（如 IDLE、PyCharm、Jupyter Notebook）都选择使用 4 个空格作为同级缩进，为了使自己的代码拥有最广泛的兼容性，本书建议使用 4 个空格进行缩进，与常用编辑器的默认缩进保持一致。

此处再强调一下，当有冒号出现时，其下方出现的语句块作为一个整体可能被执行某种特别的流程控制，具体执行什么样的流程控制，要看冒号所在行的关键字是什么。本例中是 if 关键字，是要执行条件分支流程控制，如果是 for 或 while，则是执行循环控制，后面我们会详细介绍每种流程控制方式。

5.1 条件分支

对于条件分支，我们可以做单分支、双分支、多分支等操作。

5.1.1 单分支（if…）

如图 5-3(a)所示，单分支结构的语法是先使用 if 关键字，后接判定条件，再接冒号提示符，最后换行保持同级缩进，在同级缩进内写语句块内容。其流程如图 5-3(b)所示，解释器在遇到 if 关键字之后会进入条件分支的判断，根据表达式的布尔值结果来判断后面运行的流程，如果表达式的值为真（如 True、1 或其他非空值），则运行语句块中的内容；如果表达式的值为假（如 False、0、None 或其他空值），则跳过语句块，继续运行后面的语句。

(a) 单分支语法　　　　　　　　　(b) 单分支流程

图 5-3　单分支语法及流程

单分支的语法实现可参考以下范例。

```
In [2]:
#单分支
a=input("请输入一个整数：")
a=int(a)
if (a > 6):                    #通过if关键字提示进入分支，并给出判断条件
    print(a, "大于6")          #隶属if分支语句的语句块
Out[2]:
请输入一个整数：7
7 大于6
```

5.1.2　双分支（if…else…）

如图 5-4(a)所示，双分支结构的语法是先使用 if 关键字，后接判定条件，再接冒号提示符，最后换行保持同级缩进，在同级缩进内写语句块 1 的内容；在语句块 1 的内容结束后，换行取消缩进，顶格使用 else 关键字加冒号，提示接下来要写语句块 2 的内容，从 else 语句的下一行开始写具有同级缩进的语句块 2。其流程如图 5-4(b)所示，解释器在遇到 if 关键字之后会进入条件分支的判断，根据表达式的布尔值结果来判断后面运行的流程，如果表达式的值为真，则运行语句块 1 中的内容；如果表达式的值为假，则运行语句块 2 中的内容。

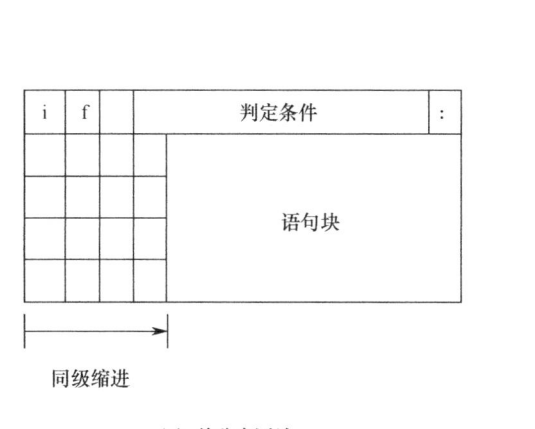

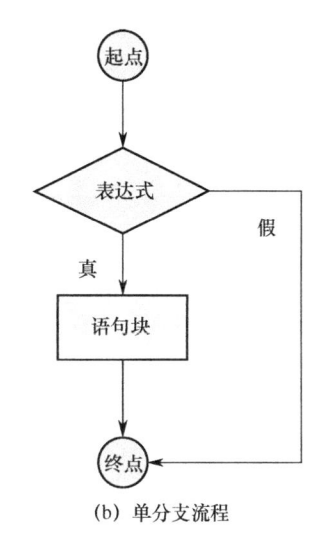

Python 语言基础

(a) 双分支语法　　　　　　　　　(b) 双分支流程

图 5-4　双分支语法及流程

双分支的语法实现可参考以下范例。

```
In [3]:
#双分支
a=input("请输入一个整数：")
a=int(a)
if (a > 6):              #使用if关键字进入分支，并给出判定条件
    print(a, "> 6")      #语句块1
else:                    #当条件为假时的语句块入口
    print(a, "<= 6")     #语句块2
Out[3]:
请输入一个整数：3
3 <= 6
```

5.1.3　多分支（if…elif…else…）

如图 5-5(a)所示，多分支结构的语法是先使用 if 关键字，后接判定条件 1，再接冒号提示符，最后换行保持同级缩进，在同级缩进内写语句块 1 的内容；在语句块 1 的内容结束后，先换行取消缩进，顶格使用 elif 关键字引导，后接判定条件 2，再接冒号提示符，最后换行保持同级缩进，在同级缩进内写语句块 2 的内容；在语句块 2 结束后，下面可以接由 elif 关键字引导的判定条件和对应的语句块，直到将所有的判定条件都列举完毕；在语句块 n−1 的内容结束后，换行取消缩进，顶格使用 else 关键字加冒号，提示接下来要写语句块 n 的内容。

其流程如图 5-5(b)所示，解释器在遇到 if 关键字之后会进入条件分支的判断，根据表达式的布尔值结果来判断后面运行的流程，如果表达式的值为真，则

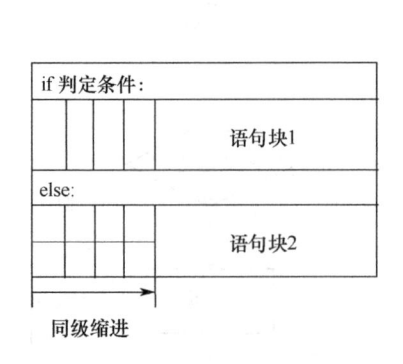

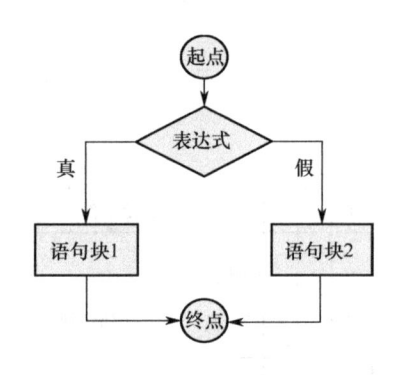

运行语句块 1 中的内容；如果表达式的值为假，则进入下一个由 elif 引导的表达式并进行判断。如果由当前 elif 引导的表达式的值为真，则运行语句块 2 中的内容；如果表达式的值为假，则进入由下一个 elif 引导的表达式并进行判断。以此类推，如果前面所有的 elif 判定的表达式都为假，则程序进入最后由 else 关键字引导的语句块 *n* 并执行。

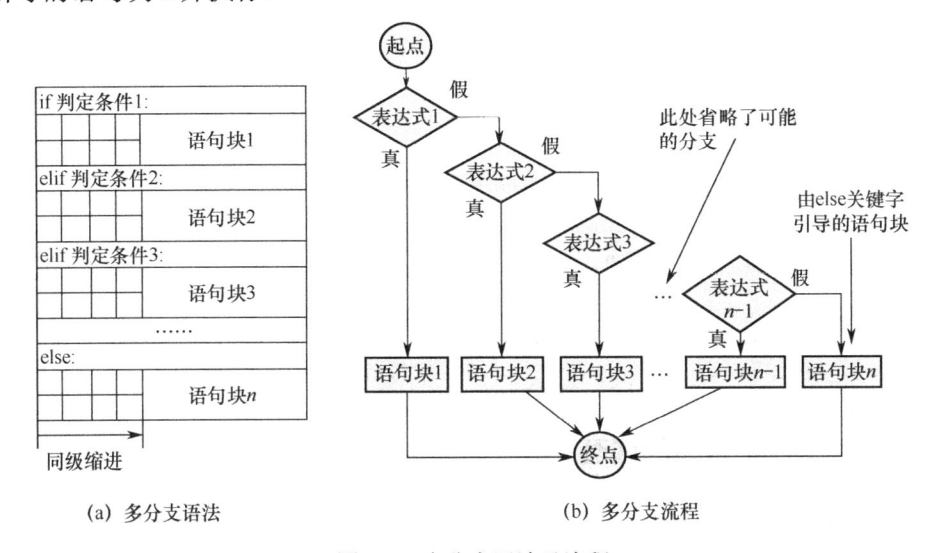

(a) 多分支语法　　　　　　　　(b) 多分支流程

图 5-5　多分支语法及流程

多分支的语法实现可参考以下范例。

```
In [4]:
#多分支（简单范例）
a=input("请输入一个整数：")
a=int(a)
if  (a > 6):
    print(a, "> 6")
elif (a=6):
    print(a, "== 6")
else:
    print(a, "< 6")
Out[4]:
请输入一个整数：3
3 < 6

In [5]:
```

```
#多分支（成绩等级判定范例）
a=input("请输入一个整数：")
a=int(a)
if (a >= 90):
    print(a, ": 优秀")
elif (a >= 80):
    print(a, ": 良好")
elif (a >= 70):
    print(a, ": 中等")
elif (a >= 60):
    print(a, ": 及格")
else:
    print(a, ": 不及格")
Out[5]:
请输入一个整数：68
68 : 及格
```

5.1.4 分支语句的嵌套

除了以上用法，我们还可以在分支语句块内再构建一个分支，也就是嵌套结构，很像俄罗斯套娃，如以下范例：

```
In [6]:
#分支语句的嵌套
a=['女',20]
if (a[0]=='男'):
    if (a[1]<18):
        print("男孩")
    else:
        print("男人")
else:
    if (a[1]<18):
        print("女孩")
    else:
        print("女人")
Out[6]:
女人
```

通过以上范例，我们可以得到如图 5-6 所示的缩进结构。

嵌套的层级在理论上可以无限"套娃"，但过多的嵌套会降低程序的可读性，所以应该合理使用嵌套。另外，我们可以发现，同级语句块都使用相同的缩进。最外层的没有缩进的位置代表整个文件的内容都隶属第 0 级的唯一语句块，内嵌的每层都用同级缩进引导。

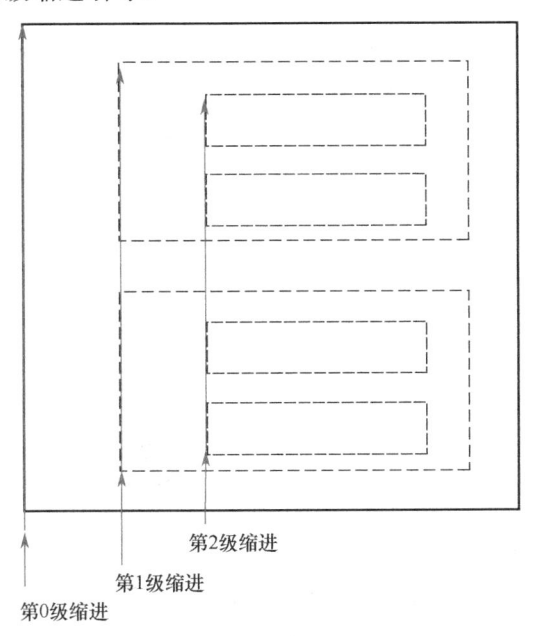

图 5-6 语句块的嵌套层级缩进结构

另外，请注意，if 关键字和 elif 关键字后面用来框住判定条件的括号并不是必需的，此处仅是为了更好地区分关键字与判定条件而特意加上的，因为有时判定条件可能会很长，加上括号会更具可读性，大家可以试试不加括号的判定条件。

5.2 循环

循环的主要思想是使源代码中的某个语句块可以被重复执行多次，而不需要我们将此代码块重复写多次，这样可以在很大程度上减少代码的书写量，提高代码编写效率，让软件工程师将精力集中到程序流程的设计上，而减少对底层实现层面的考虑。在 Python 中，我们可使用的循环控制关键字共有 2 种，分别为 while 关键字和 for 关键字，接下来我们逐一进行介绍。

5.2.1 while 循环

While 循环的语法及流程如图 5-7 所示。由图 5-7(a)可以看出，while 循环的

Python 语言基础

语法并不复杂，结构上与 if 单分支语句很像，即先使用 while 关键字，后接判定条件，再接冒号提示符，然后换行保持同级缩进，在同级缩进内写语句块内容。其流程如图 5-7(b)所示，解释器在遇到 while 关键字之后会进入是否循环的判断，根据表达式的布尔值结果来判断后面运行的流程，如果表达式的值为真，则运行语句块中的内容，运行完语句块的内容之后再将流程跳转至循环判断的部分，如此往复，直到表达式的值为假，之后跳过语句块，继续运行后面的语句，循环结束。

(a) while循环语法　　　　　　　　(b) while循环流程

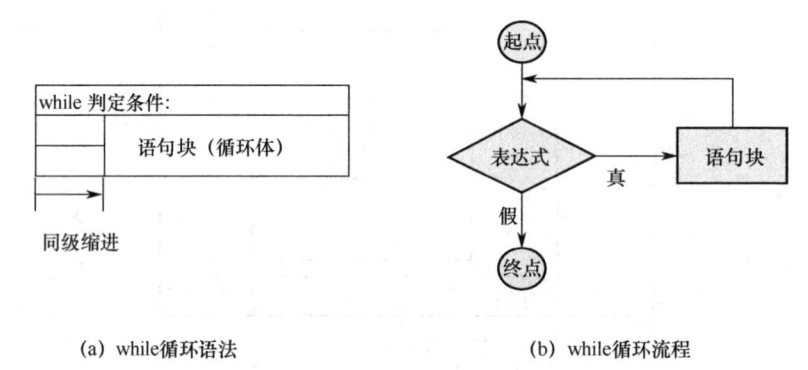

图 5-7　while 循环的语法及流程

下面给出一个简单的范例进行说明，其示意如图 5-8 所示。类比 if 语句可以发现，循环开始的标识是冒号，下面的同级缩进语句块隶属冒号前的 while 关键字。经过解释器解释并送至 CPU 运行之后可以发现，程序执行了 5 次语句块中的内容，并且输出了 5 个对应的结果。虽然每次执行的都是相同的代码，但每次输出的结果都不同，这种灵活性给软件工程师提供了很强的流程控制能力。

```
In [7]:
#while 循环的简单实现
n=0  #初始化一个变量
while n<5:
    print(n)
    n=n+1
Out[7]:
0
1
2
3
4
```

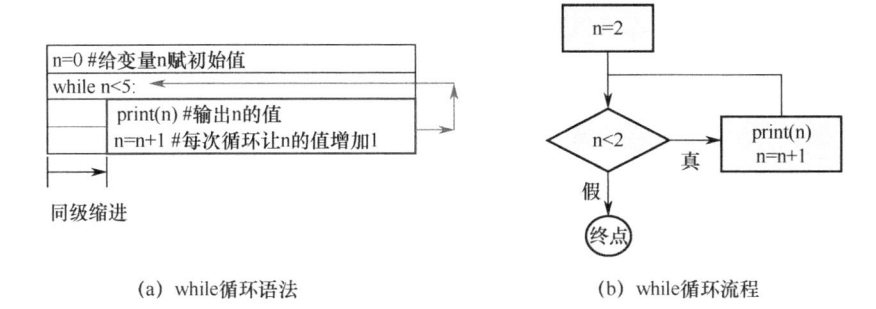

第 5 章 流程控制

```
n=0 #给变量n赋初始值
while n<5:
    print(n) #输出n的值
    n=n+1 #每次循环让n的值增加1
```
同级缩进

(a) while循环语法

(b) while循环流程

图 5-8 while 循环的简单实现示意

对于 while 循环，我们必须设定一个循环的终止条件，不然循环就会无限地执行下去，也就形成了通常所说的"死循环"。在上述范例中，每循环一次就会将 n 的值增加 1，n 的值最终会变为 5，此时 n<5 的循环判定值为假，整个循环终止。通常，我们称这种循环中的 n 为计数器变量，通过此变量控制循环的运行和终止。此处，再举一例进行说明，计算从 1 累加到 100 的等差数列和：1+2+3+…+100，相关示意如图 5-9 所示。

```
In [8]:
n=1 #计数器变量的初始化
S=0 #累加和容器
while n <=100:
    S=S+n #累加和
    n=n+1 #计数器自增
print('1+2+3+...+100 =',S)
Out[8]:
1+2+3+...+100=5050
```

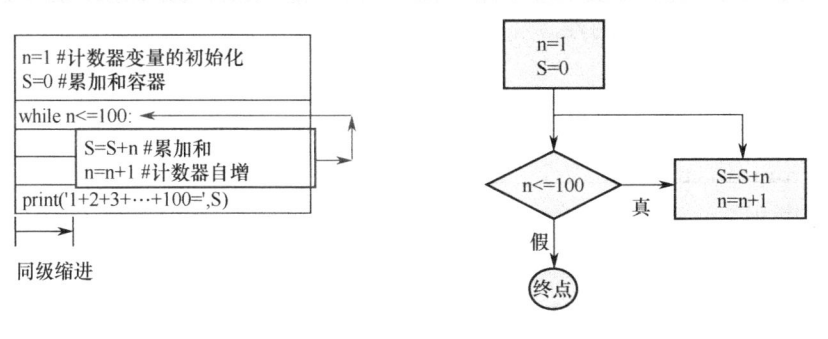

```
n=1 #计数器变量的初始化
S=0 #累加和容器
while n<=100:
    S=S+n #累加和
    n=n+1 #计数器自增
print('1+2+3+…+100=',S)
```
同级缩进

(a) while循环语法

(b) while循环流程

图 5-9 while 循环中计数器的使用示意

由此可见，计数器和循环判定条件是结合起来一起控制循环的执行和终止的。可以说，任何循环都可以使用此种方法来构建，但在某些特定的情况下会显得比较麻烦。例如，如果想遍历一个序列数据，我们就必须先构建一个结构比较复杂的计数器和判定条件，代码如下：

```
In [9]:
ls=[1,2,3,4,5]
n=len(ls)
i=0
while i<n:
    print(ls[i])
    i=i+1
Out[9]:
1
2
3
4
5
```

这样写起来比较费力，因此 Python 的设计师给大家提供了一种新的专门处理类似循环的工具，即 for 关键字。前面我们提到过，有一句戏言是"懒惰使人进步"，看似自相矛盾，却也有几分道理。在 5.2.2 节中，我们将学习这种 for 循环。

5.2.2 for 循环

为了体现 for 循环的易用性，我们先用 for 循环来重写 5.2.1 节中最后的范例。可以看到，这次只用 3 行代码就完成了 while 循环中用 6 行代码完成的工作，可见其高效性与易用性。

```
In [10]:
ls=[1,2,3,4,5]
for item in ls:
    print(item)
Out[10]:
1
2
3
4
5
```

如图 5-10 所示，假如我们有一个包含多元素的数据 D，而我们想对其中的每个元素都进行遍历，此时我们就可以使用 for 关键字构建循环。循环的次数由数据包含的元素个数决定，每次循环中程序都会依照元素在数据中的排序取出一个元素，从第一个元素开始，直到最后一个元素，每次取到的元素都会被赋值给 x，之后执行一次语句块 A，而语句块 A 可以对刚刚取得的 x 变量中的元素进行处理。

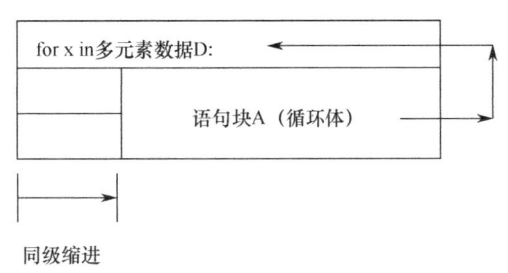

图 5-10 for 循环的语法结构

我们回过头来看刚刚重写的代码，对列表 ls 进行遍历，每次取出列表 ls 中的一个元素并将其赋值给变量 item。在语句块 A 中，程序将获得 item 的值并进行输出，其输出结果就是列表中的每个元素：1、2、3、4、5。

通过对比 if 关键字、while 关键字和 for 关键字的使用方法，我们可以充分体会到缩进结构在 Python 语法中的重要性。如果要找出一些规律，则可以发现冒号、缩进及语句块的对应关系是共通的。一般而言，在冒号所引导的语句下会接同级缩进，同级缩进内的代码则是语句块。

5.2.3 range()函数简介

range()函数是一种等差数列构造器（或称迭代器）。在 while 循环中我们一般使用自增或自减的方法来控制计数器变量，而在 for 循环中我们经常使用 range()函数来实现类似的功能。

range ()函数的语法如下：
range(起始数字, 结束数字, 步长)

此函数的功能是构建一个等差数列的迭代器，由起始数字开始自增，每次自增规定大小的步长，直到结束数字（但不包含结束数字），下面给出各种情况下的范例：

```
In [11]:
range(1,10,1)    #1,2,3,4,5,6,7,8,9.
range(5,10,1)    #5,6,7,8,9.
range(1,10,2)    #1,3,5,7,9.
```

```
range(1,10,3)      #1,4,7.
```

最后的步长是可省略的参数，如果省略了，则代表步长为1。

```
In [12]:
range(1,10)        #1,2,3,4,5,6,7,8,9.
range(5,10)        #5,6,7,8,9.
```

进一步，起始数字也可以省略，如果省略，则代表起始数字为0。

```
In [13]:
range(10)          #0,1,2,3,4,5,6,7,8,9.
range(5)           #0,1,2,3,4.
```

注意，range()函数只能对整数进行处理，不能处理浮点型或其他非整型数据。除了正整数，还可以处理负整数。

```
In [14]:
range (10,1,-1)    #10,9,8,7,6,5,4,3,2.
range (-1,-5,-1)   #-1,-2,-3,-4.
```

这样 range()函数的构成规则就介绍完了。还有一点要注意，如果只写类似 range(10)这样的语句，则其返回的结果并不是列表，而是一个迭代器，迭代器只有在被调用的时候，其中包含的元素才会被一个一个地"推"出来。我们可以直接使用 list()方法将 range()函数的结果转换为列表，如用 list(range(10))就可以得到一个从 0 到 9 的整数列表。或者，我们也可以将 range()函数用于 for 循环的构建，如以下范例所示。

```
In [15]:
for i in range(1,11,1):
    print(i)
Out[15]:
1
2
3
4
5
6
7
8
9
10
```

分析以上代码可知，这是一个 for 循环，控制循环的部分是 range(1,11,1)，它可以生成一个形如 1,2,3,4,5,6,7,8,9,10 的序列，在每次循环中，i 都先获得序列中的一个元素，然后循环体中的代码被执行，最后，代码的执行结果为输出序列 1,2,3,4,5,6,7,8,9,10 中的元素。

5.2.4 循环的嵌套

和条件分支一样，循环也可以进行嵌套，我们以 for 循环为例（while 循环也是类似的）。如图 5-11 所示，我们可以认为代码是由外层和内层两重循环嵌套而成的，其执行顺序是外层循环每执行一次，内层循环就要穷尽其执行的全部可能次数。

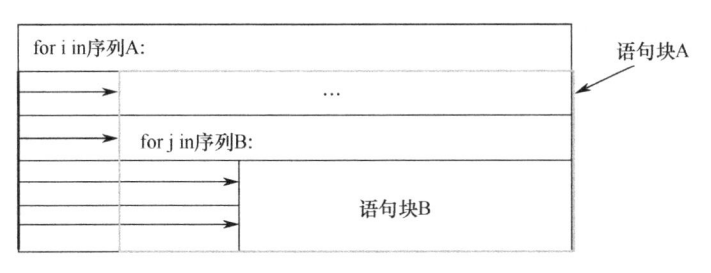

图 5-11 循环的嵌套

一个很有趣的范例就是输出九九乘法表，如下所示：

```
In [16]:
for i in range(1,10):
    for j in range(1,i+1):
        print("{}*{}={}".format(j,i,i*j), end='\t')
    print('\n')
Out[16]:
1*1=1

1*2=2   2*2=4

1*3=3   2*3=6   3*3=9

1*4=4   2*4=8   3*4=12  4*4=16

1*5=5   2*5=10  3*5=15  4*5=20  5*5=25

1*6=6   2*6=12  3*6=18  4*6=24  5*6=30  6*6=36

1*7=7   2*7=14  3*7=21  4*7=28  5*7=35  6*7=42  7*7=49
```

```
1*8=8    2*8=16   3*8=24   4*8=32   5*8=40   6*8=48   7*8=56   8*8=64

1*9=9    2*9=18   3*9=27   4*9=36   5*9=45   6*9=54   7*9=63   8*9=72
9*9=81
```

循环和条件分支也是可以相互嵌套的，如以下范例就是在一个 for 循环的内部嵌套了一个单分支判断，如果当前循环中的 i 能够被 2 整除（偶数），则输出 i 的值。其输出结果为 2,4,6,8。

```
In [17]:
for i in range(1,10):
    if i%2=0:
        print(i)
Out[17]:
2
4
6
8
```

5.2.5 pass 占位符

可以看到，无论是 if 语句、while 语句，还是 for 语句，它们都有一个需要控制的语句块，但有时我们在构建流程控制框架的时候，还不太清楚语句块内具体要写什么代码。此时，我们可以先用一个 pass 关键字来替代语句块，程序在此处什么也不做，只是继续运行后续的代码，这有点像注释的功能。

根据 pass 关键字的这一特性，我们可以扩展前一范例的代码：

```
In [18]:
#pass占位符
for i in range(1,10):
    if i%2=0:
        print(i)
    else:
        pass #此处什么也不做，仅是占位符
Out[18]:
2
4
6
8
```

5.2.6 continue 和 break 的用法

continue 和 break 是对循环流程进行额外控制的关键字，它们的作用主要是跳出循环。continue 关键字告诉 Python 解释器当前一次循环中止，循环中 continue 关键字后的代码不再执行，而是继续执行该循环的下一次循环；break 关键字则是用来中止整个当前层的循环的。具体用法可参考如下两个范例。

```
In [19]:
#continue的用法
for i in range(1,10):
    if i%2=1:
        continue #当判定i不能被2整除时，直接进入下一次循环
    print(i)
Out[19]:
2
4
6
8


In [20]:
#break的用法
n=1
while True:
    print(n)
    n=n+1
    if n>5:
        break
Out[20]:
1
2
3
4
5
```

注意，当代码中有循环的嵌套时，continue 和 break 关键字的作用范围仅限于当前层的循环，其外层的循环并不受影响。让我们改写一下前面的九九乘法表代码，看看在内层循环中加入一个 continue 或者 break 关键字会有什么影响。

```
In [21]:
#continue在循环嵌套中的使用
```

```
for i in range(1,10):
    for j in range(1,i+1):
        if j ==5:
            continue
        print("{}*{}={}".format(j,i,i*j), end='\t')
    print('\n')  #输出结果中没有了第5列
```
Out[21]:
1*1=1

1*2=2	2*2=4

1*3=3	2*3=6	3*3=9

1*4=4	2*4=8	3*4=12	4*4=16

1*5=5	2*5=10	3*5=15	4*5=20

1*6=6	2*6=12	3*6=18	4*6=24	6*6=36

1*7=7	2*7=14	3*7=21	4*7=28	6*7=42	7*7=49

1*8=8	2*8=16	3*8=24	4*8=32	6*8=48	7*8=56	8*8=64

1*9=9	2*9=18	3*9=27	4*9=36	6*9=54	7*9=63	8*9=72	9*9=81

In [22]:
```
#break在循环嵌套中的使用
for i in range(1,10):
    for j in range(1,i+1):
        if j ==5:
            break
        print("{}*{}={}".format(j,i,i*j), end='\t')
    print('\n')  #输出结果中没有了第5列及以后的列
```
Out[22]:
1*1=1

1*2=2	2*2=4

```
1*3=3    2*3=6    3*3=9
1*4=4    2*4=8    3*4=12   4*4=16
1*5=5    2*5=10   3*5=15   4*5=20
1*6=6    2*6=12   3*6=18   4*6=24
1*7=7    2*7=14   3*7=21   4*7=28
1*8=8    2*8=16   3*8=24   4*8=32
1*9=9    2*9=18   3*9=27   4*9=36
```

5.2.7 for 循环的列表构建方法

for 循环还可以用来构建列表，其基本语法如下：

[关于 x 的表达式 for x in 序列 if 判定条件]

其思路就是每次循环从序列中取出一个元素赋值给 x，如果满足后面 if 的判定条件，则让 x 参加最前方的表达式运算，得到的运算结果作为最终列表的一个元素被保留。但是，如果从序列中取出的元素不满足判定条件，则直接丢弃该元素，进入下一次循环。这个方法很实用，很多数据分析的过程都用得到，范例如下：

```
In [23]:
[x*x for x in range(1,10) if x%2==0]
Out[23]:
[4, 16, 36, 64]
```

5.3 课后思考与练习

1. 条件分支部分

（1）编写一个单分支选择结构：首先定义一个变量 age，并给 age 赋值一个整数 19，然后进行单分支判断，如果 age 的值≥18，则输出"成年"。

（2）编写一个双分支选择结构：首先定义一个变量 age，并给 age 赋值一个整数 16，然后进行双分支判断，如果 age 的值≥18，则输出"成年"；如果 age

的值<18，则输出"未成年"。

（3）编写一个多分支结构：首先定义一个变量 age，并给变量 age 赋值一个整数；然后进行多分支判断，如果 age 的值<18，则输出"少年儿童"；如果 18≤age 的值<40，则输出"青年才俊"；如果 40≤age 的值<60，则输出"中年大叔"；如果 age 的值≥60，则输出"老年前辈"。

（4）从键盘输入三个整数并赋值给三个变量（注意类型转换，使用 input 函数从键盘获得的数据的类型都是字符串 str 类型，因此需要进行类型转换才能得到整数类型），使用条件分支语句对这三个整数进行排序，使其按从小到大的顺序输出（提示：赋值符号支持同时给多个变量赋值，如 a,b,c=1,2,3 就代表分别给 a、b、c 赋值 1、2、3，而如果写成 x,y=y,x 的形式，就代表互换 x 和 y 的值，此处的排序与冒泡排序法的思维类似）。

（5）编写多分支语句：1～7 七个数字分别代表周一～周日，如果输入的数字是 6 或 7，则输出"周末"；如果输入的数字是 1～5，则输出"工作日"；如果输入其他数字，则输出"错误"。

（6）编写代码模拟用户登录：要求用户名为自己的姓名，密码为自己的学号，如果输入正确，则输出"欢迎光临"；如果输入错误，则提示用户输入错误。

（7）输入一个人的身高（单位为米）和体重（单位为千克），根据 BMI 公式（体重除以身高的平方）计算此人的 BMI 指数，并根据条件输出体重状态。

例如，一个 52 千克的人，身高是 1.55 米，则 BMI 为 $52 \div 1.55^2 \approx 21.64$。

BMI 指数 v.s.体重状态：

- $[-\infty, 18.5)$：过轻。
- $[18.5, 25)$：正常。
- $[25, 28)$：过重。
- $[28, 32)$：肥胖。
- $[32, +\infty)$：严重肥胖。

（8）定义两个变量 gender 和 age 并赋值，我们规定 gender 的取值只有"男"和"女"两种字符串。另外，age 的范围是 0 到 150 的整数值。使用条件分支语句嵌套的方法，我们根据两个变量的赋值分别判断四种人的类型。

- 男孩：gender=='男'且 age<18。
- 男人：gender=='男'且 age>=18。
- 女孩：gender=='女'且 age<18。
- 女人：gender=='女'且 age>=18。

2．循环部分

（1）使用 while 循环，计算 1~100 的累加和（整数，包含 1 和 100）。

（2）使用 while 循环，每次从键盘输入一个整数，并将该整数保存到预置的列表中，直到输入字符串"done"，终止循环并输出最后得到的列表。

（3）使用 while 循环，编程实现如图 5-12 所示的 while 循环练习。

（4）从键盘获取一个数字，使用 for 循环计算它的阶乘，例如，输入的是 3，即计算 3!的结果，并输出。

（5）利用 for 循环，使用*输出如下三角形。

```
*
* *
* * *
* * * *
* * * * *
```

（6）从键盘获取一个整数 n，并实现以下公式 s=1＋(1＋2)＋(1＋2＋3)＋…＋(1＋2＋3＋…＋n)，根据输入的 n 值计算输出结果。

（7）利用 for 循环嵌套，输出如下九九乘法表。

```
1×1=1
1×2=2   2×2=4
1×3=3   2×3=6   3×3=9
1×4=4   2×4=8   3×4=12  4×4=16
1×5=5   2×5=10  3×5=15  4×5=20  5×5=25
1×6=6   2×6=12  3×6=18  4×6=24  5×6=30  6×6=36
1×7=7   2×7=14  3×7=21  4×7=28  5×7=35  6×7=42  7×7=49
1×8=8   2×8=16  3×8=24  4×8=32  5×8=40  6×8=48  7×8=56  8×8=64
1×9=9   2×9=18  3×9=27  4×9=36  5×9=45  6×9=54  7×9=63  8×9=72  9×9=81
```

图 5-12 while 循环练习

（8）利用 for 语句和 range()方法输出 1～10 的偶数，此处使用 continue 关键字实现。

（9）使用 while 循环不断询问用户名和密码，每次询问进行比对，如果比对成功，则显示欢迎信息并结束整个循环（使用 break 关键字）；如果比对不成功，则重新执行循环体中的代码。

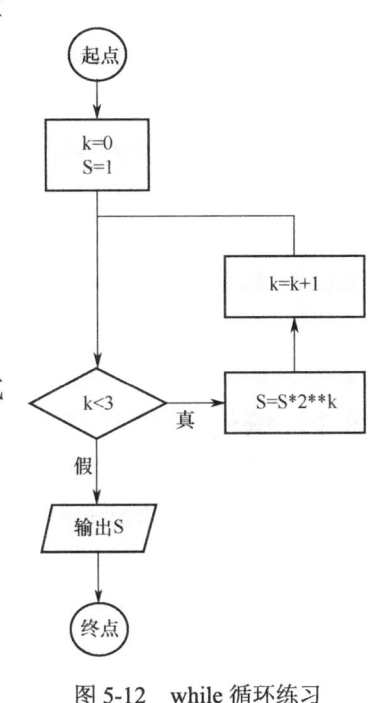

第 6 章 错误与错误处理

初学者在开始学习 Python 编程时，经常会看到一些报错信息。这些报错信息是在 Python 解释器遇到一些错误而无法继续运行时，由 Python 提供给程序员的关于错误的重要描述信息。利用这些错误信息，程序员可以知道引起程序崩溃的问题发生在哪里，从而有针对性地定位、检查和修改代码，高效地完成代码的调试工作。Python 有两种错误很容易辨认：语法错误和异常错误，下面分别进行介绍。

6.1 语法错误

Python 的语法错误（或称解析错误）是指在编写 Python 代码的过程中发生了不符合 Python 语法规则的错误。常见的语法错误：一是拼写错误，二是非预期结尾错误，三是缩进错误，下面分别进行介绍。

1. 拼写错误

产生拼写错误的情况有很多，如某些关键字后少写了冒号，或者本应使用英文标点的地方使用了中文标点，尤其当中文的逗号","和英文的逗号","混淆时，可能看上去没有错误，但还是报错了。这里需要注意，在 Python 代码中，所有的标点符号都必须是英文半角的，否则就会报错。

```
In [1]:
#语法错误-1: SyntaxError (拼写错误)
while True                    #少写了冒号
    print("this is a test")
    break
Out[1]:
  File "<ipython-input-1-c7debef7ab2e>", line 2
    while True
              ^
```

SyntaxError: invalid syntax

```
In [2]:
a=[1,2,3，4] #最后一个逗号用了中文全角逗号
Out[2]:
    File "<ipython-input-4-78810dde7045>", line 1
        a=[1,2,3，4]
                ^
```
SyntaxError: invalid character in identifier

2. 非预期结尾错误

产生非预期结尾错误的原因是本应成对出现的符号只写了半边，如圆括号"( )"、中括号"[ ]"、大括号"{ }"及定义字符串时成对出现的引号等，具体情况可参考以下范例。

```
In [3]:
#EOF:End Of File
list_1=[1,2,3,4,5    #最后少了半边中括号"]"
Out[3]:
    File "<ipython-input-5-f599f26cc72f>", line 2
        list_1=[1,2,3,4,5
                        ^
```
SyntaxError: unexpected EOF while parsing

3. 缩进错误

前文提到，Python 利用缩进来表示语句块的所属关系，如果语句块的缩进产生错位，则 Python 解释器会对语句块的所属关系判定失败，从而产生缩进错误，下面举例说明：

```
In [4]:
if 2==2:
print("this is a test")
Out[4]:
    File "<ipython-input-7-537d4ac547c0>", line 2
        print("this is a test")
            ^
```
IndentationError: expected an indented block

由以上范例可以看出，如果 Python 解释器在解释某行代码时发现语法错误，就会给出错误信息，包括错误的类型及错误发生的位置，并且在最先找到的

错误位置处标记一个小小的箭头，以方便程序员进行问题排查。因此，当遇到程序错误时不要着急，先仔细看看错误信息，根据错误信息来判断应该从哪里改正代码。

6.2 异常错误

除了语法错误，还有另一类错误，即异常错误。异常错误是指虽然 Python 代码的语法是正确的，但在运行代码的时候，也有可能发生的错误。这种错误多是由于代码内出现了逻辑上的错误，当带有逻辑错误的 Python 代码被送入解释器时会被判定为异常，同时终止程序并抛出异常信息。常见的异常错误类型包括除以零错误、变量未定义错误、数据类型错误、模块引用错误、索引越界错误、字典键名错误等，下面分别进行介绍。

1. 除以零错误

除以零错误就是在算术运算中分母的位置出现了 0，虽然语法看上去是正确的，但表达式本身却是没有意义的，如以下范例所示：

```
In [5]:
1/0
Out[5]:
---------------------------------------------------------------
ZeroDivisionError                    Traceback (most recent call last)
<ipython-input-8-9e1622b385b6> in <module>
----> 1 1/0
ZeroDivisionError: division by zero
```

2. 变量未定义错误

使用未经赋值的变量就会导致变量未定义错误。初学者在输出字符串的时候有很大概率会把变量和字符串搞混，从而触发该异常。如果要输出的内容被加上了引号，则内容会被解释成字符串，原样输出；如果要输出的内容没有被加上引号，则该内容会被理解为变量，此时若该变量未被赋值过，就会触发异常。

```
In [6]:
print('xiaowei')      #加了引号的内容被解释成字符串
print(xiaowei)        #没有加引号的内容被理解为变量
#因为xiaowei没有被赋值过，所以在此处调用该变量就会触发异常
Out[6]:
xiaowei
```

```
NameError                          Traceback (most recent call last)
<ipython-input-9-b5ce36285862> in <module>
    1 print('xiaowei')              #加了引号的内容被解释成字符串
----> 2 print(xiaowei)               #没有加引号的内容被理解为变量
    3 #因为xiaowei没有被赋值过，所以在此处调用该变量就会触发异常
NameError: name 'xiaowei' is not defined
```

3. 数据类型错误

如果对某种数据类型采取了不适合该类型的操作，则会触发此异常，该异常多见于不兼容的数据类型运算，如以下范例所示：

```
In [7]:
'1'+1
Out[7]:
```

```
TypeError                          Traceback (most recent call last)
<ipython-input-10-d9f6420d3d87> in <module>
----> 1 '1'+1
TypeError: can only concatenate str (not "int") to str
```

4. 模块引用错误

当尝试调用一个不存在的模块或没有在本地部署成功的模块时，就会触发此异常。第三方模块的配置有时会因版本兼容性的问题变得很复杂，配置不成功的时候很多，在见到异常时要仔细检查模块的配置，确保所使用的模块都已配置成功。范例如下：

```
In [8]:
import idontknow
Out[8]:
```

```
ModuleNotFoundError                Traceback (most recent call last)
<ipython-input-11-14b4fa0202e4> in <module>
----> 1 import idontknow
ModuleNotFoundError: No module named 'idontknow'
```

5. 索引越界错误

前文提到，序列内元素的访问依赖该元素的索引号，当尝试使用一个没有对应元素的索引号时，程序会找不到对应的元素，从而抛出索引越界错误信息，具

体情况可参考如下范例：
```
In [9]:
list_1=[1,2,3,4,5]
print(list_1[10])
Out[9]:
-----------------------------------------------------------------
IndexError                       Traceback (most recent call last)
<ipython-input-12-ed11c796140b> in <module>
      1 list_1=[1,2,3,4,5]
----> 2 print(list_1[10])
IndexError: list index out of range
```

6. 字典键名错误

字典键名错误与索引越界错误很像，只是这里变成了非序列数据类型的字典，具体表现为如果在对一个字典的元素进行访问时，提供了不存在的键名，则会抛出这个异常，具体可参考如下范例：

```
In [10]:
dict_1={1:'Monday',2:'Tuesday'}
dict_1[3]
Out[10]:
-----------------------------------------------------------------
KeyError                         Traceback (most recent call last)
<ipython-input-13-2a00b2d6b8ba> in <module>
      1 dict_1={1:'Monday',2:'Tuesday'}
----> 2 dict_1[3]
KeyError: 3
```

系统异常的种类很多，这里仅给出了几种比较常见的情况，随着编程经验的积累，大家会见到其他各种各样的异常情况。判断一名程序员的能力如何，很重要的一点就是看他能否快速确定、判断系统错误的位置和类型，并给出对应的解决方案，这种能力的培养需要长期的训练和思考。

6.3 错误处理

如果没有特殊说明，则当程序遇到错误时，通常会终止运行，同时抛出一个错误信息，供程序员调试使用。但在实际的应用环境中，一个程序通常需要连续地运行，不能因为个别错误而使得整个程序崩溃。为了使程序在遇到错误

第 6 章 错误与错误处理

时不至于崩溃，Python 语言提供了一套错误处理机制，下面介绍几种比较典型的处理方法。

6.3.1 try…except 语句

try…except 语句的语法规则如图 6-1 所示，首先尝试运行 try 子句，如果出现错误则忽略该错误，并跳转至 except 子句继续运行；如果 try 子句中未出现错误，则忽略 except 子句，继续运行后面的代码。except 关键字后可以设定错误类型，表示该 except 子句只接收特定类型的错误，如果 try 子句触发了其他类型的错误，则不能触发该 except 子句，而是抛出原错误，同时终止整个程序；如果 except 关键字后留空，则代表该 except 子句接受任意错误类型，只要 try 子句内有错误触发，就直接进入 except 子句运行。

try:	
	语句块1
	执行代码
except 错误类型：	
	语句块2
	发生异常时执行的代码

图 6-1 try…except 语句的语法规则

具体使用方法可以参考以下范例：

```
In [11]:
try:
    list_1=[1,2,3,4,5]    #触发索引越界错误，转入except子句
    print(list_1[10])
except:
    print("There is something wrong, but we skipped it")
Out[11]:
There is something wrong, but we skipped it


In [12]:
try:
    list_1=[1,2,3,4,5]
    print(list_1[10])    #触发索引越界错误，转入except子句
except IndexError:
```

```
    print("IndexError occurred, but we skipped it")
Out[12]:
IndexError occurred, but we skipped it
```

```
In [13]:
#如果实际发生的错误与except后面指定的错误类型不符
#则系统不会忽略实际错误,而是中断程序,抛出实际错误信息
try:
    list_1=[1,2,3,4,5]
    print(list_1[10])  #触发索引越界错误,但不转入except子句
except TypeError:
    print("IndexError occurred")
Out[13]:
---------------------------------------------------------------
IndexError                                Traceback (most recent call last)
<ipython-input-23-e1c5abe51f70> in <module>
      3 try:
      4     list_1=[1,2,3,4,5]
----> 5     print(list_1[10])  #触发索引越界错误,但不转入except子句
      6 except TypeError:
      7     print("IndexError occurred")
IndexError: list index out of range
```

6.3.2 try…except…else 语句

try…except…else 语句的语法规则如图 6-2 所示,这一语句其实就是在 try…except 子句的下方增加了一个 else 子句,前面 try…except 子句的功能不变,而 else 子句将在 try 子句没有发生任何异常的时候执行。如果 try 子句发生了异常,则跳转至 except 子句运行,同时忽略 else 子句中的内容。

具体使用方法可以参考以下范例:

```
In [14]:
try:
    list_1=[1,2,3,4,5]
    print(list_1[1])
except:
    print("There is something wrong, but we skipped it")
else:
    print('Great, we passed the checking process!!!')
```

```
Out[14]:
2
Great, we passed the checking process!!!
```

try:	
	语句块1
	执行代码
except 错误类型:	
	语句块2
	发生异常时执行的代码
else:	
	语句块3
	没有发生异常时执行的代码

图 6-2 try⋯except⋯else 语句的语法规则

```
In [15]:
try:
    #运行异常-5：IndexError（索引越界错误）
    list_1=[1,2,3,4,5]
    print(list_1[10])
except:
    print("There is something wrong, but we skipped it")
else:
    print('Great, we passed the checking process!!!')
Out[15]:
There is something wrong, but we skipped it
```

6.3.3 try⋯except⋯else⋯finally 语句

try⋯except⋯else⋯finally 语句的语法规则如图 6-3 所示，这一语句其实就是在 try⋯except⋯else 子句的下方增加了一个 finally 子句，前面 try⋯except⋯else 子句的功能不变，finally 子句总是在前面 try⋯except⋯else 子句运行完成之后接续运行，即无论 try 子句中是否包含异常，finally 子句中的代码总会被执行。

具体使用方法可以参考以下范例：
```
In [16]:
try:
    list_1=[1,2,3,4,5]
```

```
    print(list_1[3])
except:
    print("There is something wrong, but we skipped it")
else:
    print('Great, we passed the checking process!!!')
finally:
    print("I don't care. I just run!!!")
```
Out[16]:
4
Great, we passed the checking process!!!
I don't care. I just run!!!

try:	
	语句块1
	执行代码
except 错误类型:	
	语句块2
	发生异常时执行的代码
else:	
	语句块3
	没有发生异常时执行的代码
finally:	
	语句块4
	不管有没有发生异常都要执行的代码

图 6-3 try…except…else…finally 语句的语法规则

In [17]:
```
try:
    #运行异常-5: IndexError
    list_1=[1,2,3,4,5]
    print(list_1[10])
except:
    print("There is something wrong, but we skipped it")
else:
    print('Great, we passed the checking process!!!')
finally:
```

```
    print("I don't care. I just run!!!")
Out[17]:
There is something wrong, but we skipped it
I don't care. I just run!!!
```

6.3.4 手动抛出异常错误

在调试程序的过程中，有时会根据需要，手动添加一些异常错误。手动抛出异常错误可以通过使用 raise 关键字实现，其语法规则为 raise Exception/特定错误类型("错误提示信息")。使用 Exception 关键字会抛出一个通用异常，使用特定错误类型则会抛出特定类型的异常，具体使用方法可以参考以下范例：

```
In [18]:
#抛出一个通用异常
raise Exception("this is a general exception")
Out[18]:
---------------------------------------------------------------
Exception                     Traceback (most recent call last)
<ipython-input-24-207d446ae6e9> in <module>
      1 #抛出一个通用异常
----> 2 raise Exception("this is a general exception")
Exception: this is a general exception


In [19]:
#抛出一个特定类型的异常
raise NameError("这是我故意抛出的命名错误")
Out[19]:
---------------------------------------------------------------
NameError                     Traceback (most recent call last)
<ipython-input-25-3571bb31ad11> in <module>
      1 #抛出一个特定类型的异常
----> 2 raise NameError("这是我故意抛出的命名错误")
NameError: 这是我故意抛出的命名错误
```

6.4 调试模式

调试模式（Debug Mode）是在很多程序开发平台中集成的用于程序调试的模式，在该模式下，程序员可以从程序流程的任意步骤切入，然后顺序或者逆序地观察程序的运行状态,如查看某个变量在循环语句中的变化情况,或者查看某个变量被重置的数据类型等。当代码中出现错误的时候,程序员可以通过调试模式很方便地定位错误位置,并且通过调试模式分析错误,最后给出解决方案。本节就以 Python 自带的集成开发环境(Integrated Development Environment,IDE)Python IDLE 为例来说明调试模式的使用方法。

6.4.1 调试模式的激活

如图 6-4 所示,在"Python 3.7.1 Shell"窗口中找到"Debug"选项中的"Debugger"子项并单击。该操作的结果如图 6-5 所示,一个新的窗口"Debug Control"(调试面板)被打开,同时可以发现原"Python 3.7.1 Shell"窗口中的工作区域也显示了"[DEBUG ON]"字样,提示调试模式已经被激活。

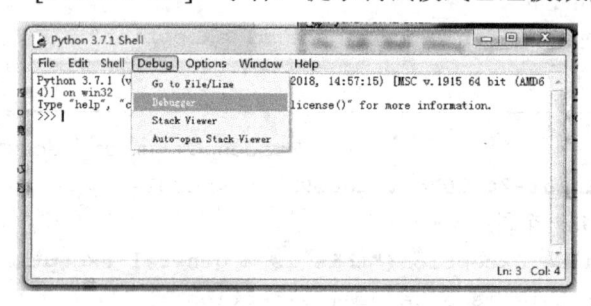

图 6-4 激活调试模式

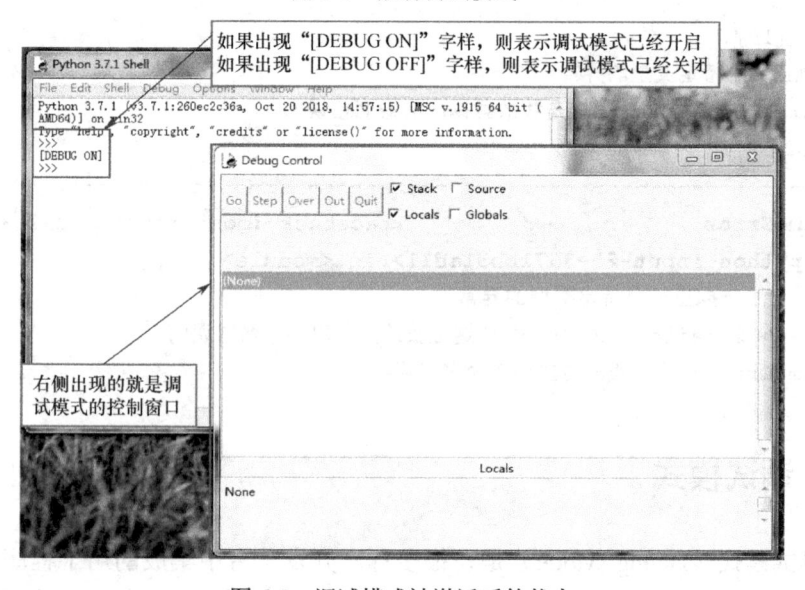

图 6-5 调试模式被激活后的状态

6.4.2 通过调试模式对代码进行调试

Python 代码通常被保存在代码文件中，在需要对其进行调试时，可通过 IDLE 加载目标文件，之后激活调试模式即可实现对保存在目标文件中的代码的调试。

（1）为演示调试过程，我们假设已存在某个代码文件"test1.py"，文件内包含如下代码：

```
n=10
i=1
sum=0
while i<=n:
    sum=sum+i
    i=i+1
print(sum)
```

（2）为实现对代码的调试，需要在 IDLE 中加载该文件，文件加载过程如图 6-6 所示。

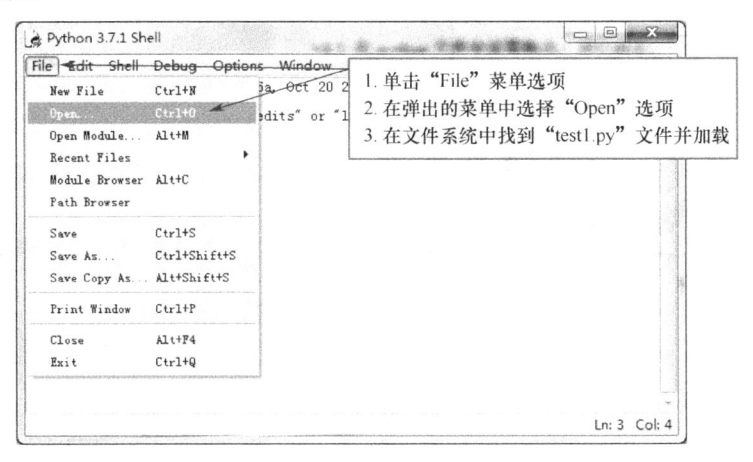

图 6-6 在 IDLE 中加载目标文件

（3）在文件加载成功后，重复 6.4.1 节的操作步骤即可激活调试模式，其操作过程如图 6-7 所示，结果如图 6-8 所示。

（4）调试工作主要通过调试面板实现，其中各按钮的作用如图 6-9 所示。

（5）当调试模式处于激活状态时，在编辑窗口中运行代码，会得到如图 6-10 所示的结果。此时调试面板被初始化，并且显示"test1.py"文件的实时调试情况。重复单击"Over"按钮可以实现逐行调试，在此过程中，可以通过调试面板观察程序运行状态和相关变量的变化，如图 6-11 所示。

Python 语言基础

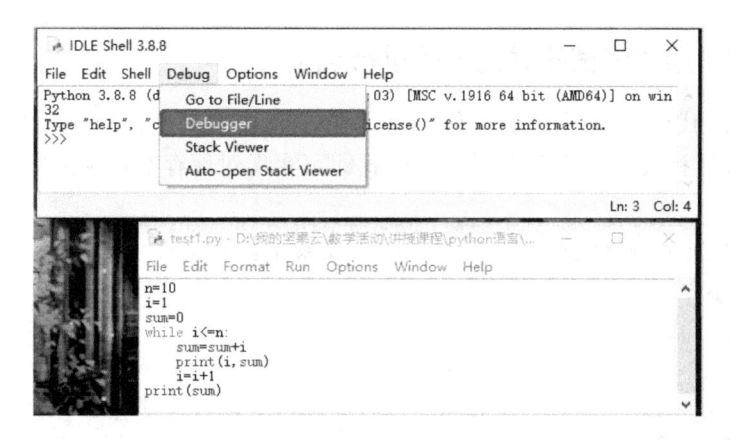

图 6-7　在加载目标文件后激活调试模式

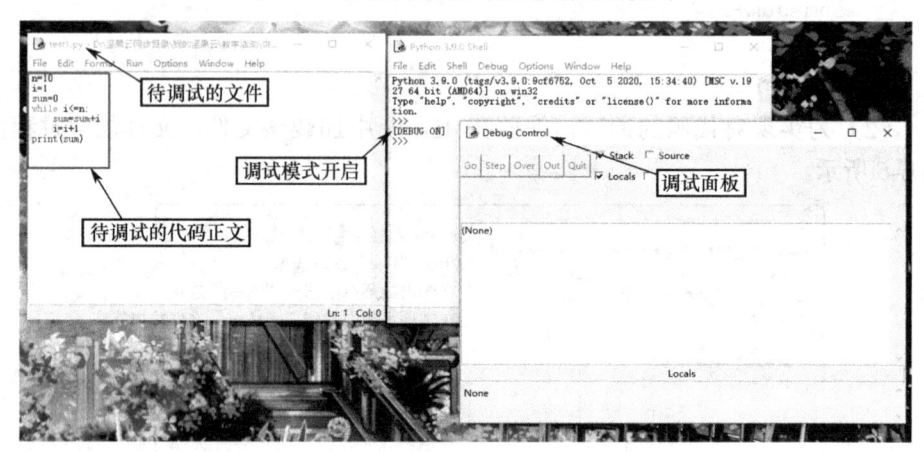

图 6-8　激活调试模式后的操作界面

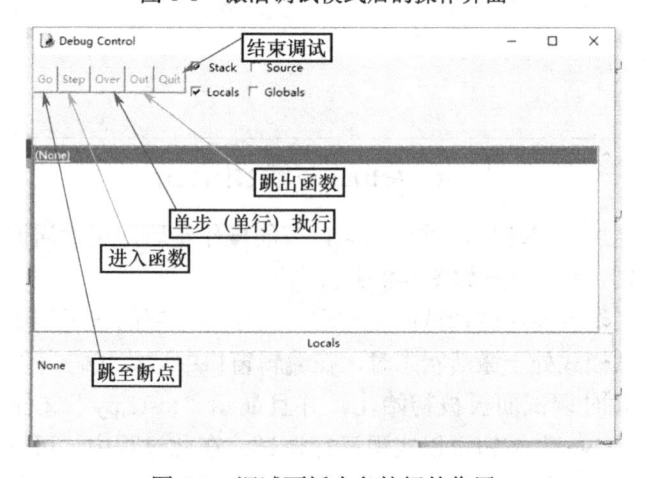

图 6-9　调试面板中各按钮的作用

第 6 章　错误与错误处理

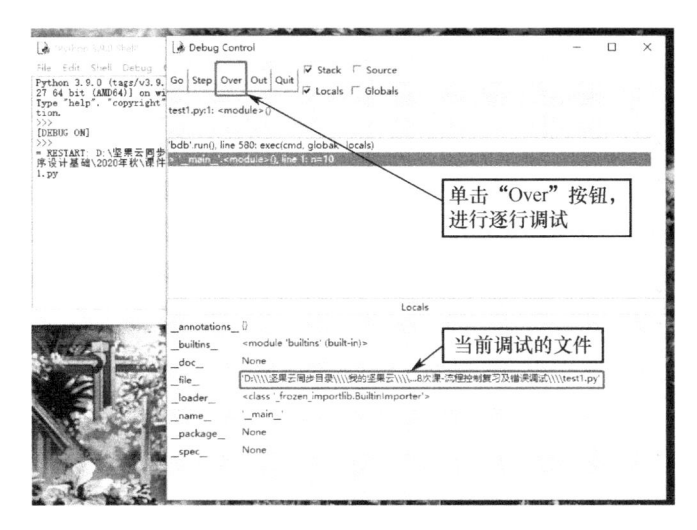

图 6-10　单击"Over"按钮就可以逐行进行调试

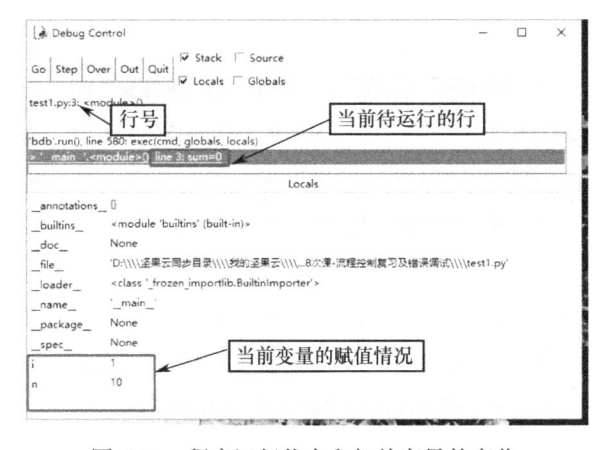

图 6-11　程序运行状态和相关变量的变化

6.4.3　在代码中设置断点

设置断点可以帮助程序员在调试模式中快速定位代码的特定位置，此处简要介绍实现方法。如图 6-12 所示，在目标行单击右键调出菜单后，可使用"Set Breakpoint"选项将该行设置成断点，在确保调试模式为激活状态的情况下，我们就可以在文件编辑窗口中单击运行按钮，初始化调试面板。在调试面板初始化完成后，我们单击"Go"按钮，如图 6-13 所示，将直接跳转至设置断点的位置，后面就又可以进行单步调试了。这样我们就不用在每次调试的时候都从头开始，而是在感兴趣的位置（认为可能存在问题的位置）前后设置断点，高效地进行代码调试工作。

Python 语言基础

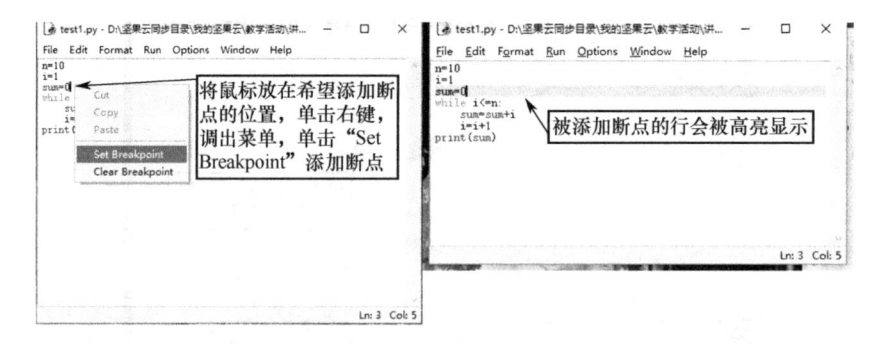

图 6-12 设置断点

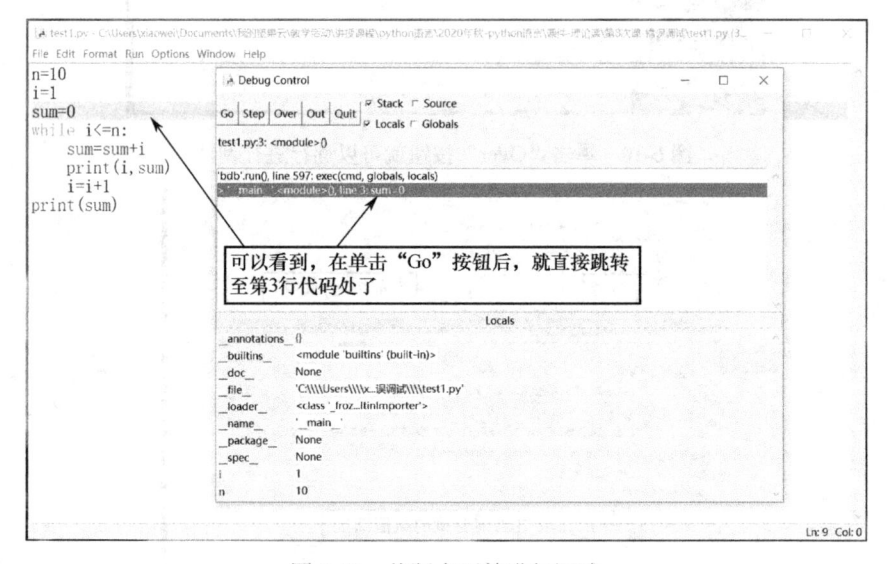

图 6-13 从断点开始进行调试

6.5 课后思考与练习

1. 请列举几种常见的语法错误类型。
2. 请列举几种常见的异常错误类型。
3. 编写代码，利用 try…except 语句进行错误处理。
4. 编写代码，利用 try…except…else 语句进行错误处理。
5. 编写代码，利用 try…except…else…finally 语句进行错误处理。
6. 编写代码，手动抛出一个异常错误。
7. 使用 Python IDLE 进入调试模式，并进行单步调试。
8. 使用 Python IDLE 对代码设置断点，并进行单步调试。

第 7 章　函数

在程序语言中，函数可以被理解为待执行的"动作"，动作的范围非常广，涵盖程序语言可构成的任何指令或指令集。换句话说，函数就是一个容器，容器内封装了准备在某特定时刻执行的代码段。从哲学（本体论）的角度来说，函数更像是"功能"，或者称为"势"，即一个事物因其内在结构或属性而具有了"功能"或"势"。这种功能（或势）在某种特定的场景下被触发，从而实体化为一个具体的动作，动作的执行又会引起场景的迁移，在新的场景中，某些事物的状态值会发生改变。

下面以"吃饭"为例进行说明。如图 7-1 所示，人是一种会吃饭的动物，那么吃饭就是人的功能；具体到我这个人，如果我不去执行"吃饭"这个动作，那么我对场景是没有影响的，而一旦我执行了吃饭这个动作，那么场景①（旧场景）中的两个属性状态就发生了改变，进而引发场景②（新场景）的生成。

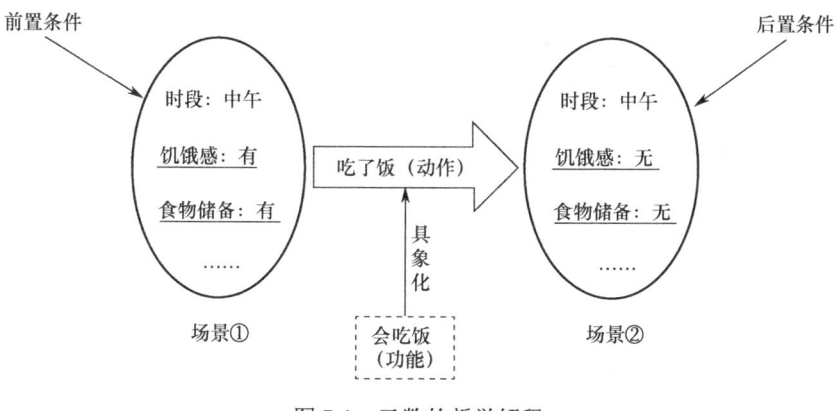

图 7-1　函数的哲学解释

从图 7-1 中可以看出，场景①中的"饥饿感：有"和"食物储备：有"在场景②中变成了"饥饿感：无"和"食物储备：无"。现在依据此框架，规范一下用词（Terminology），在本书中我们使用如下词汇：

- 函数（Function）/方法（Method）：对应本体论中的功能（Function）或势（Disposition）。
- 函数调用/方法调用：对应功能的具象化、动作的执行。

通过上述说明，我们知道了函数就是封装了待执行动作的一个"包裹"。在 Python 语言中，函数就是封装了某段代码的对象，函数内部封装的代码可以通过对函数的调用反复被执行。也就是说，我们不必将函数内部的代码重复写多次，在必要的时候执行函数调用即可。这听起来似乎有点熟悉，在讨论流程控制中的循环的时候，我们也有过类似的表述。这里总结一下，这种将代码封装起来以减少代码重复多次编写的思想称为"复用"（Reuse）。

复用的思想在 Python 中大量存在，这也是 Python 社区所追求的一种理想。我们之前开过一个玩笑，说"懒惰使人进步"，其实除了减少代码的编写量，复用思想中的封装操作还可以让代码的使用者不必关心具体的代码细节，知道代码的调用规则和实现功能即可。这样一来，软件工程师就可以花更多的时间在自己需要处理的业务逻辑上，减少一些工程实现的底层技术细节工作。简单来说，如果我要生产的是汽车，通常不会自己从轮胎开始制造，而是直接向轮胎厂商订购轮胎来使用，接着再向发动机提供商购买发动机，再买入座椅等，最后我们要做的就只剩下拼装这些零部件了。

可以看出，复用更核心的内容是分工的理念。无论是从亚当·斯密的《国富论》中的描述来看，还是从我们身边的社会生产实践来看，分工使商品质量和生产效率都得到了极大的提高。生产轮胎的就专心把轮胎做好，做发动机的就专心把发动机做好，生产汽车的就专心把组装工作做好。

在 Python 的使用者中，有些人会把自己的代码封装起来，提供给其他人复用。除本章要讲解的函数封装方式外，后续我们还会讨论类（Class）、模块（Module）等封装方式。Python 有着大量的使用者，其中有不少人专注于某些领域的功能封装，如游戏开发领域、数据分析领域等，从而形成了一个很大的社区（Community），大家相互之间有着明确的分工，相互支持，相互协作。读者感兴趣的话，可以了解一下 tkinter 可视化模块、turtle 绘图模块等。

7.1 函数的定义与调用

7.1.1 函数定义与调用的基本语法

我们来看看在 Python 中如何通过函数来封装代码，以及对于封装好的代码如何去执行调用。如图 7-2 所示，函数定义使用 def 关键字引导，后接函数名

（函数的命名规则同变量的命名规则），后接圆括号"( )"，圆括号后接冒号":"，提示换行后编写隶属该函数的函数体语句块。此处需要注意，函数名后的圆括号内可以设置形式参数列表，这些形式参数将成为函数体内部的临时局部变量，不需要的话可以留空。接冒号换行之后，下面接同级缩进的语句块，此处的语句块称为函数体，函数体内就是被封装起来的需要执行的内容。函数体的最后一行可以使用 return 关键字设置返回值（函数被调用执行结束后的返回值），可以空置（空置默认返回 None），return 可以返回单个值，也可以返回多个值。

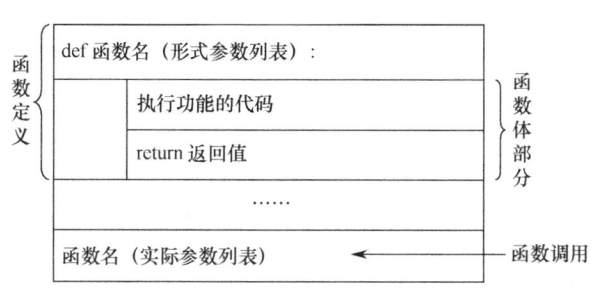

```
函数定义 {
    def 函数名（形式参数列表）：
        执行功能的代码      } 函数体部分
        return 返回值
        ……
    函数名（实际参数列表） ← 函数调用
}
```

图 7-2　函数定义与函数调用的语法结构

在 Python 中，当一个函数被定义后，在后续代码的任何位置都可以随时对其进行调用，调用时给出函数名即可。但是要注意，在调用的时候，函数名的后面一定要跟一对圆括号，括号内有时要给出具体的实际参数，实际参数是按照形式参数对照给出的。如果原函数定义时的形式参数列表为空，则在调用函数时只需要写出"函数名()"，括号内留空。

还有一点需要注意，函数调用一定要写在函数定义的后面，如果顺序搞反，则会触发一个异常（NameError），这一点跟我们对变量的定义与使用的方式是一致的。

具体使用可以参考如下范例。
```
In [1]:
#简单的函数定义
def test_fuc():
    x=1
    y=2
    z=x+y
    return(z)
#简单的函数调用（需要在函数定义之后，不可以颠倒顺序）
w=test_fuc()
print(w)
```

```
Out[1]:
3
```

```
In [2]:
#函数调用（需要在函数定义之后，不可以颠倒顺序，否则会抛出一个错误
#这是由Python解释器逐行执行的特性决定的
test_fuc_1()
def test_fuc_1():
    x=1
    y=2
    z=x+y
    return(z)
Out[2]:
---------------------------------------------------------------
NameError                                 Traceback (most recent call last)
<ipython-input-3-0f046f280ced> in <module>
      1 #函数的调用（需要在函数定义之后，不可以颠倒顺序，否则会抛出一个错误
      2 #这是由Python解释器逐行执行的特性决定的
----> 3 test_fuc_1()
      4 def test_fuc_1():
      5     x=1
NameError: name 'test_fuc_1' is not defined
```

7.1.2 返回值的设定

1. 返回值为 None

下面介绍几种返回值为 None 的函数。

（1）没有使用 return 关键字，默认返回值为 None。

```
In [3]:
def test_fuc_none_return_1():
    x=1
    y=2
    z=x+y
    #没有使用return关键字，默认返回值为None

w=test_fuc_none_return_1()
print(w)
Out[3]:
```

None

（2）显式设定返回值为 None。
```
In [4]:
def test_fuc_none_return_2():
    x=1
    y=2
    z=x+y
    return None  #显式设定返回值为None

w=test_fuc_none_return_2()
print(w)
Out[4]:
None
```

（3）使用了 return 关键字，但后面没有跟任何值，默认返回值为 None。
```
In [5]:
def test_fuc_none_return_3():
    x=1
    y=2
    z=x+y
    return  #使用了return关键字，但后面没有跟任何值，默认返回值为None

w=test_fuc_none_return_3()
print(w)
Out[5]:
None
```

2. 单个返回值

```
In [6]:
def test_fuc_return_1():
    x='My name is Xiaowei'
    return x  #此处为返回单个字符串数据


y=test_fuc_return_1()  #这样调用会返回一个字符串变量
print(type(y))
print(y)
Out[6]:
<class 'str'>
My name is Xiaowei
```

```
In [7]:
def test_fuc_return_2():
    x=18
    return x #此处为返回单个整型数据

y=test_fuc_return_2() #这样调用会返回一个整型变量
print(type(y))
print(y)
Out[7]:
<class 'int'>
18
```

```
In [8]:
def test_fuc_return_3():
    x=['xiaowei',18]
    return x #此处为返回单个列表型数据

y=test_fuc_return_3() #这样调用会返回一个列表型变量
print(type(y))
print(y)
Out[8]:
<class 'list'>
['xiaowei', 18]
```

3. 多个返回值

```
In [9]:
def test_fuc_return_4():
    x='xiaowei'
    y=18
    return x,y #此处为同时返回2个数据，2个数据将会被打包在一个元组变量中被返回

y=test_fuc_return_4() #这样调用会返回一个包含2个元素的元组变量
print(type(y))
print(y)
Out[9]:
<class 'tuple'>
('xiaowei', 18)
```

7.1.3 函数作为对象的存在

关于 Python 有一句"名言",即"万物皆对象"。函数的定义和使用方法与前文讲述的整型、浮点型、字符串等数据类型有很大的区别,但是如果从对象的角度来看,它们都具有对象的特征,这一点将在后面详细介绍,此处先给出一些简单的范例。

```
In [10]:
def test_fuc_return_4():
    x='xiaowei'
    y=18
    return x,y
print(test_fuc_return_4) #函数名后面不加括号,表明指代函数本身,而不对函数进行调用
print(type(test_fuc_return_4)) #函数对象的类型为function
print(id(test_fuc_return_4)) #函数在内存中的保存位置也可以用id()函数查看
Out[10]:
<function test_fuc_return_4 at 0x000002DC7019F828>
<class 'function'>
3145796810792
```

可以看到,在使用函数的时候,如果不在函数名后面加括号,函数名就指代函数本身,而不是对函数进行调用,由范例输出的结果可知其在内存中的位置。事实上,我们可以把函数名看作一个变量名,甚至可以将其赋值给一个变量,如以下范例所示。

```
In [11]:
x=test_fuc_return_4
print(x)
print(type(x))
print(id(x))
Out[11]:
<function test_fuc_return_4 at 0x000002DC7019F828>
<class 'function'>
3145796810792
```

区别于将函数名赋值给一个变量,如果将函数调用的语法赋值给一个变量,那么该变量将保存函数调用的结果。

```
In [12]:
x=test_fuc_return_4
```

```
print(x)
print(type(x))
print(id(x))

y=test_fuc_return_4()    #这样调用会返回一个包含2个元素的元组变量
print(type(y))
print(y)
Out[12]:
<function test_fuc_return_4 at 0x00000210D3053E50>
<class 'function'>
3145796810792
<class 'tuple'>
('xiaowei', 18)
```

7.1.4 带参数函数的定义与调用

在前面的内容中，我们讨论了不带参数的函数的定义与调用，下面进一步讨论带参数的函数的定义与调用。

1. 带参数函数定义与调用的基本语法

在定义函数时，可以在函数名后的圆括号内设定函数的参数列表，此列表中的参数称为"形式参数"，参数之间用逗号隔开。

基本语法：def 函数名(形式参数1, 形式参数2, …):，以下给出参考范例：

```
In [13]:
def test_fuc_with_parameters_1(x,y):
    z=x+y
    return z
w=test_fuc_with_parameters_1(100,200)
print(w)
Out[13]:
300
```

相应地，在调用该函数的时候，也应给出对应的"实际参数"列表，实际参数需要与形式参数一一对应，基本语法：函数名(实际参数1, 实际参数2, …)。

也就是说，在实际调用带参数的函数的时候，应该传递给每个形式参数一个具体的值。形式参数列表中的变量会被一一赋值，如上述范例中的形式参数 x 被赋值 100，形式参数 y 被赋值 200。形式参数在获得赋值后就会参与到函数体内部的具体操作中，如此处的 z=x+y，就是将函数体中变量 x 与变量 y 的和赋值给变量 z。最后运算结束，经由 return 语句返回 z 的值（300），z 的值又被赋值给变量 w，因此最后变量 w 的输出结果就是 300。

当然，在进行函数调用的时候，实际参数的位置也可以使用变量。同样地，实际参数会被赋值给形式参数，然后形式参数参与函数体内的操作，在以下范例中，当函数被调用时，参数传递的过程相当于进行赋值操作：x=m 和 y=n，参数传递还有很多细节需要注意，在 7.2 节会详细介绍。

```
In [14]:
def test_fuc_with_parameters_1(x,y):
    z=x+y
    return z


m=1000
n=2000
w=test_fuc_with_parameters_1(m,n)
print(w)
Out[14]:
3000
```

2．常见的函数调用参数错误

常见的函数调用参数错误多源于实际参数和形式参数没有一一对应，包括：①函数定义时有形式参数，调用时却没有给出实际参数；②调用时的实际参数的数量少于或多于形式参数的数量。

具体参考如下范例：

```
In [15]:
#函数定义时有形式参数，调用时却没有给出实际参数
def test_fuc_with_parameters_1(x,y):
    z=x+y
    return z
test_fuc_with_parameters_1()
Out[15]:
---------------------------------------------------------------
TypeError                      Traceback (most recent call last)
<ipython-input-20-cb0980d8b68b> in <module>
      2     z=x+y
      3     return z
----> 4 test_fuc_with_parameters_1()
TypeError: test_fuc_with_parameters_1() missing 2 required
```

```
positional arguments: 'x' and 'y'
```

```
In [16]:
#调用时的实际参数数量少于形式参数的数量
def test_fuc_with_parameters_1(x,y):
    z=x+y
    return z
test_fuc_with_parameters_1(100)
Out[16]:
---------------------------------------------------------------------
TypeError                                 Traceback (most recent call last)
<ipython-input-21-2cc2b961eeb6> in <module>
      3     z=x+y
      4     return z
----> 5 test_fuc_with_parameters_1(100)

TypeError: test_fuc_with_parameters_1() missing 1 required positional argument: 'y'
```

```
In [17]:
#调用时的实际参数数量多于形式参数的数量
def test_fuc_with_parameters_1(x,y):
    z=x+y
    return z
test_fuc_with_parameters_1(100, 200, 300)
Out[17]:
---------------------------------------------------------------------
TypeError                                 Traceback (most recent call last)
<ipython-input-22-6926cf3b3b88> in <module>
      3     z=x+y
      4     return z
----> 5 test_fuc_with_parameters_1(100, 200, 300)

TypeError: test_fuc_with_parameters_1() takes 2 positional arguments but 3 were given
```

3. 综合案例

定义函数：给定一个英文字符串作为参数，返回该字符串中小写字母和大写字母的个数，定义完成后进行调用测试。

```
In [18]:
def demo(s):
    result=[0,0]
    for ch in s:
        if 'a'<=ch<='z':    #字符串中字符的比较实际上就是其文字编码的比较
            result[0]=result[0]+1
        elif 'A'<=ch<='Z':
            result[1]=result[1]+1
        else:
            pass
    return result

x=demo('My name is Xiaowei Wang')
print(x)
Out[18]:
[16, 3]
```

7.1.5 匿名函数

lambda 关键字通常用来定义一些一次性的函数,其特点就是短小精悍、灵活易用,其基本的语法结构为 lambda 形式参数 1, 形式参数 2, …: 函数体。lambda 为关键字,关键字后面接空格,空格后面的部分接一组用逗号隔开的形式参数(如 x, y, z, …),后面接冒号,冒号后面接函数体。lambda 的函数体部分紧接着冒号写(不换行),并且函数体内部只能写一个表达式(表达式内可以调用其他函数)。

使用方法如以下范例所示,可不指定函数名,在函数定义完成后直接对其进行调用。

```
In [19]:
w=(lambda x,y:x+y)(1,2)
print(w)
Out[19]:
3
```

上述匿名函数与一般函数在定义与调用方面并无本质区别,只是形式上略有不同,其对应的一般函数的定义与调用形式如下:

```
In [20]:
#一般函数定义与调用的等价形式
def f_test(x,y):
```

```
    return x+y
print(f_test(1,2))
Out[20]:
3
```

下面我们来做一组加减乘除的四则运算。利用函数是 Python 对象的性质，我们做一个包含 4 个函数的列表，每个元素是一个函数对象。

```
In [21]:
calculates=[]
cal_add=lambda x,y:x+y
calculates.append(cal_add)
cal_subtract=lambda x,y:x-y
calculates.append(cal_subtract)
cal_product=lambda x,y:x*y
calculates.append(cal_product)
cal_divide =lambda x,y:x/y
calculates.append(cal_divide)

print('加法: ',calculates[0](1,2))
print('减法: ',calculates[1](1,2))
print('乘法: ',calculates[2](1,2))
print('除法: ',calculates[3](1,2))
Out[21]:
加法： 3
减法： -1
乘法： 2
除法： 0.5
```

7.2 变量作用域、参数传递与参数类型

7.2.1 变量作用域

- 全局变量：在函数外部定义的变量称为全局变量。
  - 作用范围：整个程序，函数内外均可以访问。
- 局部变量：在函数内部定义的变量称为局部变量。
  - 作用范围：只能在函数内部访问；也可以理解为临时变量，当函数结束时，局部变量会从内存中被丢弃。

- 范围变更：局部变量可以使用 global 关键字进行标注，从而将局部变量转换成全局变量。

1. 定义和访问全局变量

范例如下。

```
In [22]:
x=3  #此处定义了一个全局变量
def test_access_global_variable():
    print(x)
test_access_global_variable()  #在函数内部访问全局变量
print(x)  #在函数外部访问全局变量
Out[22]:
3
3
```

2. 定义和访问局部变量

范例如下。

```
In [23]:
def test_access_local_variable():
    y=4  #此处定义了一个局部变量
    print(y)
test_access_local_variable()#在函数内部对局部变量进行访问
print(y)#在函数外部对局部变量进行访问，此时会报错
Out[23]:
4
---------------------------------------------------------------
NameError                         Traceback (most recent call last)
<ipython-input-3-8a2e95c50858> in <module>
----> 1 print(y)#在函数外部对局部变量进行访问，此时会报错
NameError: name 'y' is not defined
```

3. 将局部变量标记为全局变量（global 关键字）

范例如下。

```
In [24]:
def test_access_variable():
    global y        #此处将一个局部变量声明为全局变量
    y=4
    print(y)
```

```
test_access_variable()    #执行一次函数调用
                          #本来用完应该被丢弃的局部变量被变更为全局变量
print(y)                  #在函数外部对已经变成全局变量的y进行访问,此时不会报错
Out[24]:
4
4
```

```
In [25]:
def test_access_variable():
    global y_1  #此处将一个局部变量声明为全局变量
                #由于外部还没有该全局变量,所以实际上我们新增了一个全局变量
    y_1=5
    print(y_1)
test_access_variable()    #执行一次函数调用,输出新增的全局变量y_1的值
print(y_1)   #在函数外部访问新增的全局变量y_1
Out[25]:
5
5
```

4. 局部变量与全局变量重名时的语法机制

当定义一个与全局变量重名的局部变量时,函数内部将屏蔽同名的全局变量,认为同名的全局变量不存在。

```
In [26]:
z=3 #此处定义了一个全局变量
def test_access_variable():
    z=5
    print(z)
test_access_variable()    #执行一次函数调用,在函数内部,局部变量z的值被临时指定为5
print(z)
Out[26]:
5
3
```

在函数执行结束后,全局变量的值不受影响。这有点像我们在计算机中使用的文件系统命名规则:不同的文件夹下可以出现同名的文件,文件夹内的文件和文件夹外的文件同名不会导致两个文件内容的冲突。这种命名思想称为命名空间

（Namespace），不同命名空间中的变量/文件命名相互不受影响。这为我们对变量、文件的管理提供了更多的便利。但是，同一命名空间下的变量/文件不可以重名。

想要在函数内部对已经定义的同名全局变量进行实际覆盖，我们需要在函数内部使用 global 关键字标记这个同名的局部变量。

```
In [27]:
z=3 #此处定义了一个全局变量
def test_access_variable():
    global z #将局部变量标记为全局变量
            #函数外部已经存在这个全局变量，因此实际上两个变量"等价"了
    z=5
    print(z)
test_access_variable()#执行一次函数调用，在函数内部将全局变量z的值覆盖成5
print(z) #在函数外部进行测试，可以看到，全局变量z的值确实变成了5
Out[27]:
5
5
```

现在我们来总结一下全局变量与局部变量重名时的语法机制：试图在函数内部访问全局变量是可以的，但在函数内部不能随便重新定义全局变量，只有使用 global 关键字标记后，才可以在函数内部对全局变量进行重新定义。除此之外，试图在函数内部直接重定义全局变量的做法一般会触发异常错误。

参考如下范例，当函数被调用时，在函数内部重新定义变量 x_1 时，变量 x_1 先被认定为一个局部变量，此时因为变量 x_1 与外部全局变量同名，所以外部的全局变量被屏蔽，变量 x_1 就变成了一个未经赋值的局部变量。因此，这个局部变量在函数内部相当于还没有被定义，让一个未定义的局部变量自增 1，自然会报错。

```
In [28]:
x_1=3 #此处定义了一个全局变量
def test_access_variable():
    #global x_1
    x_1=x_1+1
    print(x_1)
test_access_variable()
Out[28]:
---------------------------------------------------------------
UnboundLocalError                         Traceback (most recent call last)
```

Python 语言基础

```
<ipython-input-11-73ae31c2d61c> in <module>
      5     x_1=x_1+1
      6     print(x_1)
----> 7 test_access_variable()

<ipython-input-11-73ae31c2d61c> in test_access_variable()
      2 def test_access_variable():
      3     #global x_1
----> 4     print(x_1)
      5     x_1=x_1+1
      6     print(x_1)

UnboundLocalError: local variable 'x_1' referenced before assignment
```

7.2.2 参数传递

1. 形式参数与实际参数

之前说过，在定义函数时，函数名后括号内的参数为形式参数。形式参数本质上就是局部变量，严格来说，是等待被赋值的局部变量。每次在函数被调用的时候，形式参数都作为局部变量被赋值，然后参与函数内部的操作。在函数调用结束后，形式参数和其他在函数内部定义的局部变量会一并从内存中被丢弃。

范例如下。

```
In [29]:
def test_func(a,b):
    c=a+b
    print(c)

#在函数被调用时，函数名后面的括号内给出的参数为实际参数
#也就是即将要传递给形式参数的实际值
test_func(1,2)                  #这些实际值可以是具体的数据

temp_1=5
temp_2=6
test_func(temp_1,temp_2)        #这些实际值也可以是已经被赋值的变量
Out[29]:
3
11
```

2．Python 中的参数传递为值传递

这里所说的参数传递是指实际参数向形式参数传递值。当实际参数是具体值时，直接将本身的内存地址传递给形式参数；当实际参数是变量时，将该变量指向的具体值的内存地址传递给形式参数。实际上，我们可以把参数传递理解为一种赋值操作，即将实际参数赋值给形式参数，其内部逻辑可以参考以下范例及图 7-3、图 7-4。

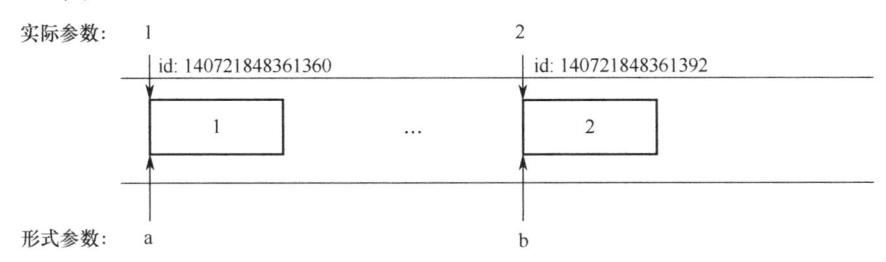

图 7-3　实际参数与形式参数的值传递范例 1

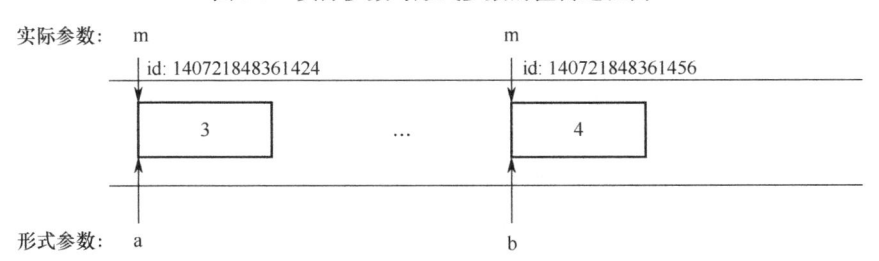

图 7-4　实际参数与形式参数的值传递范例 2

```
In [30]:
def test_func_2(a,b):
    c=a+b
    print("此处输出形式参数的值及其内存地址--------")
    print("{}的内存地址为：{}".format(a,id(a)))
    print("{}的内存地址为：{}".format(b,id(b)))
    return c
print("此处输出实际参数的值及其内存地址-------")
print("{}的内存地址为：{}".format(1,id(1)))
print("{}的内存地址为：{}".format(2,id(2)))
test_func_2(1,2) #此处的函数调用所涉及的参数传递可以理解为赋值操作（a=1和b=2）
Out[30]:
```

```
此处输出实际参数的值及其内存地址--------
1的内存地址为：140721848361360
2的内存地址为：140721848361392
此处输出形式参数的值及其内存地址--------
1的内存地址为：140721848361360
2的内存地址为：140721848361392
3
```

```
In [31]:
def test_func_2(a,b):
    c=a+b
    print("此处输出形式参数的值及其内存地址--------")
    print("{}的内存地址为：{}".format(a,id(a)))
    print("{}的内存地址为：{}".format(b,id(b)))
    return c

m=3 #变量m指向具体值3
n=4 #变量n指向具体值4
print("此处输出实际参数的值及其内存地址--------")
print("{}的内存地址为：{}".format(m,id(m)))
print("{}的内存地址为：{}".format(n,id(n)))
test_func_2(m,n)     #此处的函数调用所涉及的参数传递可以理解为赋值操作
（a=m和b=n），a和m都指向3，b和n都指向4
Out[31]:
此处输出实际参数的值及其内存地址--------
3的内存地址为：140721848361424
4的内存地址为：140721848361456
此处输出形式参数的值及其内存地址--------
3的内存地址为：140721848361424
4的内存地址为：140721848361456
7
```

当形式参数被赋值后，形式参数就可以参与函数内部的操作，形式参数被认为是局部变量（与其他在函数内部定义的变量一样，都是局部变量）。在函数内部，我们可以对局部变量进行各种操作。如果我们在函数内部对形式参数重新赋值，那么形式参数将指向一个新的具体值，但原来指向的旧的具体值不受影响。如果我们尝试对形式参数所指向的内容进行修改，那么如果这个形式参数所指向的内容是可修改变量，则其值就会被修改；如果是不可变数据，则会抛出一个错误，其内部逻辑可以参考以下范例及图 7-5。

```
In [32]:
n=100
L=[1,2,3]
print("1. 全局变量n指定的ID为: ",id(n))
print("2. 全局变量n为: ",n)
print("3. 全局变量L指定的ID为: ",id(L))
print("4. 全局变量L为: ",L)

def modify2(m,K):
    print("5. 局部变量m指定的ID为: ",id(m))
    print("6. 局部变量m为: ",m)
    print("7. 局部变量K指定的ID为: ",id(K))
    print("8. 局部变量K为: ",K)

    m=2
    K[0]=0  #此处,我们并没有改变变量K的指向,而是改变了变量K所指向内容的具体值
            #只要该数据允许被修改就不会报错,如列表修改、字典修改等
    print("9. 局部变量m指定的ID为: ",id(m))
    print("10. 局部变量m为: ",m)
    print("11. 局部变量K指定的ID为: ",id(K))
    print("12. 局部变量K为: ",K)
    return
modify2(n,L)
print("13. 全局变量n指定的ID为: ",id(n))
print("14. 全局变量n为: ",n)
print("15. 全局变量L指定的ID为: ",id(L))
print("16. 全局变量L为: ",L)
Out[32]:
1. 全局变量n指定的ID为:  140721848364528
2. 全局变量n为:  100
3. 全局变量L指定的ID为:  2195670971144
4. 全局变量L为:  [1, 2, 3]
5. 局部变量m指定的ID为:  140721848364528
6. 局部变量m为:  100
7. 局部变量K指定的ID为:  2195670971144
8. 局部变量K为:  [1, 2, 3]
9. 局部变量m指定的ID为:  140721848361392
```

10. 局部变量m为： 2
11. 局部变量K指定的ID为： 2195670971144
12. 局部变量K为： [0, 2, 3]
13. 全局变量n指定的ID为： 140721848364528
14. 全局变量n为： 100
15. 全局变量L指定的ID为： 2195670971144
16. 全局变量L为： [0, 2, 3]

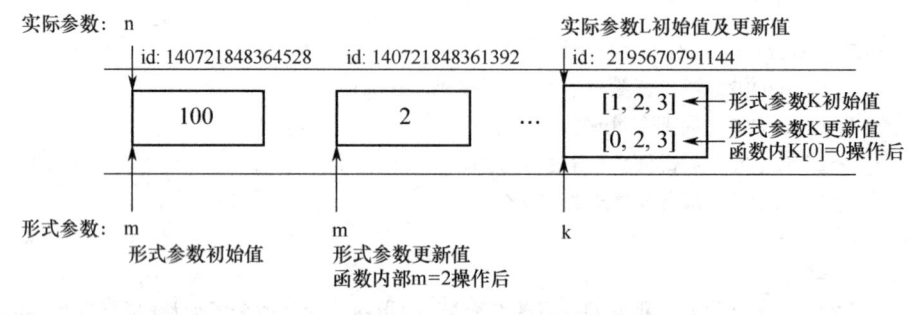

图 7-5　实际参数与形式参数的值传递范例 3

7.2.3　参数类型

1. 定长参数

（1）位置参数（Positional Argument）：在定义函数时，形式参数中的位置参数采用变量列表的形式书写，在调用函数时实际参数和形式参数的顺序必须严格一致，并且实际参数和形式参数的数量必须相等。

```
In [33]:
def demo(a, b, c):
    print(a, b, c)
demo(3, 4, 5) #按位置传递参数
demo(3, 5, 4) #按位置传递参数

demo(1, 2, 3, 4) #实际参数与形式参数的数量必须相等
Out[33]:
3 4 5
3 5 4
---------------------------------------------------------------
TypeError                        Traceback (most recent call last)
<ipython-input-28-d4e216a5cae4> in <module>
      4 demo(3, 5, 4) #按位置传递参数
```

```
        5
----> 6 demo(1, 2, 3, 4) #实际参数与形式参数的数量必须相等
TypeError: demo() takes 3 positional arguments but 4 were given
```

（2）默认值参数（Default Argument，形式参数的一种写法）：我们可以给形式参数加上默认值，如果在函数调用时未给定对应的实际参数，则使用默认值。其语法就是在函数定义过程中，在设定形式参数时，令形式参数以赋值语句（如a=1）的形式出现。默认值参数必须出现在函数形式参数列表的最右端，并且任何默认值参数右边不能有非默认值参数。

```
In [34]:
def f(a, b, c=5): #此处的形式参数c就是一个带有默认值的参数
    print(a,b,c)
f(1,2) #在调用函数时，如果没有给定对应的实际参数，则使用默认值
f(1,2,4) #在调用函数时，如果给定对应的实际参数，则默认值被实际参数值覆盖
Out[34]:
1 2 5
1 2 4
```

（3）关键字参数/具名参数（实际参数的一种写法）：通过关键字参数，实际参数顺序可以和形式参数顺序不一致，但不会影响传递结果，避免了用户需要牢记参数顺序的麻烦。

```
In [35]:
def demo(a, b, c=5):
    print(a, b, c)
demo(3,7) #使用位置参数，3对a，7对b，c使用默认值5
demo(a=3,b=7)           #使用赋值表达式的形式来指定形式参数要接收的具体值，效果同前一行使用位置参数调用函数一样
demo(b=7, a=3)          #由于实际参数使用了具名参数的写法，所以可以不按照位置参数的顺序书写
demo(c=8,a=9,b=0)       #这是一个稍微复杂一些的参数传递方式
Out[35]:
3 7 5
3 7 5
3 7 5
9 0 8
```

2. 不定长参数（可变长度参数）

不定长度参数主要有两种形式：

- *parameter：用来接受多个位置参数并将其放在一个元组中。

- **parameter：用来接受多个关键字参数并将其存放到一个字典中。

（1）*parameter 的用法。

范例如下。

```
In [36]:
def demo_1(*p):
    print(p)

demo_1(1,2,3)
demo_1(1,2)
demo_1(1,2,3,4,5,6,7)
Out[36]:
(1, 2, 3)
(1, 2)
(1, 2, 3, 4, 5, 6, 7)
```

（2）**parameter 的用法。

范例如下。

```
In [37]:
def demo(**p):
    print(p)
demo(x=1,y=2,z=3)
demo(x=1,y=2,z=3,m=161718,n="lljlasdjlkjslf")
Out[37]:
{'x': 1, 'y': 2, 'z': 3}
{'x': 1, 'y': 2, 'z': 3, 'm': 161718, 'n': 'lljlasdjlkjslf'}
```

（3）定长参数与不定长度参数的混用（过于复杂，新手慎用）。

范例如下。

```
In [38]:
def func_4(a,b,c=4,*aa,**bb):
    print(a,b,c)
    print(aa)
    print(bb)

func_4(1,2,3,4,5,6,7,8,9,xx='1',yy='2',zz=3)
Out[38]:
1 2 3
(4, 5, 6, 7, 8, 9)
{'xx': '1', 'yy': '2', 'zz': 3}
```

7.3 内建函数

内建函数就是在 Python 中预先定义好的函数，在使用时可以直接调用，而不需要我们再手动定义。内建函数本质上与我们自己定义的函数没有区别，因此其调用语法跟调用自定义函数是一致的，即函数名(参数列表)。Python 的工程师将一些使用频率非常高的功能封装为内建函数，这也是 Python 复用思想的一种体现。另外，在具体的使用方法上，需要注意区分两种不同的调用方法：
- 依赖实例对象的函数——使用点引用方法，即实例对象.函数名(参数列表)。
- 不依赖实例对象的函数——直接使用函数名调用，即函数名(参数列表)。

本节根据内建函数的操作对象和实现功能，做如下讲解安排：数学运算函数、字符串函数、列表函数、字典函数、集合函数及其他内建函数。

7.3.1 数学运算函数

数学运算函数的操作对象为数值型数据，主要实现一些简单的数值运算操作，包括求绝对值运算、幂运算、求最大值/最小值运算等。常用的内建数学运算函数如表 7-1 所示，针对表中的各项，后附范例进行演示说明。

表 7-1 常用的内建数学运算函数

函数	描述
abs(x)	返回数字的绝对值，如 abs(-1)返回 1
sum(数列)	对数列求和，如 sum([1,2,3,4])返回 10
divmod(x, y)	分别取商和余数，如 divmod(11,4)返回(2, 3)
max(数列)	返回给定数列中的最大值
min(数列)	返回给定数列中的最小值
pow(x, y)	返回 x**y 运算后的值，即返回 x 的 y 次幂
round(x, n)	返回浮点数 x 的四舍五入值，若给出 n 值，则 n 代表舍入到小数点后的位数；若省略 n 值，则代表舍入到整数位

相关范例如下。
```
In [39]:
abs(-1) #求绝对值
Out[39]:
1


In [40]:
sum([1,2,3,4])#对可迭代对象求和
```

```
Out[40]:
10


In [41]:
divmod(11,4)   #分别取商和余数
Out[41]:
(2, 3)


In [42]:
max([1,2,3,4])  #求最大值
Out[42]:
4
In [43]:
min([1,2,3,4])  #求最小值
Out[43]:
1


In [44]:
pow(2,3)   #返回x的y次幂
Out[44]:
8


In [45]:
round(3.1415926,3)  #四舍五入
Out[45]:
3.142
```

7.3.2 字符串函数

不同于数学运算函数，本节介绍的字符串函数的调用依赖字符串实例对象，即通过在一个字符串对象尾部接续点引用的方法实现函数调用，调用的结果是返回一个新的字符串，而不对原字符串进行修改操作。表 7-2 对一些常用的内建字符串函数做了总结，后附范例进行演示说明。

表 7-2 常用的内建字符串函数

函数	描述
s.capitalize()	将字符串 s 的首字母大写，其余字母小写
s.upper()	将字符串 s 中所有的字符大写

第 7 章 函数

(续表)

函数	描述
s.lower()	将字符串 s 中所有的字符小写
s.replace(x,y)	在字符串 s 中，把参数列表中的第一个参数用第二个参数覆盖掉
s.strip()	去除字符串 s 中头尾的空格、换行等格式控制符
s.split(x)	以给定的参数 x 为切分位置，将字符串 s 切分为列表
s.join(seq)	以给定的字符串 s 为连接符，将列表 seq 中的元素组成一个大的字符串
s.format(x,y,...)	使用.format(x,y,...)中的参数替换字符串 s 中的大括号标记占位符

相关范例如下。

```
In [46]:
s='my name is xiaowei.'
new_s=s.capitalize()#将字符串的首字母大写
print(s)
print(new_s)
Out[46]:
my name is xiaowei.
My name is xiaowei.


In [47]:
s='my name is xiaowei.'
new_s=s.upper()#将字符串中所有的字符大写
print(s)
print(new_s)
Out[47]:
my name is xiaowei.
MY NAME IS XIAOWEI.


In [48]:
s='My Name is Xiaowei.'
new_s=s.lower()#将字符串中所有的字符小写
print(s)
print(new_s)
Out[48]:
My Name is Xiaowei.
my name is xiaowei.
```

```
In [49]:
s='my name is xiaowei.'
new_s=s.replace('xiaowei','白虎君')#把参数列表中的第一个参数用第二个参数覆盖掉
print(s)
print(new_s)
Out[49]:
my name is xiaowei.
my name is 白虎君.
```

```
In [50]:
s='   my name is xiaowei.   '
s_list=s.strip()#将字符串头尾的空格去除
print(s)
print(s_list)
Out[50]:
   my name is xiaowei.   
my name is xiaowei.
```

```
In [51]:
s='my name is xiaowei.'
s_list=s.split(" ")#以给定的参数为切分位置，切分字符串为列表
print(s)
print(s_list)
Out[51]:
my name is xiaowei.
['my', 'name', 'is', 'xiaowei.']
```

```
In [52]:
seq=['暴食','贪婪','懒惰','嫉妒','骄傲','淫欲','愤怒']
s='(ﾉ #-_-)ﾉ'
new_s=s.join(seq)#以给定的字符串为连接符，将列表中的元素组合成一个大的字符串
print(s)
print(new_s)
Out[52]:
(ﾉ #-_-)ﾉ
```

暴食(╯#-_-)╯贪婪(╯#-_-)╯懒惰(╯#-_-)╯嫉妒(╯#-_-)╯骄傲(╯#-_-)╯淫欲(╯#-_-)╯愤怒

```
In [53]:
#字符串的格式化输出：大括号标记占位符
s="My name is {}, and I am {} years old".format('xiaowei',18)
print(s)
Out[53]:
My name is xiaowei, and I am 18 years old
```

7.3.3 列表函数

由于列表是可变数据类型，对列表的操作直接作用于原始列表中的元素，会对原始列表产生影响。表 7-3 对一些常用的内建列表函数做了总结，后附范例进行演示说明。

表 7-3 常用的内建列表函数

函数	描述
ls.append(x)	在列表 ls 结尾添加一个新元素
ls.count(x)	统计某个元素在列表 ls 中出现的次数
ls.extend(seq)	将一个其他列表 seq 挂接到当前列表 ls 的尾部
ls.index(x)	从列表 ls 中找出第一个与目标元素相同的元素的索引值
ls.insert(index,x)	在列表 ls 对应索引位置插入一个新元素
ls.pop(index)	从列表 ls 中删除指定位置的元素
ls.remove(x)	从列表 ls 中删除第一个匹配到的元素
ls.sort()	对列表 ls 中的元素进行排序
ls.reverse()	对列表 ls 中的元素进行翻转

相关范例如下。

```
In [54]:
seq=['暴食','贪婪','懒惰','嫉妒','骄傲','淫欲','愤怒']
seq.append('暴食')#在列表结尾添加一个新元素
print(seq)
Out[54]:
['暴食', '贪婪', '懒惰', '嫉妒', '骄傲', '淫欲', '愤怒', '暴食']

In [55]:
print(seq
count_number=seq.count('暴食')  #统计某个元素在列表中出现的次数
```

```
print(count_number)
Out[55]:
['暴食', '贪婪', '懒惰', '嫉妒', '骄傲', '淫欲', '愤怒', '暴食']
2
```

```
In [56]:
print(seq)
seq1=['贪婪','懒惰']
seq.extend(seq1)  #将一个其他列表挂接到当前列表的尾部
print(seq)
Out[56]:
['暴食', '贪婪', '懒惰', '嫉妒', '骄傲', '淫欲', '愤怒', '暴食']
['暴食', '贪婪', '懒惰', '嫉妒', '骄傲', '淫欲', '愤怒', '暴食', '贪婪', '懒惰']
```

```
In [57]:
print(seq)
print(seq.index('懒惰'))   #从列表中找出第一个与目标元素相同的元素的索引值
print(seq.index('骄傲'))
Out[57]:
['暴食', '贪婪', '懒惰', '嫉妒', '骄傲', '淫欲', '愤怒', '暴食', '贪婪', '懒惰']
2
4
```

```
In [58]:
print(seq)
seq.insert(2,'我来了')#在列表对应索引位置插入一个新元素
print(seq)
Out[58]:
['暴食', '贪婪', '懒惰', '嫉妒', '骄傲', '淫欲', '愤怒', '暴食', '贪婪', '懒惰']
['暴食', '贪婪', '我来了', '懒惰', '嫉妒', '骄傲', '淫欲', '愤怒', '暴食', '贪婪', '懒惰']
```

```
In [59]:
print(seq)
```

```
seq.pop(2)#从列表中删除指定位置的元素
print(seq)
Out[59]:
['暴食', '贪婪', '我来了', '懒惰', '嫉妒', '骄傲', '淫欲', '愤怒', '暴食', '贪婪', '懒惰']
['暴食', '贪婪', '懒惰', '嫉妒', '骄傲', '淫欲', '愤怒', '暴食', '贪婪', '懒惰']


In [60]:
print(seq)
seq.remove('贪婪')#从列表中删除第一个匹配到的元素
print(seq)
Out[60]:
['暴食', '贪婪', '懒惰', '嫉妒', '骄傲', '淫欲', '愤怒', '暴食', '贪婪', '懒惰']
['暴食', '懒惰', '嫉妒', '骄傲', '淫欲', '愤怒', '暴食', '贪婪', '懒惰']


In [61]:
seq=[3,4,2,7,5,8]
print(seq)
seq.sort()#对列表中的元素进行排序
print(seq)
Out[61]:
[3, 4, 2, 7, 5, 8]
[2, 3, 4, 5, 7, 8]


In [62]:
seq=[3,4,2,7,5,8]
print(seq)
seq.reverse()#对列表中的元素进行翻转
print(seq)
Out[62]:
[3, 4, 2, 7, 5, 8]
[8, 5, 7, 2, 4, 3]
```

7.3.4　字典函数

字典由键值对组成且为无序数据类型，对它的访问与操作跟列表有很多的不同,下面介绍一些常用的内建字典函数,如表7-4所示,后附范例进行演示说明。

表7-4 常用的内建字典函数

函数	描述
dic.get(key)	返回字典 dic 中指定键的值
dic.keys()	返回字典 dic 中所有的键名
dic.values()	返回字典 dic 中所有的值
dic.items()	返回字典 dic 中所有的键值对,每个键值对以一个元组的形式存在

相关范例如下。

```
In [63]:
#字典的简单定义
dictionary_1={1:'李逍遥',2:"赵灵儿", 3:"林月如", 4:"阿奴"}
dictionary_2={"five":"丁香兰","six":"丁秀兰", "seven":"彩依", "eight":"韩梦慈"}
print(dictionary_1)
print(dictionary_2)

item=dictionary_1.get(1)#返回指定键的值
print(item)

item=dictionary_2.get("five")#返回指定键的值
print(item)
Out[63]:
{1: '李逍遥', 2: '赵灵儿', 3: '林月如', 4: '阿奴'}
{'five': '丁香兰', 'six': '丁秀兰', 'seven': '彩依', 'eight': '韩梦慈'}
李逍遥
丁香兰


In [64]:
print(dictionary_1.keys())  #返回字典中所有的键名
Out[64]:
dict_keys([1, 2, 3, 4])


In [65]:
print(dictionary_1.values()) #返回字典中所有的值
Out[65]:
dict_values(['李逍遥', '赵灵儿', '林月如', '阿奴'])
```

```
In [66]:
print(dictionary_1.items())        #返回字典中所有的键值对（元素）
                                   #每个键值对以一个元组的形式存在
for i in dictionary_1.items():
    print(i,type(i))
Out[66]:
dict_items([(1, '李逍遥'), (2, '赵灵儿'), (3, '林月如'), (4, '阿奴')])
(1, '李逍遥') <class 'tuple'>
(2, '赵灵儿') <class 'tuple'>
(3, '林月如') <class 'tuple'>
(4, '阿奴') <class 'tuple'>
```

7.3.5 集合函数

由于集合类型的数据在 Python 中使用较少，而且并不成熟，此处仅举几例进行简单介绍。

```
In [67]:
set1={3,1,5,9,7}
len(set1)#返回可迭代对象的长度
Out[67]:
5


In [68]:
max(set1)#返回集合中的最大值
Out[68]:
9


In [69]:
min(set1)#返回集合中的最小值
Out[69]:
1
```

7.3.6 其他内建函数

前面介绍过的 input()、print()、range()、len()、id()、type()、max()、min()等都是 Python 提供的内建函数，此外还有一些比较实用的内建函数，这里做一些简单介绍。

1. help()函数

help()函数可以返回关于对象的描述信息，这些信息可以帮助程序员迅速了解该对象的特点及使用方法，具体使用方法如下：

```
In [70]:
#help()函数
help(id)  #此处希望输出关于id函数的帮助信息
Out[70]:
Help on built-in function id in module builtins:

id(obj, /)
    Return the identity of an object.
    
    This is guaranteed to be unique among simultaneously existing objects.
    (CPython uses the object's memory address.)
```

2. sorted()函数

sorted()函数与之前的.sort()函数很像，只不过.sort()函数需要依赖对象实例，即 对象实例.sort()，而 sorted()函数不依赖对象实例，可以直接调用。需要注意的是，该函数返回一个排列好的新序列，但是不改变原序列，具体使用方法如下：

```
In [71]:
seq=[3,4,2,7,5,8]
print(seq)
print(sorted(seq))#该函数返回一个排列好的新序列，但是不改变原序列
print(seq)
Out[71]:
[3, 4, 2, 7, 5, 8]
[2, 3, 4, 5, 7, 8]
[3, 4, 2, 7, 5, 8]
```

```
In [72]:
seq=[3,4,2,7,5,8]
print(seq)
print(sorted(seq,reverse=True))#可以将参数reverse的值设定为True，实现逆序排列
Out[72]:
[3, 4, 2, 7, 5, 8]
```

[8, 7, 5, 4, 3, 2]

3. enumerate()函数

enumerate()函数可以将序列返回为可枚举对象，原序列中的每个元素都被赋予一个编号而形成一个二元元组。原序列中有多少元素，经过枚举就会产生多少个对应的二元元组。这一功能在进行循环遍历的时候经常用到，具体实现可以参考如下范例：

```
In [73]:
fruit_list=['apple','banana','orange','grape']
fruit_enumerate=enumerate(fruit_list)#将序列返回为可枚举对象
print(fruit_enumerate)
print(type(fruit_enumerate))
for item in fruit_enumerate: #通过循环遍历可枚举对象中的每个元素
    print(item)#每个元素都为元组类型，由索引和原序列元素组成
Out[73]:
<enumerate object at 0x00000210EC130CC8>
<class 'enumerate'>
(0, 'apple')
(1, 'banana')
(2, 'orange')
(3, 'grape')

In [74]:
fruit_list=['apple','banana','orange','grape']
fruit_enumerate=enumerate(fruit_list)
for i,item in fruit_enumerate:#每次循环产生的元组都可以拆包
    print(i,item)
Out[74]:
0 apple
1 banana
2 orange
3 grape
```

7.4 课后思考与练习

1. 定义一个函数，该函数接收 0 个参数，函数体包含一个输出语句，输出内容为自己的姓名和学号，不设定返回值。在函数定义完成后，调用该函数。

2. 定义一个函数，该函数接受 2 个参数（假设我们规定接受 2 个字符串），函数体内部包含一个拼接语句，设定一个返回值，该返回值为 2 个字符串拼接的结果。在函数定义完成后，调用该函数，并将自己的姓名和学号作为实际参数，最后输出调用函数的返回值。

3. 定义函数，给定一个英文字符串作为参数，返回该字符串中的小写字母和大写字母的个数。在定义完成后，进行调用测试。

4. 编写一个计算 BMI 指数的函数，输入为一个人的体重（单位为 kg）和身高（单位为 m），输出为一个元组，元组的第一个元素为 BMI 指数计算结果，第二个元素为 BMI 指数对应的身体状态字符串。

例如，一个 52kg 的人，身高是 1.55m，则 BMI 为 $52 \div 1.55^2 = 21.6$

BMI 指数与体重状态的关系如下。

- 低于 18.5：过轻。
- 18.5～25：正常。
- 25～28：过重。
- 28～32：肥胖。
- 高于 32：严重肥胖。

5. 分别使用位置参数和关键字参数调用 BMI 函数，输出结果。

6. 定义一个匿名函数，输入参数为 3 个数，输出为 3 个数的和。将定义好的匿名函数赋值给变量 f，使用变量 f 调用函数来计算 1+2+3。

7. 定义一个函数，输入为一个正整数，输出为该正整数的阶乘。在函数定义好后，进行调用测试。

8. 定义一个函数，输入为 2 个参数，一个参数为性别字符串，另一个参数为年龄整数（我们假设 gender 的取值只有"男"和"女"2 种字符串，另外 age 的范围是 0 到 150 的整数值）。在函数体内部进行判断，使用条件分支语句嵌套的方法，根据 2 个变量的赋值分别判断 4 种人的类型，男孩：gender=='男'且 age<18；男人：gender=='男'且 age>=18；女孩：gender=='女'且 age<18；女人：gender=='女'且 age>=18，在函数体的最后，以字符串返回人所属的分类，在函数定义好后，进行调用测试。

9. 创建一个字符串变量，test_str="I love python very much and my name is xiaowei"，对该字符串依照空格进行分词，获得一个分词后的单词列表。

10. 使用 help()函数查看自己不熟悉的对象，如 help(id)、help(sorted)等。

第 8 章　面向对象的程序设计

面向对象的程序设计主要探讨如何通过一种更加贴近人类自然思维习惯的形式，进行程序语言的组织及应用程序的开发。这种编程理念围绕一个核心概念——"对象"（Object）展开，因而被称为面向对象的程序设计（Object Oriented Programming）。

那么，何为"对象"呢？简言之，对象就是可以被人类认成一个"整体"的事物。人类生来就具有这样的思维能力，虽然眼睛获取的视觉信号只是许多排列在一起的像素点，但我们就是可以从这些像素点中识别出各自独立的整体事物。

例如，在图 8-1(a)中，我想大家都可以看出来是 7 只小鸭子排成了一排，即使有些小鸭子是卧着的，有些小鸭子是站着的，甚至最右边的小鸭子是背对着我们的。再如，我们不知道图 8-1(b)中的这些生物是什么，但还是可以将它们作为不同的个体（整体）与其他事物区分开来。

(a)　　　　　　　　　　　　(b)

图 8-1　人类认识整体事物的能力

这种能力是人类认识世界的基础，其基本原理可以通过一个简单的符号三角（Semiotic Triangle）来解释。如图 8-2 所示，三角形的左下角为符号，上顶角为概念，右下角为具象事物。人类在反复感受过许多事物之后，就会根据事物所具有的特性，先将事物区分成一个个的整体，然后再根据这些整体的相似性将其"分门别类"。在此过程中，人类从个体层面的认识抽象到了类别层面的认识。一个类别可能对应许多符合条件的个体,既包括我们见到过的,也包括我们没见到过的。这就使人类处理信息的效率提高了,从个体层面的信息处理,提升至整个类别下所有个体信息的处理。

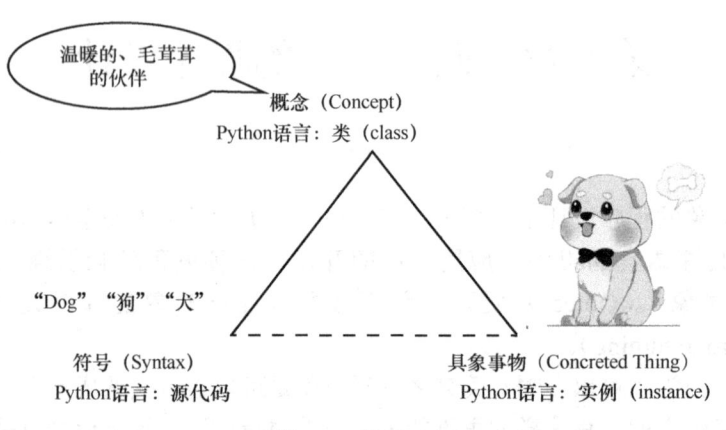

```
                    概念 (Concept)
         温暖的、毛茸茸    Python语言:类 (class)
         的伙伴


    "Dog" "狗" "犬"


    符号 (Syntax)              具象事物 (Concreted Thing)
    Python语言:源代码          Python语言:实例 (instance)
```

图 8-2 符号三角

了解人类认知过程的读者可能会知道,人类从幼儿发育为成人的过程就遵循上述认知抽象过程。例如,家里养了两条狗,一条叫"大黄",另一条叫"旺财"。幼儿是没有"狗"这个概念的,她只知道大黄和旺财的存在。但是,随着孩子慢慢地成长,她遇到了更多的狗,如"欧弟""布鲁托""史努比"等,于是狗这个类别的概念就会在她的头脑中逐步形成。于是,孩子在遇到一个新事物的时候,就可以比对一下在脑中已经存在的类别概念,看看它是否属于某个类别。

以小狗的概念为例,这个概念位于符号三角的上顶角,这是一个类别概念的抽象存在,其描述可能包括"温暖的、毛茸茸的伙伴"。右下角对应的则是在世界上具体存在的每条狗。到目前为止,我们说明了人类个体的一些认知过程,但如果想要实现人与人之间的交流,我们还必须借助第三方的媒介,这个媒介就是符号三角左下角的"符号"(符号可以是声音形式,也可以是文字形式)。对于"狗"这个概念,我们可以用符号"Dog"来指称,当然也可以用中文"狗"或"犬"来指称。在建立符号与概念的对应关系之后,人类之间就可以通过符号的传递完成概念的传递。由于概念与具体实例也有对应关系,因此符号也就可以经由概念间接地指称具体实例。

这一套思维方式在数学中被形象地描述为集合理论。一个集合中包含了一组具有相同性质的元素,也就是说,一个类的概念下包含了许多具有相似属性的具体实例。在数学中,符号使用一套特定的数学语言来实现。如 $Dog=\{x|x=$温暖的、毛茸茸的伙伴$\}$。而在人类日常的交流场景中,符号通常由自然语言

来实现。

在绪论中曾有提及，应用程序通常是为解决现实世界中的需求而被开发出来的。为了使解决问题的过程更加贴近人类的思维习惯，程序语言引入了基于符号三角框架的设计思路，也就是我们经常说的面向对象的程序设计思想。在程序语言中，我们对应地使用类和实例作为对象，同时使用 Python 语言符号来指称类与实例。需要注意的是，在 Python 程序设计中，类与实例被称为对象，在 Python 的世界里，万物皆对象。

8.1 类的简单定义和实例化

在了解符号三角后，我们需要进一步考查如何具体地在 Python 中定义一个类。为此，我们可以模拟人类的认知规律，通过事物的两种特性来对该类事物进行描述，即

- 静态属性：Python 中的成员属性，通过变量定义实现。
- 动态功能：Python 中的成员方法，通过函数定义实现。

例如，想制作一只玩具猫，并且需要用一套 Python 程序来控制它。为完成这一设计，我们就要创建一个"猫"的类，即 class Cat。具体实现过程参考如下述范例：在定义类时，先顶格写 class 关键字，后接空格，后接类名，然后接冒号以提示应该换行进入类的内部进行类的描述。在换行后，需要进行同级缩进，类所包含的内容应该放在采用同级缩进的语句块内。此处需要注意一点，类的命名规则同变量命名规则一致，但一般使用首字母大写的英文单词作为类名，以提高代码的可读性。

```
In [1]:
class Cat:                  #定义类Cat
    name=None               #成员属性
    color=None              #成员属性

    def run(self):          #成员方法
        print("I am running")
    def sing(self):         #成员方法
        print("I am singing")
```

此处，我们对 Cat 的认知是由两个方面组成的。一方面是 Cat 的静态属性为 name 和 color，意为所有的 Cat 都会有 name 和 color 这两个属性，但不同个体实例在 name 和 color 这两个属性上的取值可能是不同的。在 Python 中，我们称这

种静态的属性为类的"成员属性",具体由变量定义来实现。另一个方面是 Cat 的动态功能 run()和 sing(),即所有的 Cat 都有 run 和 sing 的能力,我们称此种动态描述为成员方法,具体由函数定义来实现。综上所述,类的简单定义及实例化语法结构如图 8-3 所示。

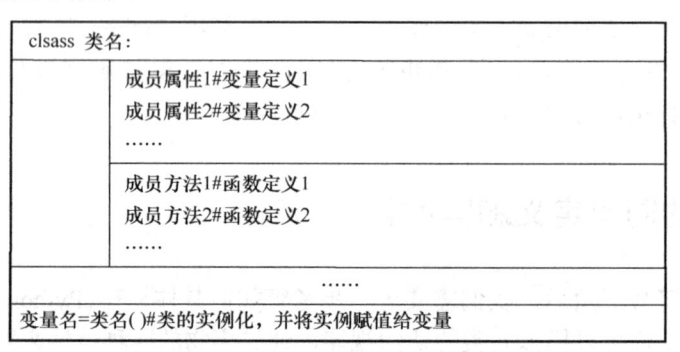

```
clsass 类名:
    成员属性1#变量定义1
    成员属性2#变量定义2
    ……

    成员方法1#函数定义1
    成员方法2#函数定义2
    ……

    ……
变量名=类名()#类的实例化,并将实例赋值给变量
```

图 8-3　类的简单定义及实例化语法结构

如图 8-3 所示,在类定义完成后,可以使用类名()的语法对类进行实例化操作,进而获得具体的实例,实现方法如下所示:

```
In [2]:
cat1=Cat()              #1. 类的实例化
cat1.name='Kitty'       #2. 使用点引用方式,引用成员属性,并赋值
print(cat1.name)        #3. 使用点引用方式,引用成员属性,并访问
cat1.run()              #4. 使用点引用方式,引用成员方法,并调用
Out[2]:
Kitty
I am running
```

在第 1 行代码 cat1=Cat()中,赋值符号右侧的 Cat()表达式是对 Cat 类的实例化,即在写完类名后,加上一对圆括号,就可以实现对类的实例化。得到的实例可以通过赋值的方法赋值给变量,第 1 行代码中的实例就通过赋值符号赋值给了变量 cat1,此时变量 cat1 就成为一个 Cat 实例的容器(为方便描述,也可简称 cat1 就是 Cat 类的一个实例)。这个过程就像从集合中取出一个具体的元素一样,然后给这个元素贴了一个标签。

在第 2 行代码 cat1.name='Kitty'中,赋值符号左边的表达式 cat1.name 意为访问 cat1 这个实例的 name 成员属性。cat1 作为 Cat 的实例,具有 Cat 类定义中包含的所有成员属性及成员方法。在 Python 中,规定使用点引用的方法访问这些成员属性及成员方法,即在实例后紧接一个点符号".",然后写出对应的成员属性名或成员方法名。

在访问成员属性后,还可以给该属性赋值,正如第 2 行代码 cat1.name='Kitty'的写法,将字符串'Kitty'赋值给了 cat1 实例的 name 成员属性,即此时 cat1 实例的 name 成员属性值变为字符串'Kitty'。

第 3 行代码 print(cat1.name)验证了成员属性的点引用访问方法,并使用输出函数输出该实例的成员属性的当前值,即输出 Kitty。

第 4 行代码 cat1.run()则是通过点引用的方法访问并调用了 cat1 实例的 run()成员方法,该行代码会在 cat1 实例内找到 run()的函数定义,并调用一次该函数。可以看到函数的调用结果,即输出了字符串 I am running。

以上便是类的简单定义及实例化过程,类的定义实现了符号三角上顶角的类概念,而类的实例化则实现了符号三角右下角的具体实例,符号三角的框架可以用来很好地辅助记忆这两个过程。

在类定义的过程中,还有一个细节必须注意,即成员方法作为函数,在被定义时必须预置一个"self"形式参数。该参数的实际意义是代表类自身的实例,有了这个 self 形式参数,就可以引用当前实例中的其他成员属性和成员方法。在成员方法定义的过程中,这个 self 形式参数是必须要有的,而且要放在形式参数列表的最左边,我们通过修改前例来加以体会。

```
In [3]:
class Cat:
    name=None       #成员属性
    color=None      #成员属性

    def run(self,number):   #成员方法,预置了self形式参数
        print("{} is running for {} times".format(self.name,number))
        #使用self指代当前类的实例,可以访问其他成员属性和成员方法
        #如此处self.name就指当前实例的name成员属性
    def sing(self):         #成员方法,预置了self形式参数
        print("I am singing")

cat1=Cat()              #类的实例化
cat1.name='Kitty'       #使用点引用方式,引用成员属性,并赋值
print(cat1.name)        #使用点引用方式,引用成员属性,并访问
cat1.run(3)             #使用点引用方式,引用成员方法,并调用
Out[3]:
Kitty
Kitty is running for 3 times
```

可以看到,在成员方法被定义的时候,每个成员方法至少有一个 self 形式参

数，用来指代自身实例。除此之外，还可以给成员方法设定多个其他形式参数，排到 self 的右边。在类的定义内部引用类实例的其他成员时，可通过 self 前缀加点引用的方法引用。例如，代码.format(self.name, number)中的 self.name 就是引用了当前实例的 name 成员属性。

虽然在成员方法被定义的时候需要预置 self 形式参数，但在通过实例调用成员方法时不需要显式地提供 self 形式参数对应的实际参数。例如，代码 cat1.run(3)就调用了 cat1 实例的 run()成员方法，而在调用时只提供了 number 形式参数对应的实际参数"3"，无须给出 self 形式参数对应的实际参数，这是因为实例 cat1 本身作为 self 参数被传入了成员方法。

另外，我们说过，在 Python 中"万物皆对象"，本节介绍的类和实例在 Python 中都是作为对象存在的。为了验证这一点，我们可以通过 id()函数来输出类和实例各自在内存中的位置。

```
In [4]:
print(id(Cat))#类Cat是一个对象
cat1=Cat()
print(id(cat1))#实例cat1也是一个对象
Out[4]:
1837874363544
1837884991496
```

8.2 构造函数与析构函数

在类的成员函数中，有一种特殊的成员函数——"构造函数"。之所以说它特殊，是因为在对类进行实例化的时候总会最先自动寻找并调用构造函数，从而完成类的实例化过程的一些初始化工作。其语法如图 8-4 所示，在类的内部定义一个成员方法__init__()，init 前后是两条下画线，后面的括号内需要给出 self 形式参数，在其右边可以添加一些其他形式参数以用于初始化工作。构造函数的函数体内部则定义了一些成员属性，这些成员属性均需要使用 self 前缀来标注和赋值，如 self.name=形式参数 1 或 self.color=形式参数 2。直接在类内部定义成员属性时不需要使用 self 前缀的写法，二者在具体使用时要注意区分，不可混淆。

在构造函数的函数体内，对成员属性的赋值可以通过函数的形式参数完成，这样做的好处在于，在对类进行实例化时就可以指定这些成员属性的初始值，每次实例化时都可以设定不同的初始值以描述不同个体实例之间的差异，省去了实例化后额外的成员属性赋值工作。当然，在构造函数的函数体内，对成员属性的

第8章 面向对象的程序设计

赋值可以通过给定具体值来完成，而不使用函数的形式参数，但这样做就使构造函数失去了应有的功能，与不使用构造函数进行的成员属性定义同质了。

```
clsass 类名：
    def __init__(self, 形式参数1, 形式参数2, ……)：
        self.成员属性1=形式参数1
        self.成员属性2=形式参数2
        ……
    其他成员属性定义

    成员方法1#函数定义1

    成员方法2#函数定义2
    ……
                ……
变量名=类名(实际参数1, 实际参数2, ……)
```

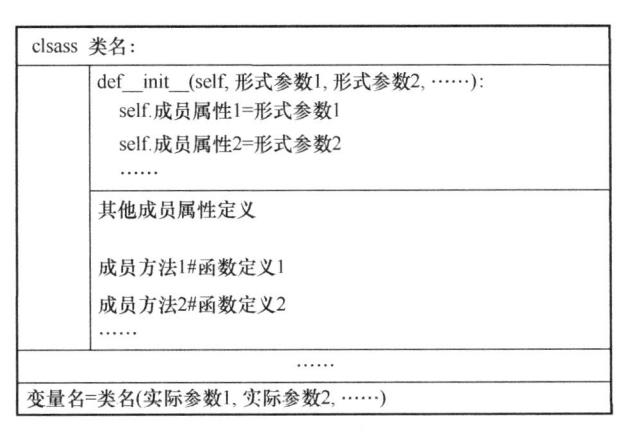

图8-4 在类的定义和实例化中使用构造函数的语法

首先，给出构造函数不包含形式参数（self 形式参数除外）的范例，这时类的定义和实例化与 8.1 节中的方法没有本质区别，只不过将成员属性的定义放在了构造函数内部，在构造函数内定义的属性称为实例属性，在构造函数外定义的属性称为类属性。

```
In [5]:
class Cat:
    #此处的__init__()函数就是构造函数，init前后各有两个下画线
    def __init__(self):
        self.name='defult name'
        self.color="defult color"
        #构造函数内可以构造类的成员属性，成员属性均需要使用self前缀来标注
    def run(self,number):
        print("{} is running for {} times".format(self.name,number))
    def sing(self):
        print("I am singing")

cat1=Cat()              #实例化Cat类得到实例cat1
cat1.name='Kitty'       #对实例cat1的成员属性name赋值
print(cat1.name)        #输出实例cat1的成员属性name的当前值（为新赋的值）
print(cat1.color)       #输出实例cat1的成员属性color的当前值（为默认值）
cat1.run(3)             #调用实例cat1的成员函数run()
```

```
cat2=Cat()              #实例化Cat类得到实例cat2
cat2.name='Tom'         #对实例cat2的成员属性name赋值
print(cat2.name)        #输出实例cat2的成员属性name的当前值（为新赋的值）
print(cat2.color)       #输出实例cat2的成员属性color的当前值（为默认值）
cat2.run(5)             #调用实例cat2的成员函数run()
Out[5]:
Kitty
defult color
Kitty is running for 3 times
Tom
defult color
Tom is running for 5 times
```

接下来，给出构造函数包含形式参数的范例，使用这种方式定义的类在实例化的时候会比之前更加方便，因为可以在实例化时就给定对应的参数，对成员属性进行特定的初始化。在下面的范例中，由于构造函数中除 self 形式参数外，还设定了另外两个形式参数，所以在进行实例化的时候需要一并给出具体的实际参数以对实例进行初始化。第一次实例化时给出的实际参数是('Kitty','pink and white')，得到实例 cat1；第二次实例化时给出的实际参数是('Tom','black and white')，得到实例 cat2。可以看到，新增的两个实例的成员属性都已经被初始化，不需要额外的赋值环节，使用点引用的方法可以直接对其进行访问。这里需要特别注意的是，在对定义了构造函数的类进行初始化时，需要在类名后的括号内一一给出与构造函数的形式参数相对应的实际参数，这样才能顺利地完成实例的初始化工作。

```
In [6]:
class Cat:
    def __init__(self,xxx,yyy):
        self.name=xxx       #将形式参数xxx的值赋值给成员属性self.name
        self.color=yyy      #将形式参数yyy的值赋值给成员属性self.color
    #除self形式参数外，还可以设定其他形式参数，这些形式参数需要在实例化时给出对应的实际参数
        #用于初始化实例的成员属性
    def run(self,number):
        print("{} is running for {} times".format(self.name,number))
    def sing(self):
        print("I am singing")

cat1=Cat('Kitty','pink and white')
```

第8章　面向对象的程序设计

```
#在实例化cat1时，实际上调用了构造函数
#将实际参数'Kitty'和'pink and white'分别传递给形式参数xxx和yyy
cat2=Cat('Tom','black and white')
#在实例化cat2时，将实际参数'Tom'和'black and white'分别传递给形式参数
xxx和yyy

#由于在实例化时已经将成员属性初始化了，所以不再需要额外的赋值环节
print(cat1.name)
#输出实例cat1的成员属性name的当前值（为实例化过程中给定的值Kitty）
print(cat1.color)
#输出实例cat1的成员属性color的当前值（为实例化过程中给定的值pink and
white）
cat1.run(3)      #调用实例cat1的成员函数run()

print(cat2.name)
#输出实例cat2的成员属性name的当前值（为实例化过程中给定的值Tom）
print(cat2.color)
#输出实例cat2的成员属性color的当前值（为实例化过程中给定的值black and
white）
cat2.run(5)      #调用实例cat2的成员函数run()
Out[6]:
Kitty
pink and white
Kitty is running for 3 times
Tom
black and white
Tom is running for 5 times
```

与构造函数相对应，Python 还提供了另一种特殊的成员函数，即"析构函数"。析构函数与构造函数的功能刚好相反，负责对废弃的实例进行销毁，以释放内存资源供其他进程使用。如图 8-5 所示，析构函数的定义方法就是在类的内部定义一个特殊的成员方法，该成员方法为__del__()，具体写法就是在 del 的前后各加两条下画线，后接一对括号，括号内需要提供 self 形式参数，括号后面接冒号":"提示换行进入函数体，在函数体的内部，可以设置一些销毁实例后的追加操作。析构函数的调用方法也很简单，使用 del()函数进行调用即可，只需要在调用时为 del(实例名)函数提供待销毁的目标实例，具体实现方法可参考如下范例：

Python 语言基础

```
class 类名:
    def _init_(self, 形式参数1, 形式参数2, ……):
        self.成员属性1 = 形式参数1
        self.成员属性2 = 形式参数2
        ……

        其他成员属性定义

        成员方法1 #函数定义1
        成员方法2 #函数定义2
        ……

    def _del_(self):
        析构函数函数体
        提供销毁实例后的追加操作
        ……
del (实例名)
```

图 8-5　析构函数的语法结构

```
In [7]:
class Cat:
    def __init__(self,name,color):
        self.name=name
        self.color=color


    def run(self,number):
        print("{} is running for {} times".format(self.name,number))
    def sing(self):
        print("I am singing")



#此处的__del__()函数就是析构函数，del前后各有两个下画线
#后面的括号内需要给出self形式参数
    def __del__(self):
        print("实例已经删除")
        #此处还可以添加一些其他的释放资源的操作


cat3=Cat('Kitty','pink and white')  #调用构造函数初始化实例cat3
print(cat3.name)  #输出实例cat3的成员属性name的当前值
print(cat3.color) #输出实例cat3的成员属性color的当前值
cat3.run(3)       #调用实例cat3的成员函数run()
```

```
del(cat3)#对实例cat3调用析构函数
#可以看到,当实例cat3被删除的时候,析构函数__del__()被调用
#实例被销毁,析构函数内的追加操作完成了,输出提示

cat3.run(3)#实例被删除后就不可以再对该实例进行访问了,否则会报错
Out[7]:
Kitty
pink and white
Kitty is running for 3 times
实例已经删除
---------------------------------------------------------------
NameError                                 Traceback (most recent call last)
<ipython-input-19-f72946b5fe7a> in <module>
    23 #实例被销毁,析构函数内的追加操作完成了,输出提示
    24
---> 25 cat3.run(3)#实例被删除后就不可以再对该实例进行访问了,否则会报错

NameError: name 'cat3' is not defined
```

通过上述范例可知,析构函数是用来销毁实例的,销毁实例后可以释放资源,但实例一经销毁就不能再次被访问和使用了,如果尝试访问已经销毁的实例,就会触发如以上范例所示的错误。善用构造函数和析构函数可以提高代码编写与运行的效率,除此之外,Python 还内置了许多其他的特殊函数,这些函数都是以__xxx__(self)的形式存在的,随着学习的深入,可以慢慢体会这些特殊函数带来的效率提升。

8.3 类的成员

我们已经知道,类可以包含成员属性(变量实现)和成员方法(函数实现),这种对成员进行分类的维度是模拟人类认知习惯得到的。但是,为了更加安全有效地使用类,我们还需要从另一个维度对类的成员进行一些权限设定。对于类的成员(包含成员属性和成员方法),还可以按照这些成员的访问权限对其进行分类,汇总如下。

- __xxx__:系统定义的特殊成员,前后各有两个下画线,访问方法与常规成员差别很大。
- __xxx:类中的私有成员,有两个前下画线,只有类内部的成员方法可以访问,但不可在子类中访问(子类的概念将在 8.4 节中进行介绍)。

- __xxx：受保护对象，有单一前下画线，不能通过"from module import *"导入，只有类内部的成员方法可以访问，在子类中也可以访问。"from module import *"是从模块导入内容的语法，模块是比类抽象层次更高的封装容器，模块的内部可以封装多个类，通过模块对类的访问会因受保护对象的权限设定而受到限制。对于模块，我们在第 9 章详细介绍。
- xxx：公有成员，无下画线，在类内部和外部均可访问。

观察下述范例可以发现，除了 2 个特殊成员方法__init__()和__del__()，公有成员有 5 个：name、run()、sing()、set_color()和 get_color()，其名称前面都没有添加下画线；私有成员仅有 1 个：__color，其名称前确实添加了两条下画线。在对类 Cat 实例化得到实例 cat4 后，当通过 cat4 直接访问公有成员 name、run()和 sing()时，均未报错；而当通过 cat4 访问私有成员属性__color 时，触发系统错误 AttributeError: 'Cat' object has no attribute '__color'，这里是说类 Cat 中并不包含属性"__color"。从这里可以看出，即使是在类的内部定义的成员，只要将该成员设定成为私有，从类的外部就无法访问该成员。

```
In [8]:
class Cat:
    def __init__(self,xxx,yyy):#系统特殊成员函数（此处为构造函数）
        self.name=xxx        #name为公有成员属性
        self.__color=yyy     #设定__color为私有成员属性
    def run(self,number):    #run()为公有成员方法
        print("{} is running for {} times".format(self.name,number))
    def sing(self):          #sing()为公有成员方法
        print("I am singing")

    def set_color(self,newcolor): #set_color()为公有成员方法
        self.__color=newcolor
    def get_color(self):          #get_color()为公有成员方法
        return(self.__color)

    def __del__(self):#系统特殊成员函数（此处为析构函数）
        print("实例已经删除")

cat4=Cat('Kitty','pink and white')
print(cat4.name)      #访问公有成员，不会报错
cat4.run(3)           #访问公有成员，不会报错
```

第8章 面向对象的程序设计

```
cat4.sing()            #访问公有成员，不会报错
print(cat4.__color)    #访问私有成员，会报错
Out[8]:
Kitty
Kitty is running for 3 times
I am singing
---------------------------------------------------------------
AttributeError                    Traceback (most recent call last)
<ipython-input-1-fde5554ee197> in <module>
    21 cat4.run(3)         #访问公有成员，不会报错
    22 cat4.sing()         #访问公有成员，不会报错
---> 23 print(cat4.__color) #访问私有成员，会报错

AttributeError: 'Cat' object has no attribute '__color'
```

对于无法从外部访问的私有成员，我们可以通过类内部的公有成员间接地访问。例如，本例中的 set_color() 和 get_color() 是两个公有成员方法，其中 set_color()可以实现对__color 的赋值，get_color()则可以实现对__color 当前值的访问。这样通过公有成员方法间接访问私有成员就不会触发错误，而这种权限机制的设定通常是为了保护成员属性的值不会因为操作失误而被意外修改，是保证程序健壮性的一种有效方法。

```
In [9]:
cat4.set_color("可爱的粉色")
print(cat4.get_color())
Out[9]:
可爱的粉色
```

上述范例演示了在访问私有成员属性时触发异常错误的情况，接下来我们再看一种在访问私有成员方法时触发异常错误的情况。

```
In [10]:
class Cat:
    def __init__(self,name,color):  #系统特殊成员函数
        self.name=name           #公有成员属性
        self.__color=color        #私有成员属性
    
    def run(self,number):        #公有成员方法
        print("{} is running for {} times".format(self.name,number))
    def __sing(self):            #私有成员方法
        print("I am singing")
```

```
    def set_color(self,newcolor):#公有成员方法
        self.__color=newcolor
    def get_color(self):#公有成员方法
        return(self.__color)

    def __del__(self):   #系统特殊成员函数
        print("实例已经删除")

cat5=Cat('Kitty','pink and white')
cat5.run(3) #访问公有成员，不会报错
cat5.__sing(3)#访问私有成员，会报错
Out[10]:
Kitty is running for 3 times
------------------------------------------------------------------
AttributeError                      Traceback (most recent call last)
<ipython-input-1-3f42817d5b7e> in <module>
    19 cat5=Cat('Kitty','pink and white')
    20 cat5.run(3) #访问公有成员，不会报错
---> 21 cat5.__sing(3)#访问私有成员，会报错
AttributeError: 'Cat' object has no attribute '__sing'
```

8.4 类的继承

类的继承是 Python 程序设计中复用（Reuse）思想的又一体现，我们可以将已经定义好的类作为起点，进而创建新的类，而新的类可以继承原始类中的成员属性和成员方法。一般来说，我们称被继承的原始类为"父类"，称继承了父类的新类为"子类"，父类和子类是一对孪生概念。

类的继承语法结构比较简单，如图 8-6 所示，在定义好的父类下方重新定义一个子类即可。在定义子类的时候，在子类名的后面接一对括号，括号内填入需要继承的父类的名称，括号内的父类名可以是一个，也可以是多个。当括号中的父类名只有一个时，仅从该父类中继承所有可访问的父类成员；当括号中的父类名有多个时，多个父类名用逗号隔开，此时子类从每个父类中继承所有该父类中的可访问成员。

根据如图 8-6 所示的语法结构，我们可以构建如下范例。首先，定义一个名为 Magician 的类，Magician 类包含一个构造函数，在构造函数中定义两个成员

属性 name 和 gender，再定义两个成员方法 fireBall()和 thunderFlash()；然后，在 Magician 类定义完成后，我们定义一个新的类 MagicianMaster，在定义 MagicianMaster 类时使用继承的语法，即在类名 MagicianMaster 的后面接一对圆括号，将 Magician 类作为父类，这样 MagicianMaster 类作为 Magician 类的子类，继承了 Magician 类内所有的成员（Magician 类内的成员都对子类开放了访问权限）；最后，我们在 MagicianMaster 类的内部新增两个成员方法，这样一来，就等同于 MagicianMaster 类中包含了构造函数__init__()和四个成员方法 fireBall()、thunderFlash()、massFireBall()、massThunderFlash()。

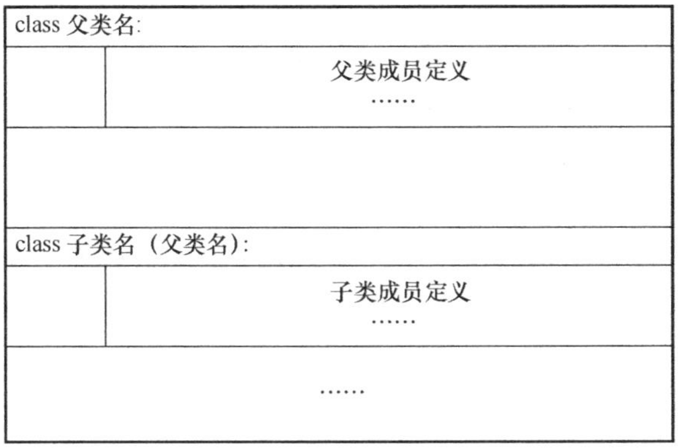

class 父类名:	
	父类成员定义 ……
class 子类名（父类名）:	
	子类成员定义 ……
	……

图 8-6　类的继承语法结构

```
In [11]:
class Magician:
    def __init__(self,xxx,yyy):
        self.name=xxx
        self.gender=yyy
    def fireBall(self):
        print("火球")
    def thunderFlash(self):
        print("落雷")

class MagicianMaster(Magician):
    def massFireBall(self):
        print("大火球")
    def massThunderFlash(self):
        print("大天雷")
```

下面我们尝试对子类 MagicianMaster 进行实例化，看看它有没有好好地从父类中继承所有的成员。

```
In [12]:
xiaowei=MagicianMaster("晓伟","男")
print(xiaowei.name)
xiaowei.fireBall()
xiaowei.massThunderFlash()
Out[12]:
晓伟
火球
大天雷
```

从第 1 行代码 xiaowei=MagicianMaster("晓伟","男")可以看出，子类对父类继承成功了，因为作为子类的 MagicianMaster 本身并没有显式地定义构造函数，而此行代码的语法却是使用构造函数进行实例化的写法，类名的后面设定了两个参数。

第 2 行代码 print(xiaowei.name)是对父类中的成员属性 name 的访问，其输出结果为晓伟，这是因为在实例化的时候，我们已经指定了用这个字符串初始化成员属性 name。

第 3 行代码 xiaowei.fireBall()是对父类中成员方法 fireBall()的调用，运行该成员函数的结果是输出字符串"火球"。

第 4 行代码 xiaowei.massThunderFlash()是对子类中新增的成员方法 massThunderFlash()的调用，调用该方法的结果是输出字符串"大天雷"。

由该范例我们可以很清楚地看到，子类可以继承父类中所有可访问的成员，同时保留子类中新增的成员。当然，这里仅给出了最简单的情况，在使用继承机制的时候，还有很多细节需要注意，下面介绍几种比较常见的情况。

1. 方法的重写

在继承父类之后，可以在子类中定义与父类中成员方法同名的成员方法，这样就可以实现子类中成员方法的重写，而方法重写的效果是在子类中定义的成员方法将覆盖父类中的成员方法。

```
In [13]:
class Magician:
    def __init__(self,xxx,yyy):
        self.name=xxx
        self.gender=yyy
    def fireBall(self):
        print("火球")
```

```
    def thunderFlash(self):
        print("落雷")

class MagicianMaster(Magician):
    def fireBall(self):
        print("新火球")
    def thunderFlash(self):
        print("新落雷")

xiaowei=MagicianMaster("晓伟","男")
print(xiaowei.name)
xiaowei.fireBall()
xiaowei.thunderFlash()
Out[13]:
晓伟
新火球
新落雷
```

通过以上范例可以发现，父类 Magician 中定义了两个成员方法，分别是 fireBall()和 thunderFlash()，而子类 MagicianMaster 在继承了父类 Magician 的基础上，又重新定义了 fireBall()和 thunderFlash()这两个成员方法。这样一来，在对子类进行实例化的时候，子类中的成员方法将会覆盖父类中的成员方法。xiaowei 作为由子类 MagicianMaster()实例化得到的实例，可以访问继承自父类的成员属性 name，但在从实例 xiaowei 调用后续两个成员方法 fireBall()和 thunderFlash()时，确实发现子类中的成员方法对父类中的成员方法进行了重写。

根据方法重写的原则，如果子类和父类中有同名的成员方法，子类实例在调用该成员方法的时候总会先访问子类范围内的成员方法，相当于子类成员方法覆盖了父类成员方法。但是，Python 也提供了一种例外机制，即在子类中定义成员方法时通过引用父类中的成员方法来在子类中保留父类中的成员方法。在定义子类的成员方法时，要调用父类中的成员方法，可以通过 父类.方法名(self) 来访问。具体实现如以下范例所示，在子类中定义成员方法 fireBall()时，其函数体内部使用 Magician.fireBall(self)的语法，实际上是引用了父类中的成员方法。而在对实例 xiaowei 的成员进行访问时也可以发现，对成员方法 fireBall(self)的调用实际上是对父类中成员方法的调用，而对 thunderFlash()的调用则是对子类中重写的成员方法的调用。

```
In [14]:
class Magician:
```

```
    def __init__(self,xxx,yyy):
        self.name=xxx
        self.gender=yyy
    def fireBall(self):
        print("火球")
    def thunderFlash(self):
        print("落雷")

class MagicianMaster(Magician):
    def fireBall(self):
        Magician.fireBall(self)  #此处我们显式地调用了父类中的成员方法
    def thunderFlash(self):
        print("新落雷")

xiaowei=MagicianMaster("晓伟","男")
print(xiaowei.name)
xiaowei.fireBall()
xiaowei.thunderFlash()
Out[14]:
晓伟
火球
新落雷
```

除了通过 父类.方法名(self) 在子类中引用父类中的成员方法，还可以通过内建函数 super() 实现这一功能。其写法有两种，可以在子类成员方法函数体内直接写 super().父类成员方法名()，也可以使用 super(子类名, self).父类成员方法名() 的写法，这里给出一个与前例等价的范例来说明这两种语法的实现。

```
In [15]:
class Magician:
    def __init__(self,xxx,yyy):
        self.name=xxx
        self.gender=yyy
    def fireBall(self):
        print("火球")

    def thunderFlash(self):
        print("落雷")
```

```python
class MagicianMaster(Magician):
    def fireBall(self):
        super().fireBall()
        #super(MagicianMaster,self).fireBall()  #两种方式的作用相同
    def thunderFlash(self):
        print("新落雷")

xiaowei=MagicianMaster("晓伟","男")
print(xiaowei.name)
xiaowei.fireBall()
xiaowei.thunderFlash()
```
Out[15]:
晓伟
火球
新落雷

2. 类的多继承

一个子类可以同时从多个父类处继承，父类间用逗号隔开即可，由以下范例可以看到，此处我们定义的子类 CloseCombatMage 同时继承了父类 Magician 和 Worrior。通过子类的实例 xiaowei，既可以访问子类中新增的成员 job_name，也可以访问继承自所有父类的成员 fireBall()、thunderFlash()、stike()、kick()。

In [16]:
```python
class Magician:
    def fireBall(self):
        print("火球")
    def thunderFlash(self):
        print("落雷")
class Worrior:
    def stike(self):
        print("直拳攻击")
    def kick(self):
        print("踢腿攻击")

class CloseCombatMage(Magician,Worrior):
    job_name="近战法师"

xiaowei=CloseCombatMage()
print(xiaowei.job_name)       #可以看到，子类可以访问自己的成员
```

```
xiaowei.fireBall()           #也可以访问继承自父类的成员
xiaowei.thunderFlash()
xiaowei.stike()
xiaowei.kick()
Out[16]:
近战法师
火球
落雷
直拳攻击
踢腿攻击
```

3. 检测父类、子类、实例之间的关系

- 内建函数 issubclass()用来检测父类与子类的关系，如 issubclass(类1,类2)检测类1是否为类2的子类。
- 内建函数 isinstance()用来检测实例与类型之间的关系，如 isinstance(实例1,类1)检测实例1是否为类1的实例。

范例如下。

```
In [17]:
print(issubclass(MagicianMaster,Magician))
Out[17]:
True
```

上述范例对 MagicianMaster 是否为 Magician 的子类进行了判断，其输出结果为 True，代表这两个类之间确实为子类与父类的关系，如果不是这样的关系，则输出 False。

```
In [18]:
print(isinstance(xiaowei,MagicianMaster))
print(isinstance(xiaowei,Magician))
Out[18]:
True
True
```

在上述范例中，分别判定了 xiaowei 是否为 MagicianMaster 的实例和 xiaowei 是否为 Magician 的实例，两次判定的输出结果均为 True，这其实是因为子类实例一定也是父类实例。

8.5 多态

多态（Polymorphism）本为希腊语，是"有多种形式"的意思，在 Python 中表现为可以对不同类型的对象使用相同的操作，同时该操作可以根据不同类型的对象表现出对应的不同行为。例如，加法运算符"+"提供了典型的多态操作，即当运算符的两端为整型时，返回两个整数的和；当运算符的两端为字符串时，返回两个字符串的拼接。len()函数也具有这样的多态特性：当其参数为字符串时，返回字符串中包含的字符的个数；当其参数为元组、列表、集合或字典时，返回操作对象所包含的元素的个数。

范例如下。

```
In [19]:
print(100+100)          #当运算符的两端为整型时，返回两个整数的和
print('100'+'100')      #当运算符的两端为字符串时，返回两个字符串的拼接
Out[19]:
200
100100


In [20]:
print(len('12345'))        #操作对象为字符串
print(len((1,2,3,4,5)))    #操作对象为元组
print(len([1,2,3,4,5]))    #操作对象为列表
print(len({1,2,3,4,5}))    #操作对象为集合
print(len({1:100,2:200,3:300,4:400,5:500}))#操作对象为字典
Out[20]:
5
5
5
5
5
```

多态带来的好处是显而易见的，即对于一个具有多态特性的操作，我们不需要检查操作对象的数据类型，多态操作会根据操作对象的具体类型采取对应的操作，这能够极大地提高编程效率。

除此之外，多态的引入能在很大程度上提高程序的可扩展性。例如，某应用程序中已经定义好了一个多态操作，支持两种不同数据类型作为其操作对象，此时可以根据需要创建新的数据类型（类的定义）作为该多态操作的操作对象，这样该多态操作支持的操作对象的种类就增多了。显然，我们可以根据需要随时增

加多态操作对象的种类，这样就可以在不改变原多态操作的情况下，扩展应用程序的使用范围。

范例如下。

```
In [21]:
#定义一个方法
def animal_sing(xxx):#此处，animal_sing()会接收一个类的实例并作为参数传入
    xxx.sing() #然后，对该实例进行成员方法的调用

class Cat():
    def sing(self): #准备了成员方法sing()
        print("Cat is singing")

class Dog():
    def sing(self): #准备了成员方法sing()
        print("Dog is singing")
cat1=Cat()
dog1=Dog()
animal_sing(cat1) #调用函数animal_sing()时传入Cat类型实例对象作为实际参数
animal_sing(dog1) #调用函数animal_sing()时传入Dog类型实例对象作为实际参数
Out[21]:
Cat is singing
Dog is singing
```

在上述代码中，首先定义了一个函数 animal_sing()，该函数接受一个参数 xxx，在函数体中实现了对该参数成员方法 sing() 的调用。接下来可以看到，代码中定义了两个类（Cat 和 Dog），这两个类都包含成员方法 sing()，但这两个 sing() 成员方法的函数体内部设定了不同的输出语句。最后对 animal_sing() 函数进行了两次调用，分别将 Cat 类和 Dog 类的实例（cat1 和 dog1）作为实际参数，可以看到，相同的 animal_sing() 函数可以根据接收到的不同数据类型的参数，表现出不同的行为。

在可扩展性方面，通过如下述范例可知，我们可以继续增加新的数据类型——Bird 类，该类型同样包含一个成员方法 sing()，只不过其内部的输出命令所输出内容略有不同。在不改变 animal_sing() 函数定义内容的基础上，再次调用 animal_sing() 函数并传入新的数据类型实例（Bird 类的实例——bird1）作为参数，可以看到，它调用了实例 bird1 的成员方法 sing() 并输出了对应的新字符

串——"Bird is singing"。

```
In [22]:
#定义一个方法
def animal_sing(xxx):#此处,animal_sing()会接收一个类的实例并作为参数传入
    xxx.sing()  #然后,对该实例进行成员函数的调用
class Cat():
    def sing(self): #准备了成员方法sing()
        print("Cat is singing")
class Dog():
    def sing(self): #准备了成员方法sing()
        print("Dog is singing")
class Bird():
    def sing(self): #准备了成员方法sing()
        print("Bird is singing")
cat1=Cat()
animal_sing(cat1)  #在调用函数animal_sing()时,传入Cat类的实例对象作为
实际参数
dog1=Dog()
animal_sing(dog1)  #在调用函数animal_sing()时,传入Dog类的实例对象作为
实际参数
bird1=Bird()
animal_sing(bird1)  #调用函数animal_sing()时,传入Bird类的实例对象作为
实际参数
Out[22]:
#可以看到,animal_sing()函数没有被修改,但是可以接受更多的数据类型
#这种多态性质,为animal_sing()函数提供了很好的可扩展性
Cat is singing
Dog is singing
Bird is singing
```

8.6 运算符重载

我们之前在使用加法运算符"+"的时候,如果运算的对象不一样,则对运算符的解释也是不一样的。例如,加法运算符对数值型数据的运算,保留了数学运算中的意义;对字符串的运算,就是拼接两个字符串;对列表的运算,就是拼

接两个列表。

```
In [23]:
print(1+1) #对于数值型数据，保留了数学运算中的意义
print("白虎君君"+"374360") #对于字符串，拼接两个字符串
print([1,2,3]+['Monday','Tuesday','Wednesday']) #对于列表，拼接两个列表
Out[23]:
2
白虎君君374360
[1, 2, 3, 'Monday', 'Tuesday', 'Wednesday']
```

以此类推，我们可以将新定义的类的实例作为加法运算符的运算对象。例如，在下述范例中，类 Animal 的内部除了构造函数和另一个成员函数 run()，还有一个系统特殊函数__add__(self,other)，__add__()函数实际上就代表加法运算符，函数体内部提供的操作会成为加法运算符作用在该类实例上的操作，这就是运算符重载。

```
In [24]:
class Animal:
    def __init__(self,name):
        self.name=name
    def run(self):
        print("Animal is running")
    def __add__(self,other):
        return sum([len(self.name),len(other.name)])
        #运算符重载，这里对两个实例的成员属性name的长度进行求和

animal_a=Animal("招财")
animal_b=Animal("进宝")
print(animal_a+animal_b)
Out[24]:
4
```

在上述范例中，__add__()函数内部的操作是对两个实例的成员属性 name 的长度进行求和。可以看到，animal_a+animal_b 的输出结果正是两个实例的成员属性 name 的字符串长度之和。除了对加法运算符的重载，Python 还提供了其他的系统特殊成员函数以实现对不同运算符的重载，下面列出一些比较常用的实现运算符重载的特殊成员函数。

- ＋　　__add__()：加法运算符重载。
- －　　__sub__()：减法运算符重载。

- *　　__mul__()：乘法运算符重载。
- /　　__div__()：除法运算符重载。

8.7　小结

在学完基于类与实例的面向对象编程体系之后，我们回过头来思考一下之前的编程实践，其实在潜移默化中，我们早已应用这一理念进行编程了。例如，在第 3 章中讲述的所有数据类型，其实都是以类的形式存在的，具体参与运算的对象都是各种类型的实例。数据类型之所以被称为类型，也是因为其本质上就是 Python 中类的存在，下面我们来验证一下这种说法是否正确。

```
In [25]:
a=123
b='xiaowei'
c=[1,2,3]
print("变量a的类型是",type(a))
print("变量b的类型是",type(b))
print("变量c的类型是",type(c))
Out[25]:
变量a的类型是 <class 'int'>
变量b的类型是 <class 'str'>
变量c的类型是 <class 'list'>
```

通过以上范例可以发现，所有的数据类型在使用 type()函数进行类型输出的时候，都会显示为 class 的实例，即类的实例。本质上，我们之前学过的数据类型就是系统预先定义好的类，在使用某种类型的数据时，先要实例化该类。对于用户自定义的类，在使用 type()函数对其实例进行类型判断时，依然显示为某 class 的实例，如以下范例所示。

```
In [26]:
class Animal:
    def __init__(self,name):
        self.name=name
    def run(self):
        print("Animal is running")
animal_a=Animal("大黄")
print("变量animal_a的类型是",type(animal_a))
Out[26]:
变量animal_a的类型是 <class '__main__.Animal'>
```

或者，可以通过 isinstance()函数来对比"系统预定义数据类型与其实例"和"自定义数据类型与其实例"的异同。如以下范例所示，123 是整数类型 int 的实例，'xiaowei'是字符串类型 str 的实例，[1, 2, 3]是字典类型 list 的实例，而变量 animal_a 所保存的数据是自定义类型 Animal 的实例。由此可以发现，面向对象的程序设计理念贯穿 Python 语言的主体，对这一理念的深刻理解和灵活应用会成为大家在学习 Python 语言道路上的一大里程碑，后续的许多进阶语法和操作都将基于面向对象的程序设计理念展开。

```
In [27]:
print(isinstance(123,int))
print(isinstance('xiaowei',str))
print(isinstance([1,2,3],list))
print(isinstance(animal_a,Animal))
Out[27]:
True
True
True
True
```

如果你对本章的内容感到抽象和难以理解，不要着急，你可以反复阅读本章的内容，并通过对范例代码的练习加深理解。随着后续学习的深入及实践经验的不断积累，面向对象的程序设计理念会被不断强化，最终成为自己思维模式的一部分。

8.8 课后思考与练习

1．在不使用构造函数的情况下，创建一个名为 Animal 的类，类中包含两个成员属性和两个成员方法，两个成员属性分别为 name 和 weight，两个成员方法分别为 eat()和 move()，在 eat()的函数体内部输出字符串"我正在吃饭"，在 move()的函数体内部输出字符串"我正在移动"。

2．对第 1 题中定义的类 Animal 进行实例化，将得到的实例赋值给变量 xxx，给实例 xxx 的成员属性 name 赋值"大黄"，给实例 xxx 的成员属性 weight 赋值"10kg"，然后分别通过点引用的方法访问并输出 xxx 实例的成员属性 name 和 weight，最后通过点引用的方法调用实例 xxx 的成员方法 eat()和 move()。

3．修改第 1 题中的类定义，通过构造函数实现对成员属性的初始化，为构造函数添加两个形式参数 aaa 和 bbb，分别用来给成员属性 name 和 weight 赋值。对重新定义的类进行实例化,输出实例所有成员属性的当前值并调用实例所有的成员方法。

4. 修改第3题中的类定义,添加析构函数。

5. 修改第4题中的类定义,将成员属性 weight 设置为私有,并为它添加两个公有的成员方法 set_weight()和 get_weight(),以实现对该属性的赋值与访问。最后对重新定义的类进行实例化,并且尝试使用成员方法 set_weight()和 get_weight()对成员属性 weight 进行重新赋值与访问。

6. 定义一个新的继承自第5题中类 Animal 的子类 Cat,并且在类 Cat 的内部添加一个新的成员方法 sing(),在 sing()的函数体内部添加输出字符串"我在唱歌"的语句。对类 Cat 进行实例化以获得实例 cat1,并调用 cat1 的成员方法 sing()和 eat()。

7. 对第6题进行改进,在子类 Cat 中设置成员方法 move(),实现对父类成员方法的重写,重写后的成员方法 move()输出字符串"小猫在前进"。对重新定义的类 Cat 进行实例化以得到实例 cat1,并调用 cat1 的成员方法 move()。

8. 定义一个新的继承自第5题中类 Animal 的子类 Dog,并实现对父类成员方法 move()的重写,重写后的成员方法 move()输出字符串"小狗在前进"。综合类 Animal、类 Cat 和类 Dog 来测试多态机制,新定义一个函数 go(ccc),这个函数设定了一个形式参数 ccc 用以接收一个实例,在 go()函数体内部调用实例 ccc 的成员属性 move()。分别对类 Animal、类 Cat 和类 Dog 进行实例化,并将获得的实例作为函数 go()的参数,测试函数 go()的调用结果。

第 9 章　模块

模块（Module，或称库）是一种比类抽象层次更高的封装对象，模块的内部可以封装低抽象层次的类、函数、变量等对象。对于封装的概念，前文在讲解"函数"和"类"的时候已经做过说明，封装的共同目的都是将某些代码块打包起来、贴上标签，并放在特定的位置，以便将来可以随时找到并加以利用。

封装这种技术是为复用服务的，即封装对象可以作为一个整体被反复引用而无须在意封装对象的内部细节，这就使得软件工程师不必所有事情都"亲力亲为"，可以把更多的精力放在对当前业务逻辑的实现上。例如，想要制造一辆汽车，我们无须制造工具箱（类似于函数的抽象层级），无须制造货架（类似于类的抽象层级），也无须建造库房（类似于模块的抽象层级），而是可以直接借助这些已有的条件，购进汽车的各种零部件进行组装。这样，在封装的粒度上，就形成了一套大、中、小的层次结构，从而满足不同抽象层次的编程需求，其框架大致可以用如图 9-1 所示的层次关系来表示。

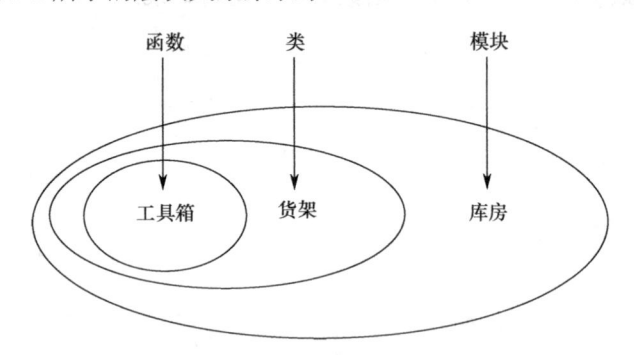

图 9-1　函数、类与模块之间的层次关系

复用的思想在软件工程领域内非常重要，因为复用其实内含了分工的理念。在有了明确的分工之后，大家就都可以在自己的分工领域内进行精深的研究、长期的代码维护与升级，从而催生出一个大家相互共享、相互支持的稳定社区。基于社区资源复用的理念，个体程序员可以很轻松地完成看似非常复杂的任务，这

就是复用（共享）的力量。

模块作为一种较高层级的封装对象，其内部通常会包含某些类和函数，而在 Python 中，可用的模块大致可以分为如下三种类型。

（1）内建模块。这种模块在安装 Python 时会随 Python 解释器一并自动配置到编程环境中，也称为标准模块，不需要额外安装，可以直接被调用。

（2）自定义模块。我们自己创建的任何一个 .py 文件都可以被看作一个 Python 模块，可以供其他的 Python 源代码调用（如果一个文件夹中包含 __init__.py 文件，则该文件夹也可以被视为模块）。

（3）第三方模块。由他人创建的自定义模块称为第三方模块。严格来讲，第三方模块就是一种特殊的自定义模块，通常由专业人士开发和维护，并以一组文件的形式存在。需要注意的是，在使用这样的第三方模块时，需要事先将其配置到本地的编程环境中。

9.1 模块的引用

用于模块引用的 Python 语法很简单，可分为两种：import 模块名、from 模块名 import 类/函数/变量。

1. import 模块名

这种方法引用整个模块，只要引用成功，就可以在当前程序中使用该模块的内容，其使用方法是 模块名.类名/函数名/变量名，具体可参考以下范例。

```
In [1]:
import math              #导入math模块
#在使用模块中内容的时候，需要使用"模块名.模块内容"的语法来实现
print(math.sqrt(100))    #引用math模块中的sqrt()函数
print(math.e)            #引用math模块内的e变量
Out[1]:
10.0
2.718281828459045
```

由上述范例可以看到，首先，代码第一行 import math 便将 math 模块导入程序了，接下来，使用点引用的方法分别引用了 math 模块中的 sqrt()函数及 e 变量。下方给出的范例也使用了类似的语法，首先导入 math 模块，然后获取 math 模块中的 pi 变量，最后使用 math 模块中的 sin()函数计算 pi/2 的正弦值。

```
In [2]:
import math        #导入math模块
```

```
pi=math.pi                    #获取math模块中的pi变量
y=math.sin(pi/2)              #计算pi/2的正弦值
print ("pi/2的正弦值：",y)
Out[2]:
pi/2的正弦值： 1.0
```

2. from 模块名 import 类/函数/变量

这种方法是前一种方法的"便携形式"，即可以不引用整个模块，而只引用模块中的某个类、函数或变量。使用这种方法，可以将引用的内容视同本地内容，直接使用即可。

```
In [3]:
from math import sqrt
print(sqrt(100))  #计算100的平方根，此时调用sqrt()函数可以直接使用函数名sqrt
Out[3]:
10.0
```

由上述范例可以看到，使用了 from math import sqrt 的语法后，再次调用 sqrt()函数时无须再用 math.sqrt()的语法，直接使用 sqrt()即可。

from 模块名 import 类/函数/变量 语法还有一个变体，即 from 模块名 import *。这种变体写法会将该模块中所有的类、函数、变量都作为本地内容使用。需要注意的是，这种方法容易引发因重名而造成的覆盖错误，所以并不推荐频繁使用此引用方式。相对地，如果使用 import 模块名 的方式，则要求显式地标明模块名，再用点引用的方式引用模块中的内容。我们称这种显式标明模块名的方式为 Namespace 管理，即命名空间管理，用以有效地防止因重名而造成的覆盖错误。

```
In [4]:
def sqrt(x):
    return ("这是一个测试函数)
print(sqrt(100))
from math import *
print (sqrt(100))
Out[4]:
这是一个测试函数
10.0
```

由上述范例可以观察到，在导入 math 模块之前调用 sqrt()函数的结果是输出字符串"这是一个测试函数"，而在使用 from math import *语法后，再次调用

sqrt()函数的结果为 100 的平方根 10,即后导入的 sqrt()函数对原 sqrt()函数进行了覆盖,而这样的覆盖应该在编程实践中尽可能地避免。

另外,如果觉得模块的名字太长、太难记,可以在引用时给它起一个别名,其语法规则为 import 模块名 as 模块别名,或者 from 模块名 import 内容 as 内容别名。例如,我们可以这样写:import numpy as np,这样模块名 numpy 就可以用 np 替代了,使用起来就方便多了,尤其对于一些需要频繁使用的模块,更是如此。在下述范例中,我们将 math 模块设定成别名 ma,在后续的代码中使用 ma 就可以指向 math 模块了。

```
In [5]:
import math as ma
print ("50的平方根: ", ma.sqrt(50))#调用math模块的sqrt()函数
Out[5]:
50的平方根: 7.0710678118654755
```

模块的引用方法有以上几种,为了方便查阅、避免混淆,此处对几种方法进行总结,如表 9-1 所示。

表 9-1 模块引用语法

引用方式	使用方式
import 模块名	点引用方式:模块名/模块别名.内容(内容可为类、函数、变量)
import 模块名 as 模块别名	
from 模块名 import 内容	直接使用:内容/内容别名(内容或内容别名可为类、函数、变量)
from 模块名 import 内容 as 内容别名	
from 模块名 import*	

9.2 模块的部署位置及搜索顺序

利用 9.1 节中的语法对模块进行引用的前提是模块已存在并被部署在合适的文件目录位置中。在对模块进行引用时,会按照先搜索内建模块、后搜索自定义模块或第三方模块文件目录列表的顺序来寻找对应的模块。

模块的一般搜索顺序如下。

(1)Python 内建模块(如 math、sys 等)。

(2)当前工作目录。

(3)其他由系统决定的搜索目录(一般来讲,我们最常用的是与 Python 解释器匹配的 site-packages 文件夹)。

对于内建模块,我们无须安装和配置,直接使用即可。而对于非内建模块,

则要按预置的文件目录列表顺序查找，这个文件目录列表可以通过引用 sys 模块中 path 变量进行查看，范例如下：

```
In [6]:
import sys  #载入sys模块
print(sys.path)   #调用sys模块中的path变量，列出模块的部署位置和搜索顺序
Out[6]:
['D:\\jupyter_workshop\\课程-Python语言\\backup_2020秋\\理论课件',
 'D:\\Anaconda3\\python38.zip',
 'D:\\Anaconda3\\DLLs',
 'D:\\Anaconda3\\lib',
 'D:\\Anaconda3',
 '',
 'D:\\Anaconda3\\lib\\site-packages',
 'D:\\Anaconda3\\lib\\site-packages\\locket-0.2.1-py3.8.egg',
 'D:\\Anaconda3\\lib\\site-packages\\win32',
 'D:\\Anaconda3\\lib\\site-packages\\win32\\lib',
 'D:\\Anaconda3\\lib\\site-packages\\Pythonwin',
 'D:\\Anaconda3\\lib\\site-packages\\iPython\\extensions',
 'C:\\Users\\Administrator\\.ipython']
```

需要注意的是，内建模块的调用优先级总是高于自定义模块及第三方模块的，而对于自定义模块及第三方模块，由 sys.path 的输出结果可知，当前工作目录是最先被搜索的，所以在编写 Python 代码时应当注意，文件名不要和其他第三方模块重名，如果重名则优先使用当前工作目录中的模块，而忽略第三方模块。另外，要注意"./lib/site-packages"文件夹，该文件夹一般保存着所有第三方模块，每个模块通常保存在一个文件夹中，理论上，只要把模块文件复制到该文件夹中，即完成了该模块的配置。

9.3 自定义模块

所谓自定义模块，就是将自己定义的.py 文件当作模块使用。这个.py 文件在本地通过模块引用的方法被调用时就称为自定义模块，而当这个.py 文件被其他人通过模块引用的方法使用时，对新的使用者来说，它就是第三方模块，可见自定义模块和第三方模块是一组相对的概念。

为验证自定义模块的使用方法，我们可以先创建一个名为 xiaowei.py 的文件。由下文给出的该文件内部代码可知，文件内包含两个变量 name 和 age，另外还包含一个函数 skills()。

第 9 章 模块

```
#file name: xiaowei.py

name='晓伟'
age=18

def skills():
    skill_list=["会心一击","明镜止水"]
    print(skill_list)
```

在 xiaowei.py 文件所在的目录中新建一个 .py 文件（如 test1.py），此时就可以在新建的文件中将 xiaowei.py 文件作为模块进行导入。正如下述范例所示，第 1 行代码 **import** xiaowei 负责将 xiaowei 这个模块导入当前程序。在 xiaowei 这个模块被导入后，就可以使用该模块包含的内容，如第 2 行的 xiaowei.name 就是使用点引用的方法调用（访问）了 xiaowei 模块中的 name 变量，而第 3 行的 xiaowei.age 就是使用点引用的方法调用了 xiaowei 模块中的 age 变量，最后第 4 行的 xiaowei.skills() 就是使用点引用的方法调用了 xiaowei 模块中的 skills() 函数。

```
In [7]:
#filename: test1.py
import xiaowei            #导入自定义模块xiaowei
print(xiaowei.name )      #调用模块中的变量name
print(xiaowei.age)        #调用模块中的变量age
xiaowei.skills()          #调用模块中的函数skills()
Out[7]:
晓伟
18
['会心一击', '明镜止水']
```

由上述范例可知，自定义模块的构建和使用都非常简单方便，但有些细节还需要注意。自定义模块不会覆盖内建模块，因为内建模块的搜索顺序优先级永远大于自定义模块，因此虽然可以自定义与内建模块同名的模块并放在当前工作目录中，但在载入的时候，自定义模块还是会被忽略。例如，我们可以新建一个 math.py 文件，并将其置于当前的工作目录中，由以下范例可见，新的 math.py 文件中设定了变量 pi 的值为 12345，并且新定义了一个函数 test()，负责输出字符串 "this is as test"。

```
#file name: math.py
pi=12345
def test():
    print("this is as test")
```

但是，如以下范例所示，当我们新建一个.py 文件（如 test2.py）对 math 模块进行导入时，导入的内容依旧是 Python 内建模块，从 math.pi 的输出为"3.141592653589793"可知，变量 pi 的值并不是从自定义的 math.py 文件中获得的，另外，math.test()触发的异常错误也说明了新建的自定义 math 模块在此处不起作用。不过，自定义模块的优先级很可能是高于第三方模块的，如果自定义模块与第三方模块的名称相同，则自定义模块会覆盖第三方模块，这可能会引发编程逻辑上的异常错误，因此在模块命名和配置上需要特别注意，尽量避免同名问题。

```
In [8]:
#file name: test2.py
import math
print(math.pi)
math.test()
Out[8]:
3.141592653589793
---------------------------------------------------------------
AttributeError                          Traceback (most recent call last)
<ipython-input-14-7fe4789ca83d> in <module>
      1 import math
      2 print(math.pi)
----> 3 math.test()
AttributeError: module 'math' has no attribute 'test'
```

9.4 第三方模块的管理

第三方模块众多，并且不同模块之间的依赖关系复杂，模块的添加、删除及版本更新都需要系统地进行管理，如果这些工作都由人工来处理就太麻烦了，于是第三方模块管理器（也称包管理器）应运而生。Python 自带的 pip.exe（pip 工具）就是一个不错的包管理器，它可以支持第三方模块的上述一切管理工作。

pip 工具通常随 Python 解释器（python.exe）一起被安装，其位置一般为解释器所在目录下的"./Scripts/pip.exe"。Anaconda 继承和发展了这个 pip 工具，并提供了很多预装的包，其具体位置视编程环境配置而定，图 9-2 给出 pip 工具位置的截图。使用 pip 工具最简单实用的方法就是在 CMD 命令提示符中定位到文件目录位置/Scripts，然后使用 pip 工具进行交互命令输入。

第 9 章　模块

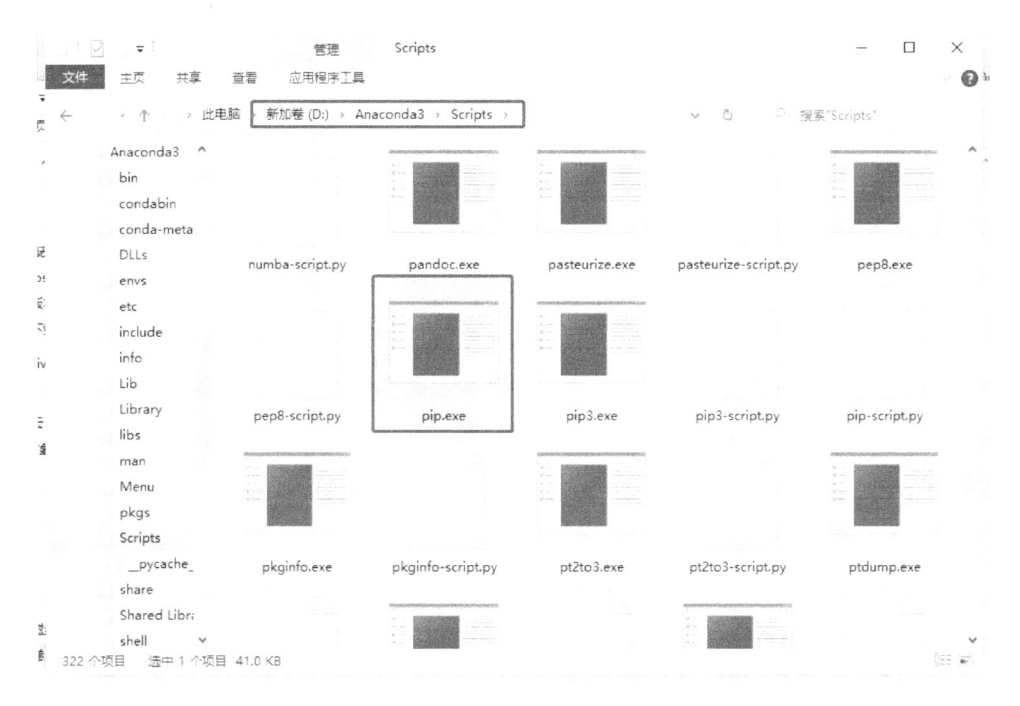

图 9-2　pip 工具位置的截图

下面给出几种常见的借助 pip 工具的模块操作。

1. 添加第三方模块（方法 1）：pip install 模块名

如图 9-3 所示，在使用 pip 工具时，需要通过 CMD 命令行先跳转至其所在目录，然后再输入对应的模块添加命令（pip install beautifulsoup4），图 9-3 中的命令即为下载并在本地部署模块 beautifulsoup4（简称 bs4）。

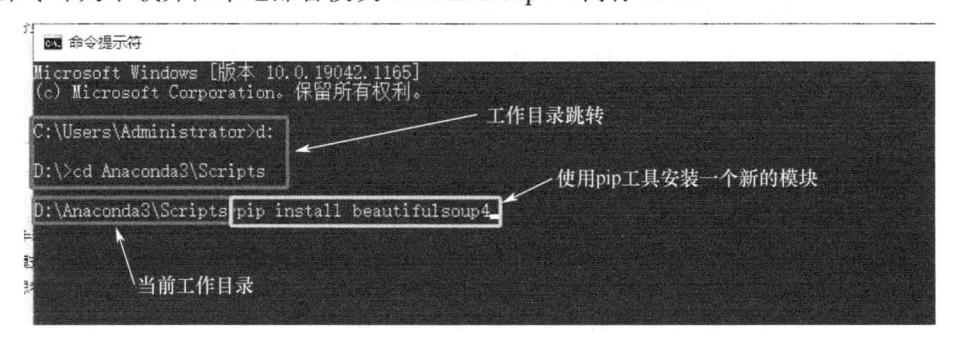

图 9-3　使用 pip 工具添加第三方模块

如图 9-4 所示，在运行完成后，会在 site-packages 文件夹中出现名为 bs4 的文件夹，代表已经安装和配置成功。此时，在代码中编写 import bs4 语句就可以

Python 语言基础

实现对 bs4 模块的载入，以备后续使用。

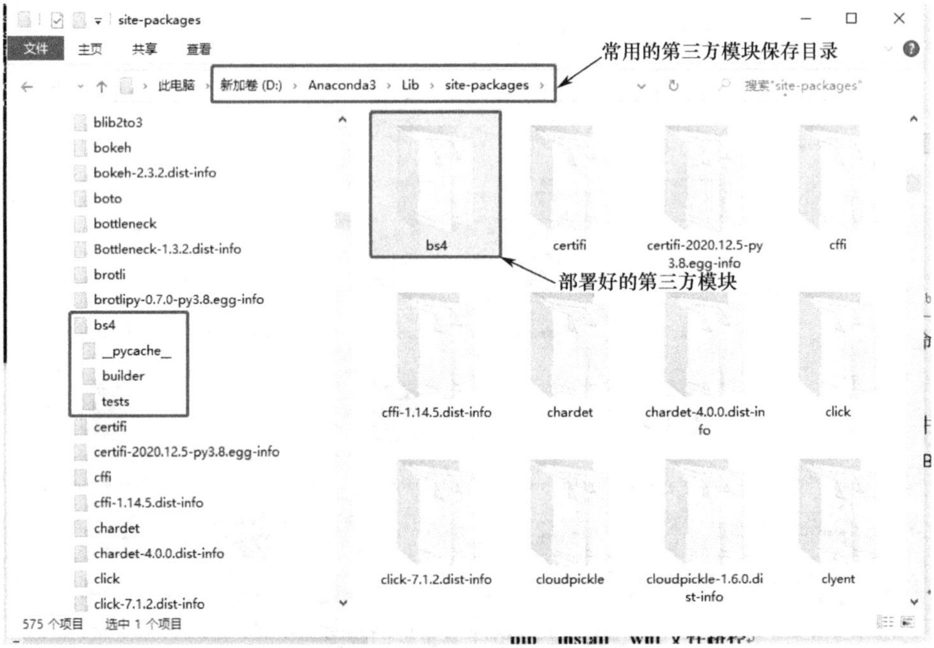

图 9-4 bs4 模块在本地的配置情况

在使用 pip install 模块名语法对模块进行安装时，系统会到默认的第三方模块存储服务器上寻找对应的模块，这个默认的服务器处于互联网中的某个节点，有时会因为网络不畅而导致模块下载不成功，此时可以将服务器节点更换为特定的可访问节点，再进行模块的下载。很多组织和机构都提供了 Python 第三方模块的镜像服务器，我们以清华大学提供的服务器为例来进行说明，其服务器网址为 https://pypi.tuna.tsinghua.edu.cn/simple。利用新的镜像服务器节点，可以对旧的命令行进行改写，现提供新旧两行命令的对比：

旧命令：pip install beautifulsoup4。

新命令：pip install -i https://pypi.tuna.tsinghua.edu.cn/simple beautifulsoup4。

可以看到，新命令就是在原 install 关键字的后方添加由-i 参数引导的镜像服务器地址，这样即可实现模块的高速下载。

2. 添加第三方模块（方法 2）：pip install .whl 文件路径

此方法通过.whl 文件添加第三方模块，通过这种方式添加第三方模块需要事先下载对应的.whl 文件，有了.whl 文件，就可以使用 pip 工具来安装对应的第三方模块。需要注意的是，该方法依赖第三方模块 wheel，如果 wheel 模块自身还

第 9 章 模块

没有配置成功，则还需要将 wheel 模块用 pip 工具安装一下，其命令为 pip install wheel。在 wheel 模块已经配置好的前提下，可以使用形如 pip install .whl 文件路径的命令在 CMD 命令提示符窗口中对目标模块进行安装，如图 9-5 所示，此处通过.whl 文件安装了 lxml 第三方模块。

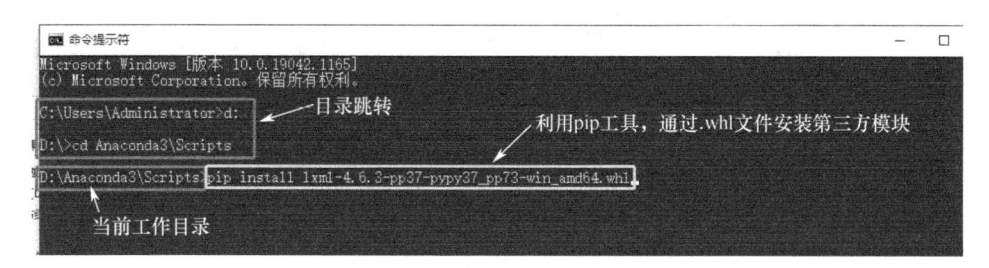

图 9-5　通过.whl 文件安装第三方模块

3．卸载第三方模块：pip uninstall 模块名

如图 9-6 所示，卸载第三方模块的命令很简单，与安装的语法相比，只需把 install 改成 uninstall，变为 pip uninstall 模块名。例如，我们可以尝试使用该语法卸载之前安装过的模块 beautifulsoup4，其具体写法就是 pip uninstall beautifulsoup4。该语句运行完成之后会将模块 beautifulsoup4 从本地删除，即 site-packages 文件夹中的 bs4 文件夹会被删除，代表该模块已经被成功卸载。

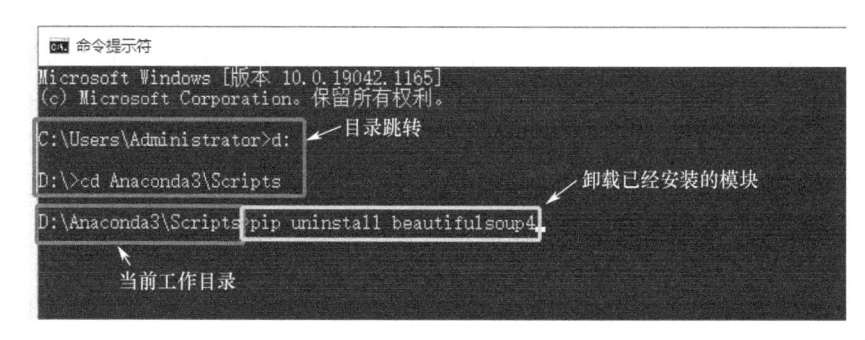

图 9-6　使用 pip 工具卸载第三方模块

4．更新第三方模块：pip install --upgrade 模块名

如果想要更新一个已经安装好的模块，则可以修改安装指令，以实现对模块进行升级的功能。如图 9-7 所示，其具体实现方法就是在原 install 关键字的后面追加--upgrade 参数，后面再接需要更新的模块。

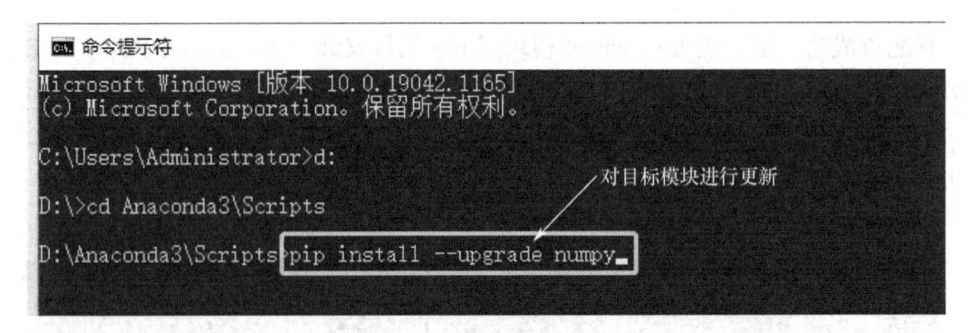

图 9-7　使用 pip 工具更新第三方模块

5. 查询已经安装好的第三方模块

此处仅列举两种常见的查询方法，供读者自行尝试。
- pip list：显示所有已安装的模块列表。
- pip show -f 模块名：显示某个模块的详细信息。

关于第三方模块，我不得不多说几句，因为合理安排第三方模块配置的重要性被很多人低估了，而且我个人的教学经验表明，同学们在这个地方非常容易犯错。特别要注意的是，第三方模块必须与 Python 解释器进行关联，才可以让 Python 解释器在解释 Python 源代码文件的时候找到在源代码中引用的第三方模块。

当遇到无法引用的时候，要么是使用的第三方模块没有安装成功，要么是安装后没有配置好与 Python 解释器的关联。Python 解释器对第三方模块的搜索是根据其内置的一个文件目录列表依次进行的。该文件目录列表可以通过在 Python 交互式命令行中输入命令"import sys+回车+sys.path+回车"来显示。具体的搜索规则是，先查看 Python 内建模块，再依照列表逐行查询。此时应注意，当前工作目录是除内建模块外最先被搜索的，在当前工作目录中命名 Python 的源代码文件时，有可能会因为与第三方模块重名而导致读取外部第三方模块失败，这就是有时看上去明明代码写对了，但就是运行失败的原因。

另外，在实际的 Python 开发工作中，依赖某一特定版本的第三方模块或特定版本的 Python 解释器的情况时有发生。因此，通常不同的应用都有自己的解释器和第三方模块联合配置方案，我们可以称这种联合配置方案为"开发环境"，以区别之前使用的"编程环境"。通常的情况是，一个软件工程师同时要负责几个应用项目的开发，于是对每个项目都设置一个独立的解释器与第三方模块的开发环境，这样做能够使程序的跨平台移植及团队合作更加方便。团队合作是一个很有趣的主题，有兴趣的读者可以研究一下文件版本控制系统（如 github）。

9.5 常用内建模块

所谓内建模块就是 Python 自带的模块，这些模块一般会在 Python 解释器被安装的时候一同被安装，无须额外进行手动配置即可通过 import 语法进行引用，本节将介绍几种常用的内建模块及其使用方法。

9.5.1 math 模块与 cmath 模块

math 模块和 cmath 模块都是用于数学运算的模块，它们的区别在于，math 模块多用于日常的数学运算，而 cmath 模块则提供了对复数的运算，下面对两个模块分别进行简要介绍。

1．math 模块

使用 import math 方法导入，math 模块常用内容如表 9-2 所示，表格之后给出了若干实现范例。

表 9-2 math 模块常用内容

模块内容	实现功能
math.ceil(x)	返回 x 的向上取整，即大于或等于 x 的最小整数
math.floor(x)	返回 x 的向下取整，即小于或等于 x 的最大整数
math.trunc(x)	将浮点型 x 截断为整型后返回整数部分（去掉小数部分）
math.fabs(x)	返回 x 的绝对值
math.factorial(x)	返回 x 的阶乘
math.log(x, base)	返回以 base 为底的 x 的对数
math.log(x)	返回 x 的自然对数（底为 e）
math.log10(x)	返回以 10 为底的 x 的对数
math.log2(x)	返回以 2 为底的 x 的对数
math.pow(x, y)	将返回 x 的 y 次幂
math.exp(x)	返回 e 的 x 次幂，其中自然常数 e=2.718281…
math.sqrt(x)	返回 x 的平方根
math.sin(x)	返回 x 弧度的正弦值
math.asin(x)	返回以弧度为单位的 x 的反正弦值
math.cos(x)	返回 x 弧度的余弦值
math.acos(x)	返回以弧度为单位的 x 的反余弦值
math.tan(x)	返回 x 弧度的正切值
math.atan(x)	返回以弧度为单位的 x 的反正切值
math.pi	数学常数 π=3.141592…
math.e	数学常数 e=2.718281…

```
In [9]:
import math
print(math.ceil(5.3))
print(math.floor(5.9))
print(math.trunc(8.5))
print(math.pow(10,2))
print(math.sqrt(100))
Out[9]:
6
5
8
100.0
10.0
```

通过以上范例可以看到，math.ceil(5.3)的值为 6，math.floor(5.9)的值为 5，math.trunc(8.5)的值为 8，math.pow(10,2)的值为 100.0，math.sqrt(100)的值为 10.0，math 模块中其他函数与常量的用法也是类似的，直接调用即可。

2. cmath 模块

使用 import cmath 语法导入，cmath 模块常用内容如表 9-3 所示，表格之后给出了若干实现范例。

表 9-3 cmath 模块常用内容

模块内容	实现功能
cmath.log(x, base)	返回以 base 为底的 x 的对数
cmath.log(x)	返回 x 的自然对数
cmath.log10(x)	返回以 10 为底的 x 的对数
cmath.exp(x)	返回 e 的 x 次幂
cmath.sqrt(x)	返回 x 的平方根
cmath.sin(x)	返回 x 弧度的正弦值
cmath.asin(x)	返回以弧度为单位的 x 的反正弦值
cmath.cos(x)	返回 x 弧度的余弦值
cmath.acos(x)	返回以弧度为单位的 x 的反余弦值
cmath.tan(x)	返回 x 弧度的正切值
cmath.atan(x)	返回以弧度为单位的 x 的反正切值
cmath.pi	数学常数 π=3.141592…
cmath.e	数学常数 e=2.718281…

```
In [10]:
import cmath #支持复数运算
```

```
print(cmath.sqrt(9))
print(cmath.sqrt(-1))
print(cmath.sin(cmath.pi/2))
print(cmath.log10(100))
Out[10]:
(3+0j)
1j
(1+0j)
(2+0j)
```

通过以上范例可以发现，cmath 模块的用法与 math 模块的用法很相似，只是 cmath 模块的运算结果都是用复数形式表示的（实部+虚部，虚部的虚数单位用 j 表示），各范例的实现结果也很直观：cmath.sqrt(9)的值为(3+0j)，cmath.sqrt(-1)的值为 1j，cmath.sin(cmath.pi/2)的值为(1+0j)，cmath.log10(100)的值为(2+0j)，cmath 模块中其他函数与常量的用法也是类似的，直接调用即可。

9.5.2 random 模块

random 模块用于随机数的创建。随机数在程序设计中有非常重要的作用，很多程序的运行都依赖随机数的创建，如很多游戏中的抽卡概率设置、开宝箱装备掉落概率设置、遇敌概率设置等，此处仅就 random 模块最常用的功能进行介绍。

（1）random.random()：用于随机生成一个[0,1)内的随机小数，服从均匀分布。

```
In [11]:
import random            #导入random模块
x=random.random()        #生成一个[0,1)内的随机小数，服从均匀分布
print(x)
Out[11]:
0.9667917873472693
```

（2）random.uniform(a,b)：用于随机生成一个[a,b]内的小数，a 和 b 的顺序可以颠倒。

```
In [12]:
import random            #导入random模块
x=random.uniform(5,8)    #随机生成一个指定范围内的小数
print(x)
Out[12]:
5.487866103374852
```

（3）random.randint(a, b)：用于随机生成一个[a,b]内的整数。

```
In [13]:
import random                    #导入random模块
x=random.randint(10,20)          #随机生成一个指定范围内的整数
print(x)
Out[13]:
19
```

（4）random.randrange(a,b,c)：用于随机选择一个等差序列中的元素，其语法和内建函数 range()的语法一致。

```
In [14]:
import random                    #导入random模块
x=random.randrange(10,50,2) #随机选择一个等差序列中的元素
print(x)
Out[14]:
12
```

（5）random.choice(seq)：从序列中随机选择一个元素。

```
In [15]:
seq=['暴食','贪婪','懒惰','嫉妒','骄傲','淫欲','愤怒']
x=random.choice(seq) #从序列中随机选择一个元素
print(x)
Out[15]:
'骄傲'
```

（6）random.shuffle(seq)：对序列随机排序。

```
In [16]:
seq=['暴食','贪婪','懒惰','嫉妒','骄傲','淫欲','愤怒']
random.shuffle(seq) #对序列随机排序
print(seq)
Out[16]:
['贪婪','愤怒','骄傲','懒惰','淫欲','暴食','嫉妒']
```

（7）random.sample(seq,3)：从原序列中随机抽取 3 个元素，组成一个新的序列。

```
In [17]:
seq=['暴食','贪婪','懒惰','嫉妒','骄傲','淫欲','愤怒']
sub_seq=random.sample(seq,3) #从原序列中随机抽取3个元素，组成一个新的序列
print(sub_seq)
Out[17]:
['淫欲','懒惰','暴食']
```

9.5.3 time 模块

time 模块提供了许多与时间相关的函数，在程序设计中也占有很重要的地位，下面结合范例进行介绍。

（1）time.localtime()：返回一个本地时间元组 struct_time，一个时间元组包含九个元素(tm_year,tm_mon,tm_mday,tm_hour,tm_min,tm_sec,tm_wday,tm_yday,tm_isdst)，分别是（年，月，日，时，分，秒，周[0～6，周一为 0]，年中第几日[1～366]，夏令时是否生效[0：不生效；1：生效；-1：未知]）。

```
In [18]:
import time                        #载入time模块
current_time=time.localtime()      #返回一个本地时间元组struct_time
print(type(current_time))
print(current_time)
Out[18]:
<class 'time.struct_time'>
time.struct_time(tm_year=2021, tm_mon=9, tm_mday=12, tm_hour=0,
tm_min=54, tm_sec=14, tm_wday=6, tm_yday=255, tm_isdst=0)
```

由上述范例可以验证，使用 time.localtime()语法可以返回一个当前的本地时间元组，该函数还可以接受一个时间戳参数，并将时间戳转换为时间元组。所谓的时间戳就是以 1970 年 1 月 1 日 00:00:00 为基准计算的秒数，以一个浮点数的形式存在。例如，在下面的范例中，就给 time.localtime()函数设定了一个时间戳参数 1631379520.786835，经过该函数的转换得到该时间戳的对应时间元组(tm_year= 2021, tm_mon=9, tm_mday=12, tm_hour=0, tm_min=58, tm_sec=40, tm_wday=6, tm_yday=255, tm_isdst=0)。

```
In [19]:
import time #载入time模块
#给定一个时间戳参数，返回一个对应的本地时间元组
particular_time=time.localtime(1631379520.786835)
print(type(particular_time))
print(particular_time)
Out[19]:
<class 'time.struct_time'>
time.struct_time(tm_year=2021, tm_mon=9, tm_mday=12, tm_hour=0,
tm_min=58, tm_sec=40, tm_wday=6, tm_yday=255, tm_isdst=0)
```

（2）time.time()：返回一个当前时间的时间戳。

范例如下。

```
In [20]:
import time  #载入time模块
time_stamp=time.time()#返回一个当前时间的时间戳
print(type(time_stamp))
print(time_stamp)
Out[20]:
<class 'float'>
1631379837.623328
```

(3) time.mktime(struct_time):将一个时间元组转换成时间戳。
范例如下。

```
In [21]:
time.mktime(time.localtime())#将一个时间元组转换成时间戳
Out[21]:
1631379967.0
```

(4) time.strptime('时间字符串','时间字符串格式'):将一个格式化的时间字符串转换成一个时间元组。

```
In [22]:
time.strptime('2021-09-12 01:08:30','%Y-%m-%d %X')
Out[22]:
time.struct_time(tm_year=2021, tm_mon=9, tm_mday=12, tm_hour=1, tm_min=8, tm_sec=30, tm_wday=6, tm_yday=255, tm_isdst=-1)
```

由以上范例可知,对于时间字符串的格式化表示有一定的格式规范,如%Y代表四位年份,%m代表月份等,下面给出常用的时间格式符号,如表9-4所示。

表9-4 常用的时间格式符号

符号	意义
%Y	十进制数表示的带世纪的年份（四位数年份）
%y	十进制数[00,99]表示的没有世纪的年份（两位数年份）
%m	十进制数[01,12]表示的月
%d	十进制数[01,31]表示的月中日
%x	本地化的适当日期表示
%X	本地化的适当时间表示
%H	十进制数[00,23]表示的小时（24小时制）
%I	十进制数[01,12]表示的小时（12小时制）
%p	本地化的AM或PM（上午或下午）
%M	十进制数[00,59]表示的分钟
%S	十进制数[00,59]表示的秒
%w	十进制数[0,6]表示的周中日,其中0表示星期日

（续表）

符号	意义
%j	十进制数[001,366]表示的年中日
%W	十进制数[00,53]表示的一年中的周数（星期一作为一周的第一天）

（5）time.strftime('时间字符串格式',时间元组)：将一个时间元组转换成格式化的时间字符串。

范例如下。
```
In [23]:
time.strftime('%Y-%m-%d %X',time.localtime())
Out[23]:
'2021-09-12 01:25:34'
```

（6）time.sleep(second)：使程序暂停一定的秒数。

范例如下。
```
In [24]:
print(time.localtime())
time.sleep(5)  #使程序暂停5秒
print(time.localtime())
Out[24]:
time.struct_time(tm_year=2021, tm_mon=9, tm_mday=12, tm_hour=1, tm_min=28, tm_sec=37, tm_wday=6, tm_yday=255, tm_isdst=0)
time.struct_time(tm_year=2021, tm_mon=9, tm_mday=12, tm_hour=1, tm_min=28, tm_sec=42, tm_wday=6, tm_yday=255, tm_isdst=0)
```

9.5.4 datetime 模块

datetime 模块也是一个用来处理时间的 Python 内建模块，它的使用方法与 time 模块稍有不同，主要体现在 datetime 模块的内容是以类为单位进行组织的，刚好我们可以用此模块来综合体验一下封装的层次安排：模块、类、函数。

datetime 模块包含三个类，各类又分别包含不同的功能函数。
- date 类：主要处理日期（不包括时、分、秒）。
- time 类：主要处理时间（不包括年、月、日）。
- datetime 类：主要处理日期+时间（包括完整的年、月、日、时、分、秒）。

（1）date 类：主要处理日期（不包括时、分、秒），其主要应用如以下范例所示：
```
In [25]:
import datetime  #载入datetime模块
```

```
my_date=datetime.date(2021,9,12)  #初始化一个date实例
print(type(my_date))       #输出实例类型
print(my_date.year)        #年份
print(my_date.month)       #月份
print(my_date.day)         #月中日
print(my_date.weekday())#星期日对应数字6，注意，与表9-4的表示体系不同，此处0代表星期一，6代表星期日
Out[25]:
<class 'datetime.date'>
2021
9
12
6
```

（2）time 类：主要处理时间（不包括年、月、日），其主要应用如以下范例所示：

```
In [26]:
import datetime                    #载入datetime模块
my_time=datetime.time(23,16,30)    #初始化一个time实例
print(type(my_time))               #输出当前时间实例的类型
print(my_time)                     #输出当前时间实例的值
print(my_time.hour)                #输出当前时间实例的hour成员属性值
print(my_time.minute)              #输出当前时间实例的minute成员属性值
print(my_time.second)              #输出当前时间实例的second成员属性值
print(my_time.isoformat())         #输出当前时间实例的iso标准格式
Out[26]:
<class 'datetime.time'>
23:16:30
23
16
30
23:16:30
```

（3）datetime 类：主要处理日期+时间（包括完整的年、月、日、时、分、秒），其主要应用如以下范例所示：

```
In [27]:
import datetime #载入datetime模块
my_datetime1= datetime.datetime.now()   #初始化一个datetime实例（当前时间）
```

```
print(type(my_datetime1))       #输出实例my_datetime1的类型
print(my_datetime1)             #输出实例my_datetime1的值

my_datetime2= datetime.datetime(2021,9,12,1,55,32)  #日期、时间参数
手动初始化
print(type(my_datetime2))       #输出实例my_datetime2的类型
print(my_datetime2)             #输出实例my_datetime2的值
Out[27]:
<class 'datetime.datetime'>
2021-09-12 01:52:17.823960
<class 'datetime.datetime'>
2021-09-12 01:55:32
```

9.6 课后思考与练习

1. 编写 Python 代码，使用"import 模块名"的方式加载 math 内建模块，输出 math 模块中包含的圆周率变量的值。进一步，使用 math 模块中包含的正弦函数计算并输出 $\pi/2$ 的正弦值。

2. 编写 Python 代码，使用"from 模块名 import 内容名"的方式加载 math 内建模块中的圆周率变量和正弦函数。将从 math 模块中载入的圆周率变量和正弦函数当作本地变量和本地函数来使用，首先输出圆周率变量的值，然后计算并输出 $\pi/2$ 的正弦值。

3. 编写 Python 代码，载入内建模块 sys，然后输出 sys 模块中包含的 path 变量，在输出目录中找出当前的工作目录，以及常用的第三方模块存储目录。

4. 以自己姓名的拼音为文件名，生成一个.py 文件（如 xiaowei.py），在这个.py 文件中定义两个变量并赋值（name="姓名"、ID="学号"），再定义一个函数，该函数的功能是输出自己的兴趣爱好。在这个.py 文件所在的文件夹下再生成一个新的.py 文件，如 test4.py，在 test4.py 文件中首先使用"import 模块名"的方式加载刚刚定义好的自定义模块，然后输出模块中两个变量的内容，最后调用模块中的函数。

5. 以已有的内建模块 math 的模块名称为文件名，生成一个自定义 math.py 文件。在这个 math.py 文件中定义一个变量 pi 并赋值（pi=374360），再定义一个函数 test()，该函数的功能是输出自己的姓名和学号。在这个 math.py 文件所在文件夹下再生成一个新的.py 文件，如 test5.py，在 test5.py 文件中首先使用"import math"的方式"尝试"加载刚刚定义好的自定义模块 math，然后输出模

块中 pi 变量的内容，最后调用模块中的函数 test()。看看是否跟预期的结果一样（提示：内建模块的加载顺序先于当前文件夹中的自定义模块，因此当前自定义的模块不会被载入）

6. 在自己的编程环境中找到 Python 解释器自带的用于保存第三方模块的文件夹位置，该文件夹一般和 Python 解释器在一起（./lib/site-packages）。使用 Python 解释器自带的 pip 工具安装一个第三方模块（如 pip install pymysql）。注意：pip 工具的位置一般也和 Python 解释器在一起（./Scripts/pip.exe），打开 CMD 命令提示符，跳转到对应文件夹后进行调用。在安装完成后，观察./lib/site-packages 中内容的变化，看是否增加了一个新的 pymysql 文件夹。最后编写 Python 代码，载入刚刚部署好的 pymysql 模块。

7. 使用 random 内建模块，创建 10 个区间[0,1)内的随机数，并将这些随机数添加到一个列表中。使用内建函数 round()四舍五入，对列表中的每个数字进行近似处理（保存两位小数）。最后，使用内建函数 sorted()或者 list.sort()对列表进行排序，并输出经过处理的列表内容。

8. 使用 random 模块和 time 模块创建 10 个今天的随机时间，排序后输出（略复杂，加油~）。

9. 使用 help()函数查看自己不熟悉的对象，如 help(random)、help(time)等。

第 10 章　文件操作

根据冯·诺依曼的设计理念，用于控制计算机的指令数据及计算机处理的目标数据都以文件的形式存储于计算机的内部，用于存储这些文件的物理介质称为存储器，而用于管理这些文件的逻辑体系称为文件系统。作为软件工程师，对存储器的物理结构有一个简单的认识即可，但对文件系统的逻辑体系则需要有清晰明确的认识。很多急于求成的同学可能对 Python 语法的关注更多，而忽略了对文件系统等理论知识的学习，这样很容易形成学习瓶颈，面对很多程序错误都无从下手，花费很多时间却进步缓慢，导致事倍功半。鉴于文件系统的重要性，本章将较全面地介绍文件系统的逻辑体系，以及使用 Python 语言实现文件操作的语法。

10.1　文件系统简介

10.1.1　内存与外存

在计算机中，数据的存储介质通常有以下两种。

（1）内部存储器（简称内存）：以电路的状态（如高压、低压）来表示对应的二进制数字（1 和 0），进而表示对应的数据，其特点如下。

- 数据的操作速度相对较快。
- 数据量相对较小。
- 数据是临时存储的，计算机断电后内存中保存的数据会被清空。

（2）外部存储器（简称外存）：以某种稳定的物理状态（如磁针的指向，或者表面的凹凸）来表示对应的二进制数字，进而表示对应的数据，其特点如下。

- 数据的操作速度相对较慢。
- 数据量相对较大。
- 数据是持久存储的，外存不依赖电力维护，计算机断电后还可以长时间地保存数据。

内存和外存的协作为计算机文件系统提供了硬件平台支持。一般来讲,我们平时将数据持久地保存在外存中,操作系统可以随时将外存中的数据读入内存,然后在内存中对数据进行处理。在内存中处理完的数据,又可以被写入外存,进行持久保存。内存与外存的协作既能保证数据操作的效率,又能保证数据的持久保存。

10.1.2 文件编码形式

在很多时候,数据以文件的形式存在,文件就是一组数据的容器。

1. 文本文件

文本文件应该是最常见的文件形式了,它是按照某种文字编码生成的用于保存文字的文件,常用的文字编码包括 ASCII、GBK、UTF-8 等。编码的方式说起来也很简单,就是给每个字符配一个二进制的数字编号,在文本文件中实际保存的是很多二进制的编号。在解读文本文件的时候,要使用匹配的编码格式,不然就会出现所谓的乱码,如图 10-1 所示。

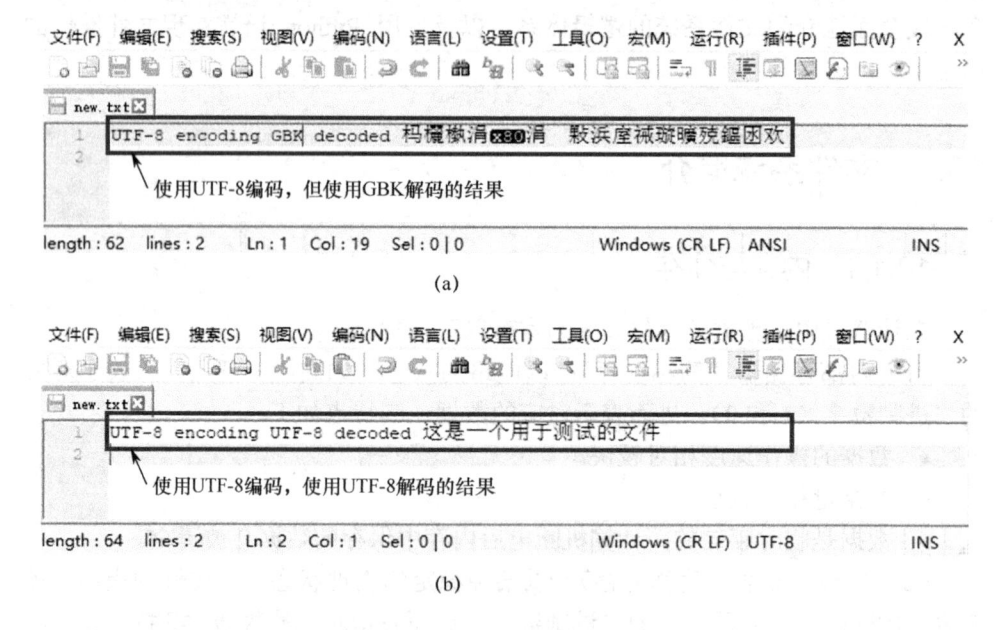

图 10-1 文本文件的编码与解码

2. 其他二进制文件

除了文本文件,我们还可以使用二进制数字表示很多其他类型的数据(如图片、音乐、视频等），每种类型的数据都有其特定的编码方式。例如，我们可以将一张图片用一个像素矩阵来存储，矩阵里的每个元素代表当前像素的颜色，这有点像"十字绣"。显然，我们不能按照文本文件的读取方法来读取其他二进制文件，这样做的结果当然也是产生所谓的乱码。如图 10-2 所示，使用文本编码格式尝试解码图 10-1（一张屏幕截图），得到的结果就是乱码。

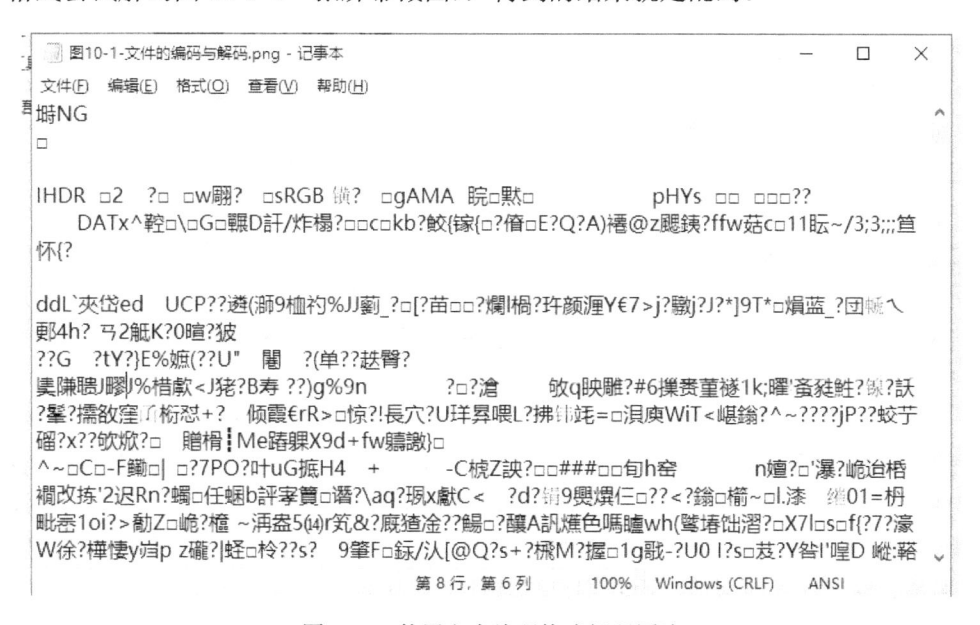

图 10-2 使用文本编码格式解码图片

事实上，特定的文件类型通常只能用特定的应用程序打开，对于特定文件，在使用不匹配的应用程序打开时，很可能会引发错误。我们都知道，文件除了有一个主文件名，还有一个扩展名（主文件名.扩展名），扩展名通常就是用来标注数据类型的，知道了数据的类型，才好确定匹配的应用程序，例如：

- 对于.doc 或.docx 文件，通常使用 Word 文本编辑器来进行处理。
- 对于.xls 或.xlsx 文件，通常使用 Excel 表格编辑器来进行处理。
- 对于.jpg 或.png 等文件，则需要使用 "照片"浏览器等应用来进行处理。

在图形操作界面中，我们都尝试过使用双击操作来打开对应的文件（通过设定默认应用程序实现）。其实，操作系统背地里有一个"小本本"，里面记录着有什么样扩展名的文件应该使用哪种对应的应用程序打开。我们可以手动地改变由某种扩展名标记的文件所对应的应用程序，之后再双击打开文件时就会使用新设定的应用程序。

事实上，扩展名不是必须设定的，我们可以在保存文件的时候不设定扩展名，但如果我们不设定扩展名，则使用双击的方式是没有办法激活对应的应用程序的。在这种情况下，我们可以先自己打开应用程序，然后手动载入这个没有扩展名的文件，文件也可以被读取和操作。扩展名的设定已经成为计算机领域的行为规范，如果大家都遵守相同的规定，则会使工作效率整体提高，因此还是建议准确标注扩展名。

10.1.3 文件定位方法

除了不同文件的编码方式，我们还需要了解一个保存在外存中的文件如何被定位。因为只有了解了文件的定位方式，我们才可以通过操作系统访问对应的文件，从而对文件进行操作。以保存在硬盘上的一个文件为例，文件的内容总是以二进制数字进行编码的，而这些二进制数字又被磁盘上一个个对应小磁针的指向所表示。我们可以通过这些小磁针的编号来对文件的数据进行访问，但是如果直接使用小磁针的编号对文件进行处理，那就过于复杂了，这就像使用机器语言来操作 CPU 一样。

对一般的计算机操作者来说，并不需要知道文件数据在硬盘上是如何进行物理存储的。文件系统为使用者提供了一套"树形结构"的文件位置分配规则，我们只要知道某个文件在这个树形结构上的逻辑位置，就可以对文件进行访问和操作。至于逻辑树形结构在硬盘的物理层面是怎么实现的，我们则无须详细了解（那是硬件工程师的事情，而我们自称软件工程师）。

文件的组织结构主要通过文件夹的嵌套来实现，一个文件夹下可以存储具体的文件和其他文件夹，每个文件夹下包含的文件夹被称为子文件夹。在进入子文件夹后，我们又可以在该子文件夹中保存其他具体的文件和下一级的子文件夹。以此类推，文件夹的嵌套结构帮我们实现了一种逻辑上的树形结构，而最顶层的文件夹称为根目录。利用文件系统的这种树形结构，就可以实现对文件的准确定位，具体的定位方法可分为绝对路径定位和相对路径定位。

1. 绝对路径（绝对目录）

绝对路径就是从根目录开始写起的文件路径（文件逻辑位置）。

按照文件夹的嵌套顺序，依次把每级文件夹顺序地写出，各级文件夹通常使用分隔符"/"（Unix、Linux、macOS 体系）或"\"（Windows 体系，有时会跟转义字符弄混，因此有点"坑人"）隔开。

在 Unix 体系中，根目录用一个斜杠"/"表示，如/Users/xiaowei/Desktop/test1.txt。

在 Windows 体系中，根目录通常以逻辑盘符引导，然后写后续的层级结构，如 C:\Users\xiaowei\Desktop\test1.txt。

为了避免与转义字符混淆，通常我们将反斜杠"\"替换成斜杠"/"，如 C:/Users/xiaowei/Desktop/test1.txt。

当然，使用两个反斜杠"\\"来进行标注也是可以的，如 C:\\Users\\xiaowei\\Desktop\\test1.txt。

使用 Python 字符串修饰符 r 也可以，如 r'C:\Users\xiaowei\Desktop\test1.txt'，这样也可以避免转义字符生效。

通过绝对路径，可以在当前操作系统中访问任意位置上的文件，但是绝对路径是有平台依赖性的，在进行系统移植的时候，可能导致文件无法识别。

2．相对路径（相对目录）

相对路径就是从当前目录开始写起的文件路径（文件逻辑位置）。

为了保证系统的可移植性，采用相对路径的写法是一种很好的解决方案。

- **./** 代表当前文件夹。
- **../** 代表上一级文件夹。

举例来说，如果存在以下三个文件，则可以使用它们的绝对路径对其进行标注：

- C:/Users/xiaowei/Desktop/test1.py。
- C:/Users/xiaowei/test2.txt。
- C:/Users/xiaowei/Downloads/test3.txt。

假设我们现在正在运行 C:/Users/xiaowei/Desktop/test1.py，那么我们所在的"当前工作目录"就是 C:/Users/xiaowei/Desktop/。

而如果当前工作目录就是 C:/Users/xiaowei/Desktop/，我们就可以使用相对目录来重新表示三个文件的逻辑位置：

- ./test1.py。
- ../test2.txt。
- ../Downloads/test3.txt。

可以看到，如果把文件夹"xiaowei"整个复制到一个新的文件位置（C:/newFolder/xiaowei/Desktop/），则虽然三个文件 test1.py、test2.txt、test3.txt 的绝对路径都发生了改变，但它们在以新的位置为当前工作目录时，其相对路径是不变的。

复制后的绝对路径：

- C:/newFolder/xiaowei/Desktop/test1.py。
- C:/newFolder/xiaowei/test2.txt。
- C:/newFolder/xiaowei/Downloads/test3.txt。

复制后的相对路径：
- ./test1.py。
- ../test2.txt。
- ../Downloads/test3.txt。

10.2 文件对象的基本操作

通过 10.1 节的介绍可以知道，数据以文件的形式被保存在外存中，当需要对该文件进行操作时，就将其载入内存进行处理。Python 对文件的处理也遵循这一原则，只不过在实际操作时还需要通过"文件对象"这个概念具体实现，文件的访问原理如图 10-3 所示，如果 Python 希望对一个文件进行操作，那么就需要先在内存中创建一个新的文件对象，再将该文件对象指向外存中的文件。

图 10-3 Python 中文件的访问原理

也就是说，Python 对文件的处理一般不是对文件本身的直接操作，而是通过"中介"——文件对象加以实现。

10.2.1 打开文件

在了解了文件系统与 Python 文件访问机制的基础上，我们来讨论如何打开一个文件，也就是在内存中创建文件对象并与外存中的文件建立链接的过程，其语法结构如下：**open**(filename, mode, buffering)。

1. filename

filename 为文件路径（绝对路径或相对路径），是必选参数。

2. mode

mode 表示读写模式，是可选参数，详细模式结构可参考图 10-4。
（1）r：纯读模式（不可写），如果文件不存在，则会抛出异常。
- 读写指针位于文件开头。

（2）w：纯写模式（不可读），如果文件不存在，则会创建新文件并打开；

如果文件已存在，则会清空原文件并打开。
- 读写指针位于文件开头。

（3）a：纯追加模式（不可读），如果文件不存在，则会创建新文件并打开；如果文件已经存在，则不会清空原文件内容。
- 读写指针位于文件结尾（如果是新创建的文件，则文件的开头、结尾位置相同）。

（4）修饰符 b（不可单独使用）：二进制模式，当文件不是文本文件时，可在 r/w/a 的后方标注 b 成为 rb/wb/ab，形成对二进制文件的读、写、追加模式。

（5）修饰符+（不可单独使用）：读写模式修饰符，使本来不具备读或写的模式获得读或写的能力，这种修饰符给实际开发带来很大便利，因此被广泛使用。
- r+（比 r 多了写能力）：读写指针位于文件开头，打开一个已经存在的文件，写操作将会覆盖原来的内容。
- w+（比 w 多了读能力）：读写指针位于文件开头，如果文件不存在，则会创建新文件并打开；如果文件已存在，则会清空原文件并打开。
- a+（比 a 多了读能力）：读写指针位于文件结尾，如果文件不存在，则会创建新文件并打开；如果文件已经存在，则不会清空原文件内容。

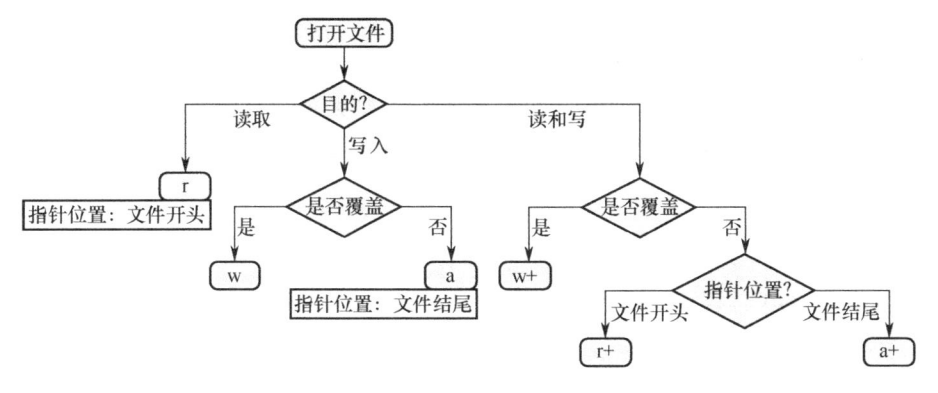

图 10-4 文件读写模式

3. buffering

buffering 表示缓冲，是可选参数。

（1）0/False：无缓冲，对硬盘直接读写。

（2）1/True：有缓冲，内存操作，只有在调用 flush/close 方法时才实际写入硬盘。

（3）大于 1：手动设定缓冲区大小。

（4）负数：表示使用默认缓冲区大小。

假设当前文件夹中有一个名为"test1.txt"的文件，下面给出打开该文件的范例。由代码 testfile=open("./test1.txt")可知，使用 open 关键字对位置为"./test1.txt"的文件进行了打开操作。从输出的信息可以看到，我们获得了一个文件对象 testfile，文件对象链接的实际文件为 test1.txt。当前文件对象的读写模式是默认的 r（只读），因为我们没有给出具体的读写模式，所以系统采用了默认的读写模式。另外，文件编码模式 encoding='cp936'指当前操作系统（Windows）中的 936 号编码格式，即 GBK 编码格式。

```
In [1]:
#使用open()方法打开一个文件
testfile=open("./test1.txt")
print(testfile)
Out[1]:
<_io.TextIOWrapper name='./test1.txt' mode='r' encoding='cp936'>
```

对上述范例进行修改，显式地给出读写模式"r"：

```
In [2]:
testfile=open("./test1.txt",'r')#此处我们显式地给出了读写模式
print(testfile)
Out[2]:
<_io.TextIOWrapper name='./test1.txt' mode='r' encoding='cp936'>
```

如果将读写模式改成"w"，文件链接对象则会被设定为纯写模式，此时若文件不存在，则会创建新文件并打开；若文件已存在，则会清空原文件并打开。范例如下：

```
In [3]:
testfile=open("./test2.txt",'w')
print(testfile)
Out[3]:
<_io.TextIOWrapper name='./test2.txt' mode='w' encoding='cp936'>
```

10.2.2 读取文件内容

读取文件内容是指在文件对象已经被创建的情况下（目标文件已经被打开的情况下），将文件的内容通过文件对象读取到程序内部变量中，现介绍三种常用的文件读取方法。

1. read()

文件对象实例的 read()成员方法用于读取文件内容，如果不带参数，则读取文件所有内容，并以字符串形式返回。在以下范例中，第一行代码 testfile=open

("./test1.txt",'r')创建一个文件对象 testfile 并将文件 test1.txt 以只读模式打开，第二行代码 fileContent = testfile.read()调用文件对象实例 testfile 的成员方法 read()，实现对目标文件内容的读取，并将读取到的内容以字符串的形式存储到变量 fileContent 中。由最后两行的输出结果可以看出，文件 test1.txt 中有 4 行文本，而且这些文本是以字符串形式返回的。

```
In [4]:
testfile=open("./test1.txt",'r')
fileContent=testfile.read()
print(fileContent)
print(type(fileContent))
Out[4]:
这是一个测试文件this is a test.
My name is xiaowei.
What is your name then?
This is a new line
<class 'str'>
```

如果给 read()方法设定一个整数参数，则会按照指定的字符数读取文件的部分内容，具体实现如以下范例所示：

```
In [5]:
testfile=open("./test1.txt",'r')
fileContent=testfile.read(26)
print(fileContent)
print(type(fileContent))
Out[5]:
这是一个测试文件this is a test.
My
<class 'str'>
```

2．readline()

readline()方法用于读取文件内容的某一行，并作为一个字符串返回。观察下列范例可知：第一行代码 testfile=open("./test1.txt",'r')创建一个文件对象 testfile，并将文件 test1.txt 以只读模式打开，第二行代码和第三行代码完成对目标文件中第 1 行内容的读取和输出，此时读写指针会指向目标文件的下一行（文件内容的第 2 行），如果再次调用 readline()方法，则会将目标文件中第 2 行内容读取到本地程序中，由输出的结果可以验证这一点。以此类推，每执行一次 readline()方法，都会读取当前行的内容，然后将读写指针移动到下一行的行首。

```
In [6]:
testfile=open("./test1.txt",'r')
fileContent=testfile.readline()  #读取第1行内容
print(fileContent)
fileContent=testfile.readline()  #读取第2行内容
print(fileContent)
Out[6]:
这是一个测试文件this is a test.
My name is xiaowei.
```

此处涉及"读写指针"的概念，它是目标文件内容的定位参考点，所有的读写操作都以该参考点为起始操作位置。后面在讲到读写指针操作的时候，会有更加细致的说明。

3. readlines()

该方法用于读取文件内容的所有行，并以列表的形式返回。此处需要注意的是，各行的结束位置会包含一个换行符，换行符本身其实也是一个文本字符，通常是以转义字符（\n）的形式存在的。由下列范例可知，readlines()的结果确实是一个列表，而且目标文件中的各行内容被封装成列表中的一个个对应元素。

```
In [7]:
testfile=open("./test1.txt",'r')
fileContent=testfile.readlines()
print(fileContent)
print(type(fileContent))
Out[7]:
['这是一个测试文件this is a test.\n', 'My name is xiaowei.\n', 'What is your name then?\n', 'This is a new line']
<class 'list'>
```

10.2.3 写入文件内容

写入文件内容的前提是已经建立了一个具有写模式的文件对象，可用的模式包括："w"——清空并将读写指针放于首行的开头，"a"——不清空并将读写指针放于末行的结尾，当然也可以使用"+"修饰符使任意模式转换为可读/可写，指针位置由原模式决定。具体使用哪种模式，可以根据需要进行设定，下面对几种常用的写入文件内容操作进行介绍。

1. write(字符串)

将参数字符串的内容写入文件对象（注意，不是直接写入外存中的文件），想要将修改应用到外存中的文件上，还需要关闭文件对象，具体可参考如下范例：

```
In [8]:
testfile=open("./test2.txt",'w') #1.以纯写模式打开目标文件，实际上是创建了一个文件对象
testfile.write("First line here.\nSecond line here.") #2.将字符串写入文件对象
testfile.close()#3.将对文件对象的修改应用到实际的文件上
testfile=open("./test2.txt",'r')      #4.以纯读模式打开刚刚写好的文件
fileContent=testfile.read()           #5.读取该文件的内容
print(fileContent)                    #6.输出读取到的文件内容
testfile.close()
Out[8]:
First line here.
Second line here.
```

第一行：此处使用纯写模式，如果文件不存在，则会创建新文件并打开；如果文件已存在，则会清空原文件并打开。

第二行：将字符串写入文件对象，如果在使用 write()函数时想要换行，则我们可以在字符串中加入换行符"\n"来进行格式控制。需要注意的是，此时的操作仅仅是对内存中文件对象的操作，不会对外存中的文件产生实际影响。

第三行：关闭文件对象，并将对文件对象的修改应用到实际的文件上。我们需要手动关闭文件对象，才能使对内存中文件对象的修改应用到外存中的文件上。无论是读操作还是写操作，在完成操作之后都要尽可能地应用.close()方法，以完成资源的释放及对外存中文件的实际修改。

第四至第六行：打开并读取刚刚写好的文件，输出文件内容以验证之前的写操作是否成功，可以发现输出内容正是之前写入的内容。

如果此时将该范例中的纯写模式"w"改成纯追加模式"a"，那么可以看到，新的文件内容会被添加至当前文件内容的尾部。

```
In [9]:
testfile=open("./test2.txt",'a') #以追加模式打开目标文件，实际上是创建了一个文件对象
testfile.write("\n3rd line here.\n4th line here.") #将字符串写入文件对象
testfile.close()#将对文件对象的修改应用到实际的文件上
testfile=open("./test2.txt",'r') #以纯读模式打开刚刚写好的文件
```

```
fileContent=testfile.read()      #读取该文件的内容
print(fileContent)               #输出读取到的文件内容
testfile.close()
Out[9]:
First line here.
Second line here.
3rd line here.
4th line here.
```

2. writelines(列表)

该方法接受一个列表，列表内的元素必须为字符串，可以实现将多个列表元素连续写入一个文件，但是不会自动换行，想要换行还得自己添加换行符。范例如下。

```
In [10]:
lines=["First line here.\n","Second line here.\n","Third line here.\n"]#创建列表
testfile=open("./test2.txt",'w')        #以纯写模式打开文件
testfile.writelines(lines)              #向文件对象写入内容
testfile.close()                        #将对文件对象的修改应用到实际的文件上
testfile=open("./test2.txt",'r')        #以纯读模式打开刚刚写好的文件
fileContent=testfile.read()             #读取该文件的内容
print(fileContent)                      #输出读取到的文件内容
testfile.close()
Out[10]:
First line here.
Second line here.
Third line here.
```

10.2.4 关闭文件

关闭文件是指将内存中的文件对象与外存中目标文件之间的链接断开，在断开链接时，程序会将对内存中文件对象的修改应用到外存中的目标文件上，同时释放内存中链接文件所占用的资源。关闭文件的常用方法有两种，以下分别进行介绍。

1. close()

通过文件对象实例的成员方法 close()关闭文件，关闭文件后将释放内存资源，如果在文件关闭后再对其进行操作，则将触发异常错误，范例如下。

第10章 文件操作

```
In [11]:
testfile=open("./test1.txt",'r')
fileContent=testfile.read()
print(fileContent)
testfile.close()
fileContent=testfile.read()  #在文件关闭后再对其进行操作会触发异常错误
Out[11]:
这是一个测试文件this is a test.
My name is xiaowei.
What is your name then?
This is a new line
-------------------------------------------------------------------------

ValueError                                Traceback (most recent call last)
<ipython-input-29-78be5f3d1c9c> in <module>
      3 print(fileContent)
      4 testfile.close()
----> 5 fileContent=testfile.read()  #在文件关闭后再对其进行操作会触发异常错误

ValueError: I/O operation on closed file.
```

在文件关闭前，对文件对象的修改并不会直接应用到外存中的目标文件上，这一点是初学者很容易忽略的，范例如下。

```
In [12]:
testfile=open("./test3.txt",'w+')       #以读写模式打开文件
testfile.write("\n我是追加行1.\n我是追加行2.")   #向文件对象写入内容
fileContent=testfile.read()             #在关闭文件之前，写入的内容并没有生效
print(fileContent)                      #输出结果为空
print('在关闭文件之前，写入的内容并没有生效，输出结果为空')
testfile.close()  #关闭文件对象，将修改应用到外存中的文件上
testfile=open("./test3.txt",'r')        #以读模式打开文件
fileContent=testfile.read()             #读取该文件的内容
print(fileContent)                      #输出读取到的文件内容
testfile.close()
Out[12]:
在关闭文件之前，写入的内容并没有生效，输出结果为空
我是追加行1.
我是追加行2.
```

2. with 关键字

with 关键字可以将对一个文件的所有操作封装到一个语句块内，在语句块内的所有文件操作结束后，自动将文件关闭以释放资源及应用修改，无须显式地调用成员方法 close()。其语法如图 10-5 所示，在 with 关键字后接 open()方法，后接 as 关键字，后接文件对象名，后接冒号，提示换行进入同级缩进封装的语句块，完成文件操作。

```
with open("文件名", "读写模式") as fileObject:
    语句块 #对文件对象fileObject的操作
    ……
```

图 10-5　使用 with 关键字实现文件操作的语法

范例如下。

```
In [13]:
with open("./test3.txt",'w+') as testfile3:
    testfile3.write("\n我是追加行1.\n我是追加行2.")
    fileContent=testfile3.read()  #在关闭文件之前，写入的内容并没有生效
    print(fileContent)             #输出结果为空
    print('在关闭文件之前，写入的内容并没有生效，输出结果为空')
#关闭文件对象，将修改应用到外存中的文件上
testfile3=open("./test3.txt",'r')   #以读模式打开文件
fileContent=testfile3.read()        #读取该文件的内容
print(fileContent)                  #输出读取到的文件内容
testfile.close()
Out[13]:
在关闭文件之前，写入的内容并没有生效，输出结果为空
我是追加行1.
我是追加行2.
```

可以发现，最后两个范例使用了 w+模式，其实相比于 r、w、a 这种纯读、纯写和纯追加的模式，r+、w+、a+等模式更加方便，因为对文件的操作同时伴随着读写两种操作。除非出于访问安全的考虑，使用带有"+"修饰符的读写模式会更加高效。

10.2.5　文件内读写指针的位置移动

文本文件的内容可以被理解为一个完整的、长长的字符串，从头至尾，以 0 开始进行索引编号，通过索引编号就可以访问对应编号处的内容。注意，此处的

编号不同于 Python 内建字符串类型的索引编号，此处的文件内容编号是以 byte（字节）为单位的。我们在讨论文件读写模式的时候说到过读写指针，当使用 open 关键字打开一个文件的时候，就会创建一个对于文件的读写指针。

一般来讲，读写指针的位置都在文件开头的 0 号索引处，在这个读写指针指向的位置，我们可以读取内容，也可以写入内容。对文件的读写操作会对指针的位置产生影响，读完一个字符，指针就会移至当前字符的后一位，写完一个字符，指针也会向下移动至当前字符的后一位。文件读写指针比较抽象，本节仅就读写指针的常见操作进行简要说明。

（1）tell()：获取读写指针位置（基于字节单位）。

范例如下。

```
In [14]:
testfile=open("./test1.txt",'r')
print('当前指针位置在：{}'.format(testfile.tell()))#初始指针位置为0
fileContent=testfile.read(6)  #读取6个字符，即12字节，一个中文字符占2字节
print('当前指针位置在：{}'.format(testfile.tell()))#操作后的指针位置为12
testfile.close()     #关闭文件
print(fileContent)   #输出读取到的文件内容
Out[14]:
当前指针位置在：0
当前指针位置在：12
这是一个测试
```

（2）seek()：重新定位读写指针（基于字节单位）。

范例如下。

```
In [15]:
testfile=open("./test1.txt",'r')
print('当前指针位置在：{}'.format(testfile.tell()))#初始指针位置为0
testfile.seek(6) #向后移动6字节（3个中文字符）
print('当前指针位置在：{}'.format(testfile.tell()))#移动后的指针位置为6
fileContent=testfile.read(11)#从第6个字节处，向后读取11个字符
testfile.close()
print(fileContent)
Out[15]:
当前指针位置在：0
当前指针位置在：6
个测试文件this i
```

10.3 文件夹的基本操作

在 Python 中，对文件夹的操作基本都是由 os 内建模块提供的，os 是操作系统（operating system）的简称，可见 os 模块除了提供对文件夹的操作，还提供关于操作系统的可用功能。为了给读者提供一个关于 Python 文件系统操作的完整框架，在前文的基础上，本节继续介绍一些通过 os 模块实现的文件夹操作。

（1）os.getcwd()：获取当前文件夹位置。

范例如下。

```
In [16]:
import os
os.getcwd()#getcwd是get current working directory的简写
Out[16]:
'D:\\jupyter_workshop\\课程-Python语言\\backup_2020秋\\理论课件'
```

（2）os.listdir()：列出目录内容。

范例如下。

```
In [17]:
import os
os.listdir() #listdir是list directory的简写
Out[17]:
['.ipynb_checkpoints',
 'backup',
 'course_03-Python数据类型基础.ipynb',
 'course_04-Python数据类型进阶.ipynb',
 'course_05-变量与计算.ipynb',
 'course_06-条件分支_选择结构.ipynb',
 'course_07-循环结构.ipynb',
 'course_08-异常与异常处理.ipynb',
 'course_09-函数(函数定义与调用、形式参数与实际参数、匿名函数).ipynb',
 'course_10-函数(变量作用域、参数传递、参数种类).ipynb',
 'course_11_Python内建函数.ipynb',
 'course_12_Python类(基础).ipynb',
 'course_13_Python类(进阶).ipynb',
 'course_14_Python模块(内建模块、自定义模块、第三方模块).ipynb',
 'course_15_文件的操作.ipynb',
 'course_15_文件的操作_备用实验文件',
 'course_16_tkinter图形界面设计.ipynb',
 'course_19_Python_数据库连接及操作(本地数据库).ipynb',
```

```
'images',
'math.py',
'Python模块',
'test1.txt',
'test2.txt',
'test3.txt',
'xiaowei.py',
'__pycache__']
```

（3）os.makedirs('folderPath')：创建新目录。

范例如下。
```
In [18]:
os.makedirs('./testFolder1')  #makedirs是make directories的简写
os.makedirs('./testFolder2')
os.listdir()
Out[18]:
['.ipynb_checkpoints',
 'backup',
……
'test3.txt',
'testFolder1',
'testFolder2',
'xiaowei.py',
'__pycache__']
```

（4）os.rmdir ('folderPath')：删除目录。

范例如下。
```
In [19]:
os.rmdir('./testFolder1')  #rmdir是remove directory的简写
os.listdir()
Out[19]:
['.ipynb_checkpoints',
 'backup',
……
'test3.txt',
'testFolder2',
'xiaowei.py',
'__pycache__']
```

(5) os. rename('oldFolderPath', 'newFolderPath')：更改目录名称。

范例如下。

```
In [20]:
os.rename('./testFolder2','./testFolderRenamed')
os.listdir()
Out[20]:
['.ipynb_checkpoints',
 'backup',
  ……
 'test3.txt',
 'testFolderRenamed',
 'xiaowei.py',
 '__pycache__']
```

(6) os.chdir('newCurrentWorkingDirectory')：改变当前工作目录位置。

范例如下。

```
In [21]:
print(os.getcwd())         #输出当前工作目录
os.makedirs('./testFolder')          #新建一个目录
os.chdir('./testFolder')             #改变当前工作目录，chdir是change directory的简写
print(os.getcwd())                   #输出当前工作目录
Out[21]:
D:\jupyter_workshop\课程-Python语言\backup_2020秋\理论课件
D:\jupyter_workshop\课程-Python语言\backup_2020秋\理论课件\testFolder
```

10.4 课后思考与练习

1. 如图 10-6 所示，在 U 盘或硬盘中新建一个文件夹"workspace"，然后在其中新建文件夹"experiment8"，然后在文件夹"experiment8"中新建文件夹"A"，在文件夹"A"中新建两个文件夹"B"和"C"，在文件夹"B"中新建一个纯文本文件"file1.txt"，内容为"某某某的第一个文件"，在文件夹"C"中新建一个文件夹"D"和一个纯文本文件"file2.txt"，文件内容为"某某某的第二个文件"，在文件夹"D"中新建一个纯文本文件"file3.txt"，内容为"某某某的第三个文件"。以上文件内容中的"某某某"均用自己姓名的拼音代替。

第 10 章 文件操作

```
workspace  D:\workspace
    experiment8
        A
            B
                file1.txt
            C
                D
                    file3.txt
                file2.txt
```

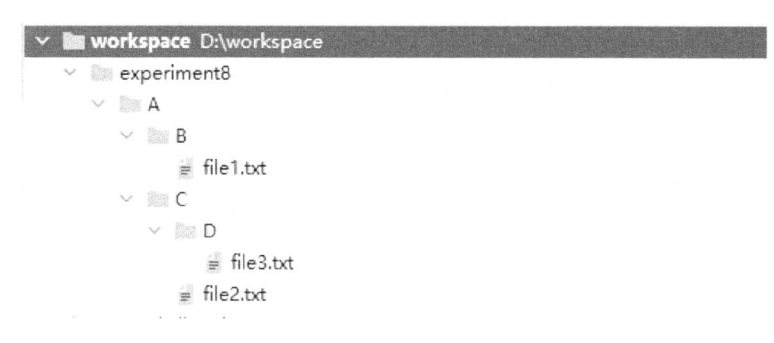

图 10-6 文件目录结构初始化

2．在 IDLE 编辑器中新建 Python 代码文件，并在该文件中编写 Python 代码。

（1）使用绝对路径打开"file1.txt"文件，同时建立对应的 Python 文件对象 file1。

（2）通过文件对象 file1 读取文件内容，并将读取到的内容赋值给新建的变量 file1content。

（3）关闭文件。

（4）输出变量 file1content 的内容。

3．在 IDLE 编辑器中新建 Python 代码文件，并在该文件中编写 Python 代码。

（1）输出当前工作目录。

（2）将当前工作目录定位至文件夹"workspace"。

（3）再次输出当前工作目录。

（4）使用相对路径在文件夹"C"中新建一个纯文本文件"file4.txt"。

（5）文件内容为"某某某的第四个文件"。

（6）关闭文件。

（7）再次打开文件，并输出文件中的内容。

4．在 IDLE 编辑器中新建 Python 代码文件，并在该文件中编写 Python 代码。

（1）输出当前工作目录。

（2）将当前工作目录定位至文件夹"workspace"（使用相对工作目录）。

（3）再次输出当前工作目录。

（4）打开文件"file4.txt"。

（5）在文件内容的尾部追加新内容"我是大数据管理与应用专业的学生"。

（6）内容写入完毕后，关闭文件。

（7）再次打开文件，并输出文件中的内容。

5．根据图 10-7，在 IDLE 编辑器中新建 Python 代码文件，并在该文件中编写 Python 代码。

（1）输出当前工作目录。
（2）将当前工作目录定位至文件夹"workspace"。
（3）再次输出当前工作目录。
（4）在文件夹"C"中新建文件夹"E"和"F"。
（5）输出文件夹"C"中的文件夹及文件列表。
（6）删除文件夹"F"。
（7）再次输出文件夹"C"中的文件夹及文件列表。
（8）将当前目录设定为文件夹"A"。
（9）再次输出当前工作目录。
（10）重命名文件夹"E"为"Entity"。
（11）再次输出文件夹"C"中的文件夹及文件列表。

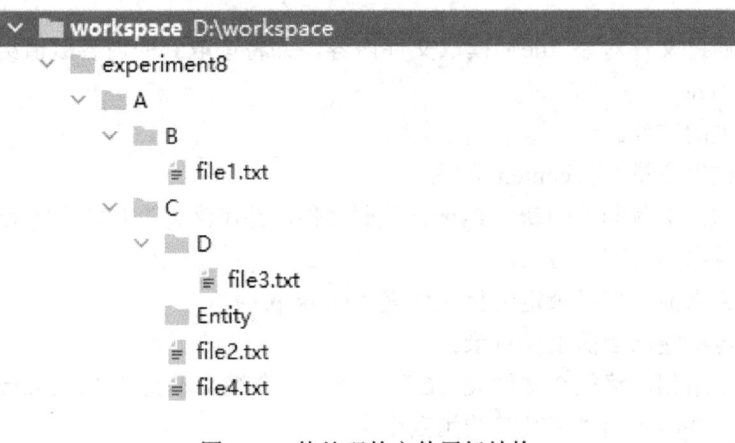

图 10-7 待处理的文件层级结构

第 11 章　tkinter 图形界面设计

人类对机器的操作通常不直接作用于机器内部，而是通过操作界面实现的。机器的内部构造往往比较复杂，由专门的工程师负责制造和配置。在完成机器内部的装配之后，工程师会将机器用一个盒子封装起来，然后在盒子的表面设定按钮和显示区域，这些盒子表面的按钮和显示区域统称为"界面"。通过对按钮的操作，我们可以实现对机器的操作，通过对显示区域的观察，我们可以知道机器内部的运作状态。

回想一下绪论中提到的人机系统结构，在图 1-4 中，两个椭圆相交的部分就代表机器的界面，界面是沟通机器与外部世界的桥梁。我们之前学习的都是用于控制机器内部的理论和技术，本章我们学习如何构建界面，以实现机器与外部世界的沟通。

一般的使用者并不需要了解机器的内部构造，只需了解界面的使用方法和其对应的机器操作。对计算机的操作也是一样的，通过鼠标、键盘、显示器及显示器中的窗口可以完成对计算机的各种操作，鼠标、键盘、显示器及显示器中的窗口的集合体，称为计算机的界面。

现在来聚焦"显示器中的窗口"这个部分，我们称这个部分为计算机的显示界面，计算机的显示界面通常可以分为两种：
- 命令行界面：基于文字命令的显示界面（如 Windows 操作系统中的 CMD 命令提示符界面、macOS 操作系统中的 Terminal 终端界面）。
- 图形操作界面：基于图标的显示界面（如 Windows 操作系统图形界面，macOS 操作系统图形界面）。

在现代社会中，图形操作界面已经成为普通用户操作计算机程序的首选，我们利用 Python 开发的很多软件产品是要给普通用户使用的，因此需要为用户提供一个图形操作界面，以方便用户对软件的操作，而 Python 自带的 tkinter 模块就为我们开发这种图形操作界面提供了工具，现在就来一起学习如何使用 tkinter 模块实现图形操作界面的开发吧。

11.1 窗口的创建

窗口的创建是通过 tkinter 模块中的 Tk 类来实现的，如下列范例所示：在导入 tkinter 模块后，通过对 tkinter 模块中的 Tk 类进行实例化，可以得到如图 11-1 所示的默认 tkinter 窗口界面，本例中的窗口实例被赋值给变量 win，最后通过调用窗口实例 win 的成员方法 mainloop()进入消息循环，实现窗口的显示。所谓的进入消息循环，其实是利用了人眼视觉暂留效果，即将一幅幅静态画面连续播放时产生的一种动画视觉效果，借由这种效果来实现界面与操作者之间的互动。

```
In [1]:
import tkinter              #导入tkinter模块
win=tkinter.Tk()            #创建一个tkinter窗口对象
win.mainloop()              #进入消息循环，实现窗口的显示
```

图 11-1 默认 tkinter 窗口界面

前例给出了利用 tkinter 模块创建窗口最简单的语法，其实在得到 Tk 类的窗口实例之后，还可以调用该实例的很多成员方法，以实现对窗口的个性化定制，下面介绍几种常被用来定制窗口的成员方法。

（1）title('窗口标题')：设置 tkinter 窗口的标题，通过以下范例可以发现，在图 11-2 中，窗口的最顶端出现了"晓伟的第 1 个图形界面"字样，说明窗口的标题设置成功。

```
In [2]:
import tkinter
win=tkinter.Tk()
win.title('晓伟的第1个图形界面')  #设置tkinter窗口的标题
win.mainloop()
```

第 11 章　tkinter 图形界面设计

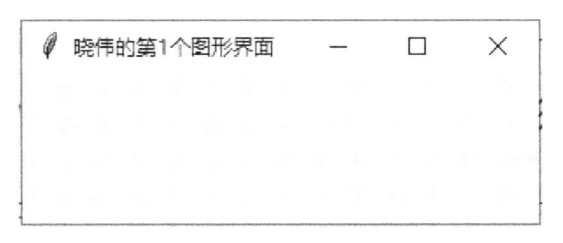

图 11-2　设置窗口的标题

（2）geometry('宽度 x 高度')：该成员方法用于设置窗口的初始大小，也就是窗口最初被打开时的尺寸，使用"宽度 x 高度"作为参数来进行设定，宽度就是横向的长度，高度就是纵向的长度，中间的"x"符号就是英文字母 x。范例如下，由图 11-3 可知，窗口的初始尺寸被进行了设定。

```
In [3]:
import tkinter
win=tkinter.Tk()
win.title('晓伟的第2个图形界面')      #设置tkinter窗口的标题
win.geometry('400x300')              #设置窗口的初始尺寸
win.mainloop()
```

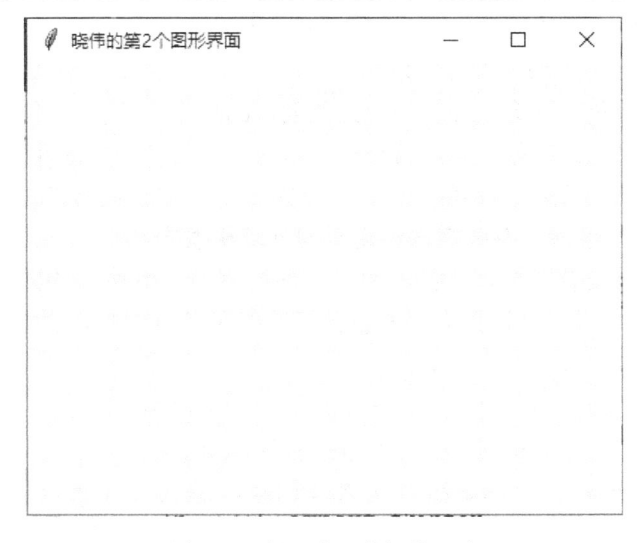

图 11-3　设置窗口的初始尺寸

（3）minsize(宽度, 高度)与 maxsize(宽度, 高度)：这两个成员方法分别设定窗口的最小可能尺寸与最大可能尺寸，需要注意这两个成员方法的参数设定与 geometry()成员方法的参数设定的区别，此处 minsize()和 maxsize()的参数使用整数进行设定，而 geometry()的参数使用字符串设定，并且 minsize()和 maxsize()参数中的宽度与高度用逗号","隔开，而 geometry()的参数使用英文字母"x"隔开。范例如下：

```
In [4]:
import tkinter
win=tkinter.Tk()
win.title('晓伟的第3个图形界面')
win.geometry('400x300')
win.minsize(200,150)      #设置界面的最小尺寸(宽度和高度)
win.maxsize(800,600)      #设置界面的最大尺寸(宽度和高度)
win.mainloop()
```

11.2 窗口内元素的布局

tkinter 提供了一套用于管理窗口内元素几何布局的逻辑，也就是用于管理窗口内元素安放位置的逻辑，共分为三种风格：pack 几何布局、grid 几何布局、place 几何布局，以下分别进行介绍。

1. pack 几何布局：元素.pack(参数列表)

pack 几何布局采用块的方式组织窗口内的元素，其语法格式为元素.pack()，元素的 pack()成员方法会按照窗口内元素创建的顺序将其快速排布到窗口中。此处涉及窗口内"元素"的概念，就是指窗口内包含的各种零部件。有些零部件用于显示信息，如 Label（标签）组件；有些零部件用于向计算机输入信息，如 Entry（文本框）组件；有些零部件用于向计算机发布指令，如 Button（按钮）组件。像这样被安置在窗口中的各种零部件统称为"组件"，组件的设定语法会在 11.3 节详细介绍，此处我们先假设已经获得了各种组件，并且希望将这些组件按照一定的规则排列在窗口中。

通过观察下列范例可以发现，在创建了一个窗口实例的基础上，可以继续创建各种组件元素，然后将这些组件元素排布到窗口中。在本例中，root 窗口实例首先被创建，然后一个标签组件元素被创建，从代码 tkinter.Label(root, text="hello Xiaowei")可以知道，该组件隶属 root 窗口实例，并且该标签的显示内容为"hello Xiaowei"，该标签组件在被创建后又被赋值给变量 label，最后通过调用标签组件实例的 pack()成员方法将该组件排布到 root 窗口中。

```
In [5]:
import tkinter
root=tkinter.Tk()   #创建一个窗口实例root
```

第 11 章　tkinter 图形界面设计

```
label=tkinter.Label(root, text="hello Xiaowei")  #创建一个标签组件元素
label.pack()#将创建好的元素排布到窗口root中

button1=tkinter.Button(root,text="Button1")  #创建第1个按钮组件元素
button1.pack(side=tkinter.LEFT)  #将创建好的button1元素排布到窗口root
中，左停靠

button2=tkinter.Button(root,text="Button2")  #创建第2个按钮组件元素
button2.pack(side=tkinter.RIGHT)  #将创建好的button2元素排布到窗口
root中，右停靠

root.mainloop()
```

接下来，分别创建了两个按钮组件元素，这两个按钮组件都隶属 root 窗口实例，两个按钮组件的显示内容分别为"Button1"和"Button2"，与之前标签组件的 pack() 方法不同，此处两个按钮组件在被使用 pack() 方法排布到 root 窗口中的时候还额外设定了位置参数，button1 按钮通过"side=tkinter.LEFT"被排布到窗口左侧，而 button2 按钮通过"side=tkinter.RIGHT"被排布到窗口右侧，其显示效果如图 11-4 所示。

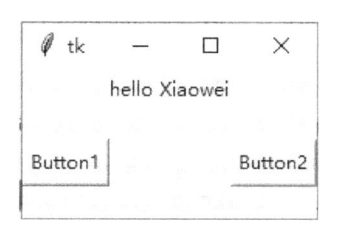

图 11-4　pack 几何布局的显示效果

在创建组件元素之后，都需要通过排布方法将其添加到窗口内部，如果仅创建了组件元素而没有添加排布的语句，则新创建的组件元素并不会显示在窗口中。另外，对于 pack() 方法，还可以设定很多定制参数，如"side=tkinter.LEFT"和"side=tkinter.RIGHT"等。如果想要了解各种组件在窗口内通过 pack() 方法进行排布时可能的参数设定，则可以使用 help() 内建函数进行查看，下面分别列出了标签组件和按钮组件可用于 pack() 排布方法的参数。

```
In [6]:
help(tkinter.Label.pack)  #标签组件的pack()函数参数用法
Out[6]:
Help on function pack_configure in module tkinter:
```

```
pack_configure(self, cnf={}, **kw)
    Pack a widget in the parent widget. Use as options:
    after=widget - pack it after you have packed widget
    anchor=NSEW (or subset) - position widget according to
                    given direction
    before=widget - pack it before you will pack widget
    expand=bool - expand widget if parent size grows
    fill=NONE or X or Y or BOTH - fill widget if widget grows
    in=master - use master to contain this widget
    in_=master - see 'in' option description
    ipadx=amount - add internal padding in x direction
    ipady=amount - add internal padding in y direction
    padx=amount - add padding in x direction
    pady=amount - add padding in y direction
    side=TOP or BOTTOM or LEFT or RIGHT -  where to add this widget.
```

```
In [7]:
help(tkinter.Button.pack)   #按钮组件的pack()函数参数用法
Out[7]:
Help on function pack_configure in module tkinter:
pack_configure(self, cnf={}, **kw)
    Pack a widget in the parent widget. Use as options:
    after=widget - pack it after you have packed widget
    anchor=NSEW (or subset) - position widget according to
                    given direction
    before=widget - pack it before you will pack widget
    expand=bool - expand widget if parent size grows
    fill=NONE or X or Y or BOTH - fill widget if widget grows
    in=master - use master to contain this widget
    in_=master - see 'in' option description
    ipadx=amount - add internal padding in x direction
    ipady=amount - add internal padding in y direction
    padx=amount - add padding in x direction
    pady=amount - add padding in y direction
    side=TOP or BOTTOM or LEFT or RIGHT -  where to add this widget.
```

2. grid 几何布局：元素.grid(参数列表)

grid 几何布局采用表格结构管理窗口内的元素，元素的位置由行坐标和列坐标确定的单元格位置决定，一个元素可以占据多个单元格。在每列中，列宽由这列中最宽的单元格确定。grid 几何布局对开发者非常友好，因此被广泛应用在图形界面开发中（也推荐各位使用），下面仅举一例进行说明，其显示效果如图 11-5 所示。

```
In [8]:
from tkinter import *
root=Tk()  #创建窗口实例root
root.title('计算器范例')  #设定窗口实例root的标题
root.geometry('200x200+280+280')  #设定窗口实例root的几何形态
#200x200代表了初始化时主窗口的大小,两个280代表了初始化时窗口所在的位置
#grid 网格排布
L1=Button(root, text='1', width=5, bg='yellow')  #创建按钮组件L1
L2=Button(root, text='2', width=5, bg='yellow')  #创建按钮组件L2
L3=Button(root, text='3', width=5, bg='yellow')  #创建按钮组件L3
L4=Button(root, text='4', width=5, bg='green')   #创建按钮组件L4
L5=Button(root, text='5', width=5, bg='green')   #创建按钮组件L5
L6=Button(root, text='6', width=5, bg='green')   #创建按钮组件L6
L7=Button(root, text='7', width=5, bg='red')     #创建按钮组件L7
L8=Button(root, text='8', width=5, bg='red')     #创建按钮组件L8
L9=Button(root, text='9', width=5, bg='red')     #创建按钮组件L9
L0=Button(root, text='0')                        #创建按钮组件L0
Lp=Button(root, text='.')                        #创建按钮组件Lp
L1.grid(row=0, column=0)    #将按钮L1放置在0行0列
L2.grid(row=0, column=1)    #将按钮L2放置在0行1列
L3.grid(row=0, column=2)    #将按钮L3放置在0行2列
L4.grid(row=1, column=0)    #将按钮L4放置在1行0列
L5.grid(row=1, column=1)    #将按钮L5放置在1行1列
L6.grid(row=1, column=2)    #将按钮L6放置在1行2列
L7.grid(row=2, column=0)    #将按钮L7放置在2行0列
L8.grid(row=2, column=1)    #将按钮L8放置在2行1列
L9.grid(row=2, column=2)    #将按钮L9放置在2行2列
L0.grid(row=3, column=0,columnspan=2,sticky=E+W )  #将按钮L0放置在3行0列
#columnspan=2,sticky=E+W代表跨2列,左右贴紧
Lp.grid(row=3, column=2,sticky=E+W )  #将按钮Lp放置在3行2列,左右贴紧
root.mainloop()#进入消息循环
```

Python 语言基础

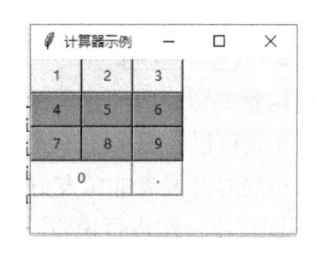

图 11-5 grid 几何布局的显示效果

通过观察以上范例可知，在创建一个窗口实例之后，我们可以先准备许多待用的组件元素，如本例中就创建了 11 个按钮组件，分别代表 0～9（10 个数字）和 1 个小数点，之后便可以依次将这些组件元素排布到窗口实例 root 中。本例使用的排布方法为 grid()，grid()提供一种网格式的处理方案，网格中的每个单元都可以用一组"(行索引，列索引)"的坐标来进行标注。行索引用于标注纵向上的行，从上到下进行排布，其索引位置从 0 开始标记，每向下移动一行，索引标记增加 1；列索引的编号规则也类似地从 0 开始标记，在横向从左向右进行排布，每向右移动一个列，索引标记增加1。

可以发现，按钮 L1 被放置在 0 行 0 列，按钮 L2 被放置在 0 行 1 列，以此类推，每个按钮组件都被安排了一组特定的坐标位置。一般来讲，如果没有特殊说明，则每个组件占据一个网格单元，但如果有跨行或跨列的情况出现，则组件元素可以占据更多的网格单元。如 L0 按钮组件，在对该组件实例调用 grid()方法时，除了给出位置坐标，还指定了"columnspan=2"这一参数，代表该组件的横向列宽占据 2 个网格单元。

另外，按钮 L0 和按钮 Lp 在调用 grid()方法时还给出了对 sticky 参数的设定，代码 sticky=E+W 中的"E+W"代表"East+West"，这是地图上常用的方向定义（上北下南，左西右东），此处代表左右紧贴。如果不设定这个参数，则由跨列造成的对位差异会使得 L0 和 Lp 显得很"窄"，添加了这个参数，才会使 L0 和 Lp 看上去比较"饱满"。组件的 grid()方法还可以接受其他很多参数，这里仅通过 help()函数给出按钮组件的 grid()排布参数设定方法，对于其他组件的 grid()排布参数设定方法，读者可以使用 help()函数自行查阅。

```
In [9]:
help(tkinter.Button.grid)
Out[9]:
Help on function grid_configure in module tkinter:
grid_configure(self, cnf={}, **kw)
    Position a widget in the parent widget in a grid. Use as options:
```

```
    column=number - use cell identified with given column
(starting with 0)
    columnspan=number - this widget will span several columns
    in=master - use master to contain this widget
    in_=master - see 'in' option description
    ipadx=amount - add internal padding in x direction
    ipady=amount - add internal padding in y direction
    padx=amount - add padding in x direction
    pady=amount - add padding in y direction
    row=number - use cell identified with given row (starting
with 0)
    rowspan=number - this widget will span several rows
    sticky=NSEW - if cell is larger on which sides will this widget
stick to the cell boundary
```

3. place 几何布局： 元素.place(参数列表)

place 几何布局允许通过使用像素级别的坐标指定组件元素的位置，这给精确控制窗口内的元素排布提供了可能，下面举例进行说明，其显示效果如图 11-6 所示。此处要注意窗口中坐标系的方向问题，与在数学中常见的直角坐标系不同，窗口中坐标系的横轴向左为负、向右为正，而纵轴向上为负、向下为正。

```
In [10]:
from tkinter import *
root=Tk()
lb1=Label(root,text='hello Xiaowei Place 1')
lb1.place(relx=0.5,rely=0.5,anchor=CENTER)
#使用相对坐标(0.5,0.5)将Label放置到(0.5*窗口宽度,0.5*窗口高度)位置上
lb2=Label(root,text='hello Xiaowei Place 2')
lb2.place(x =100,y=0)  #使用绝对坐标将Label放置到(100, 0)位置上
root.mainloop()
```

在本例中，仍然是先创建一个窗口实例 root，之后创建一个隶属 root 的标签组件 lb1，该标签组件的显示内容为"hello Xiaowei Place 1"，然后使用该标签组件 lb1 的 place()成员方法对其进行了排布。可以看到，place()成员方法的参数列表内给出了形如"relx=0.5,rely=0.5,anchor=CENTER"的设置，这是一种使用相对位置的排布方法，"relx=0.5"代表将组件安排在横向的 50%位置处，"rely=0.5"代表将组件安排在纵向的 50%位置处，"anchor=CENTER"代表参与排布的锚点为该标签组件的正中心点，如果不设 anchor 参数，则将默认使用组件的左上角点作为排布锚点。

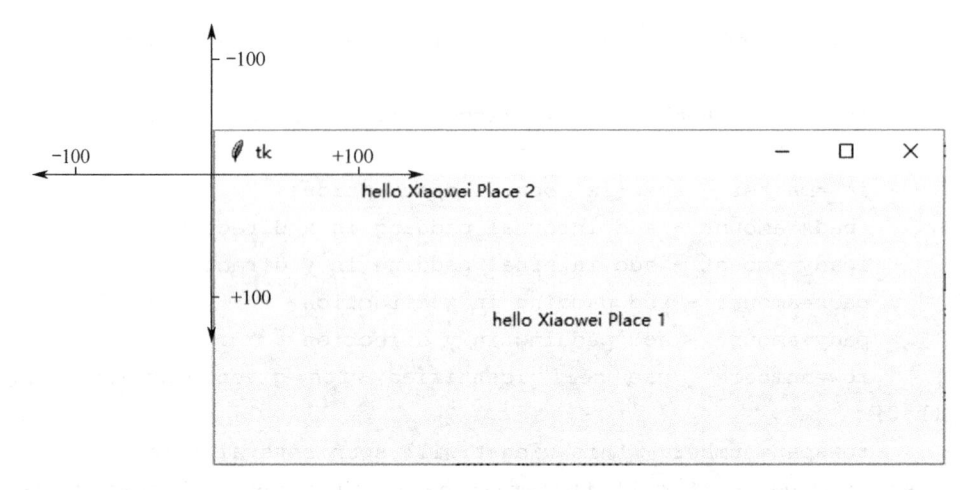

图 11-6　place 几何布局的显示效果

第二个按钮组件 lb2 使用了绝对坐标来进行排布，由 lb2 调用 place()方法时使用的参数"(x=100,y=0)"可知，该组件将被排布在横向 100 像素、纵向 0 像素位置处。

本例仅演示了标签组件的 place 排布方法，其他组件的 place 排布方法和参数设定方式都可以方便地通过 help()函数进行查询，此处给出使用 help()函数查询的标签组件的 place 排布方法。

```
In [11]:
help(tkinter.Label.place)
Help on function place_configure in module tkinter:
place_configure(self, cnf={}, **kw)
    Place a widget in the parent widget. Use as options:
    in=master - master relative to which the widget is placed
    in_=master - see 'in' option description
    x=amount - locate anchor of this widget at position x of
master
    y=amount - locate anchor of this widget at position y of
master
    relx=amount - locate anchor of this widget between 0.0 and
1.0 relative to width of master (1.0 is right edge)
    rely=amount - locate anchor of this widget between 0.0 and
1.0 relative to height of master (1.0 is bottom edge)
    anchor=NSEW (or subset) - position anchor according to given
direction
```

```
            width=amount - width of this widget in pixel
            height=amount - height of this widget in pixel
            relwidth=amount - width of this widget between 0.0 and 1.0
relative to width of master (1.0 is the same width
as the master)
            relheight=amount - height of this widget between 0.0 and 1.0
relative to height of master (1.0 is the same height as the master)
            bordermode="inside" or "outside" - whether to take border
width of master widget into account
```

11.3　tkinter 常用组件

到目前为止，我们学习了如何创建一个窗口，以及如何排布窗口内的元素。本节我们来讨论一下，在 tkinter 窗口内都可以添加哪些元素。我们称这些可添加的元素为"组件"，顾名思义就是组成窗口内容的小零件。具体可用的组件很多，受限于篇幅，此处仅讨论其中三种最常用的组件：Label（标签）组件、Button（按钮）组件、Entry（文本框）组件。这些可用的组件在被创建之后都可以通过属性来进行调整，能用于调整组件属性的详细列表可参考 help()函数给出的介绍，以及 Python 官方文档。下面通过范例，对这三种组件的创建和设置进行简要说明。

1. Label 组件

Label：tkinter.Label(隶属窗口实例, 参数列表)，标签，常用于显示文字。范例如下：

```
In [12]:
import tkinter
win=tkinter.Tk()  #创建窗口对象
win.title("我的窗口")  #设置窗口标题

lb1=tkinter.Label(win,text='你好')  #创建文字是"你好"的Label组件
lb1.pack()  #排布，并显示Label组件

lb2=tkinter.Label(win,text='世界')  #创建文字是"世界"的Label组件
lb2.pack()  #排布，并显示Label组件

win.mainloop()
```

在上述范例中，首先创建了一个窗口实例 win，并设定该窗口的标题为"我的窗口"；接下来就是对 Label 组件的创建，实际上就是对 tkinter 模块中 Label 类的实例化过程，此处在 Label 类实例化的过程中，为其构造函数提供了两个参数，一为该标签实例隶属的窗口 win，二为该标签需要显示的文本内容，使用 text 参数进行设置，代码 tkinter.Label(win,text='你好')完成了一个 Label 类的实例化，并将实例化的结果赋值给了变量 lb1；在创建实例 lb1 后，为使其在所属窗口中显示，还需要调用其排布函数，此处使用了 lb1 的 pack()方法进行排布；后续进行了类似的标签实例化和排布设定，最后调用窗口实例的 mainloop()方法进入消息循环，显示窗口。

该段代码的运行结果如图 11-7 所示，可以看到窗口中有两段文字，上下排布，通常我们使用 Label 组件显示与当前程序状态相关的信息，这些信息可以是一些提示性的内容（或是当前处理的数据对象），也可以是数据处理的结果等。对于 Label 组件实例，还可以进行样式的设计，如字体、颜色设计等，此处仅举一例说明，更多的内容可以参考 help()函数给出的说明。

```
In [13]:
import tkinter
win=tkinter.Tk() #创建窗口对象
win.title("我的窗口") #设置窗口标题

lb1=tkinter.Label(win,text='你好',fg='red',bg='yellow', font=('隶书',20))
lb1.pack()#排布，并显示Label组件

lb2=tkinter.Label(win,text='世界', fg='red',bg='blue', font= ('楷体',35))
lb2.pack()#排布，并显示Label组件

win.mainloop()
```

运行经过对前例进行修改的代码可得到如图 11-8 所示的效果，其中最大的变化就是文字的颜色与字体，在对 Label 标签组件进行实例化的时候，可以增加提供给构造函数的参数。此处的 fg 代表前景（Front Ground）颜色，也就是文字的颜色；bg 代表背景（Back Ground）颜色，也就是文字的背景颜色；font 参数负责设置字体，此处我们给 lb1 标签设置的是隶书、20 号字，给 lb2 标签设置的是楷体、35 号字。在经过一番设置之后，可以很明显地观察到两个标签的外观变化，合理设置标签的文字风格可以获得更好的用户体验，感兴趣的读者可以参

考 UI（User Interface，用户界面）设计的相关资料。

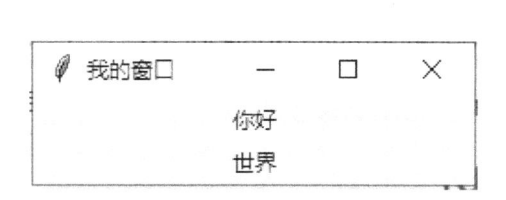

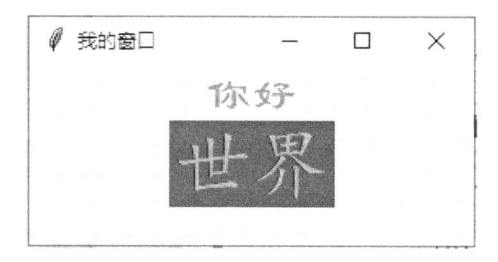

图 11-7　Label 组件创建与设置的运行结果　　图 11-8　Label 组件的字体设置显示效果

2. Button 组件

Button：tkinter.Button(隶属窗口实例, 参数列表)。

Button 组件在窗口中的显示效果就是一个小按钮，按钮表面通常有一些提示文字，可以使用鼠标对按钮进行操作，如果按钮绑定了特定的函数，则该函数将被调用和执行。如以下范例所示，Button 组件的创建和设置方法与 Label 组件类似，共创建了 4 个按钮，每个按钮都做了不同设置，其运行结果如图 11-9 所示。

```
In [14]:
import tkinter #导入tkinter模块
from tkinter.messagebox import showinfo #导入showinfo()方法以备用
root=tkinter.Tk()#创建窗口实例root
root.title("Button Test")#设置窗口实例的标题

def callback():#预留的待调用的函数
    showinfo("Python command","人生苦短、我用Python") #弹出提示框，并
显示信息

bt1=tkinter.Button(root, text="设定了宽度和背景色", width=19,
bg="red")
bt1.pack()#创建Button实例bt1并将其排布到root窗口中
bt2=tkinter.Button(root, text="设置按钮状态",state=DISABLED)
bt2.pack()#创建Button实例bt2并将其排布到root窗口中，该按钮被禁用，不可以
被按动
bt3=tkinter.Button(root, text="设置bitmap", bitmap="error",
compound=LEFT)
bt3.pack()#创建Button实例bt3并将其排布到root窗口中，该按钮添加了error位图
bt4=tkinter.Button(root, text="设置command事件调用命令",command=
callback)
```

```
bt4.pack()#创建Button实例bt4并将其排布到root窗口中,绑定callback()函数

root.mainloop()
```

图11-9 Button 组件创建与设置的运行结果

首先观察按钮实例 bt1,该实例由 tkinter.Button 类实例化而来,在实例化的过程中我们给构造函数提供了 4 个参数,其中 root 代表按钮所属的窗口,text 代表显示在按钮表面的文字,width 代表按钮的宽度,bg 代表按钮的背景颜色(此处实际为红色)。

其次观察按钮实例 bt2,在实例化的过程中我们给构造函数提供了 3 个参数,其中 root 代表按钮所属的窗口,text 代表显示在按钮表面的文字,state 表示按钮是否被禁用,如果被禁用,则按钮无法被按动;如果没有被禁用,则按钮可以被按动。

接着观察按钮实例 bt3,在实例化的过程中我们给构造函数提供了 4 个参数,其中 bitmap 参数可以指定一个位图,如此处就指定了"error"位图,compound 参数指定位图的位置,此处将位图设定为在文字的左侧。

最后观察按钮实例 bt4,在实例化的过程中我们给构造函数提供了 3 个参数,其中 command 参数可以绑定一个已经定义好的函数,由范例可知,此处 bt4 按钮绑定了 callback()函数(已经在该按钮实例化之前被定义过)。因此,只要使用鼠标单击该按钮,就会调用 callback()函数,函数体内部代码的运行结果是弹出一个消息框。

3. Entry 组件

Entry:tkinter. Entry (隶属窗口实例, 参数列表)。

tkinter 的 Entry 组件也称为文本框组件,在登录账号或者使用搜索引擎的时候经常要在这种文本框内输入一些信息,而界面可以通过此文本框接收用户的输入信息,用于后续的内部程序运算。其实例化的方法与之前介绍的 Label 组件、

第 11 章　tkinter 图形界面设计

Button 组件非常类似，以下范例给出了其实现方法。

```
In [15]:
import tkinter
root=tkinter.Tk()
root.title("Entry Test")
lb_temperature=tkinter.Label(root, text="转换°C to °F...")#定义
Label组件
lb_temperature.pack()

entryCd=tkinter.Entry(root)#定义Entry组件
entryCd.pack()

def btnCalClicked():#事件函数
    cd=float(entryCd.get())#获取文本框内输入的内容,转换成浮点数
    lb_temperature.config(text="{}C={}F".format(cd, cd*1.8+32))
btnCal=tkinter.Button(root, text="转换温度", command=btnCalClicked)
        #按钮
btnCal.pack()
root.mainloop()
```

该范例其实是一个综合性的范例，较全面地融合了 Label 组件、Button 组件和 Entry 组件的创建和配置方法。

首先观察一下 Entry 组件的创建和配置，代码 entryCd=tkinter.Entry(root) 实现了 Entry 组件的实例化，该组件隶属窗口 root，同时该实例被赋值给变量 entryCd，紧接着，下面一行代码 entryCd.pack()将 entryCd 组件实例排布到了窗口 root 中，配置完成。

除了 Entry 组件，该范例还创建了一个 Label 组件 lb_temperature，还有一个 Button 组件 btnCal。lb_temperature 标签的初始显示文本是"转换℃ to ℉..."，而 btnCal 按钮绑定了一个事件函数 btnCalClicked()，该函数的作用是从 entryCd 文本框获得用户输入的摄氏温度，然后将其转换为华氏温度，之后将 lb_temperature 标签的文本替换为得到的华氏温度。简言之，就是在文本框内输入一个摄氏温度后，只要单击按钮，界面就会显示对应的华氏温度，如图 11-10 所示。

btnCalClicked() 函数的内部有两个关键操作：一个是通过 cd=float (entryCd.get())获取 entryCd 文本框中的内容，这里其实是调用了 entryCd 文本框实例的成员方法 get()，以获取该文本框中当前输入的内容；二是通过 lb_temperature.config(text="{}C={}F".format(cd, cd*1.8+32)) 这行代码实现对 lb_temperature 标签实例中文本内容的更新，其实此处调用了 lb_temperature 标签

实例的 config()成员方法，该成员方法可以用于组件实例的属性设置。tkinter 的很多组件都包含 config()成员方法，在程序运行过程中，如果需要更新组件实例状态，则通常会调用组件实例的 config()成员方法来实现。

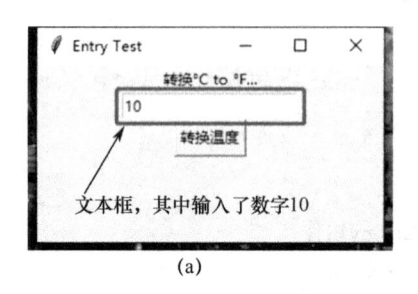

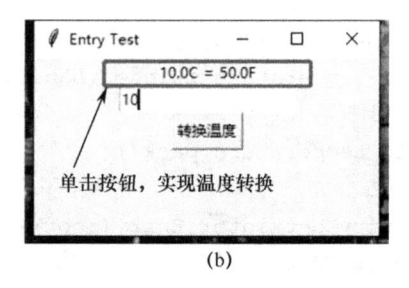

图 11-10 Entry 组件的创建与设置

11.4 tkinter.Canvas 图形绘制组件

tkinter 模块中包含一个特殊的组件 Canvas，该组件也称为画布组件，Canvas 组件的实例可以被添加到窗口中，以一个长方形区域的形式存在，用于完成一些图形绘制和较为复杂的图形界面布局工作，下面介绍一些常见的 Canvas 组件用法。

1. 线条绘制：Canvas. create_line(参数列表)

范例如下：

```
In [16]:
import tkinter         #导入tkinter模块
root=tkinter.Tk()      #创建窗口实例root
cv=tkinter.Canvas(root, bg='white', width=200, height=100) # 创建Canvas实例
cv.create_line(10, 10, 100, 10, arrow='none')   #绘制没有箭头的线段
cv.create_line(10, 20, 100, 20, arrow='first')  #绘制起点有箭头的线段
cv.create_line(10, 30, 100, 30, arrow='last')   #绘制终点有箭头的线段
cv.create_line(10, 40, 100, 40, arrow='both')   #绘制两端有箭头的线段
cv.create_line(10, 50, 100, 100,width=3, dash=7)  #绘制虚线
cv.pack()
root.mainloop()
```

该范例展示了各种线条的绘制方法，其实现过程大致如下。

首先，导入 tkinter 模块，并创建一个窗口实例 root。

然后，通过 tkinter.Canvas(参数列表) 语法创建一个 Canvas 画布实例 cv，由

实例化过程中用到的参数可知，该画布实例 cv 隶属窗口 root，背景为白色，宽度为 200，高度为 100（单位均为像素）。

最后，通过 Canvas.create_line(参数列表)语法，搭配各种参数设置，就可以在画布实例 cv 上画出各种线条。参数列表中的前 4 个数字代表线条的起始坐标和结束坐标，后面的 arrow 参数负责设定线条的箭头类型，width 参数负责设置线段的宽度，dash 参数则负责设置虚线中每个小段的长度。通过观察，可知本范例在画布实例 cv 上共绘制了 5 条不同的线段，最后通过 pack()方法将画布实例 cv 排布到窗口 root 上。

在进入消息循环后，显示主窗口，如图 11-11 所示。

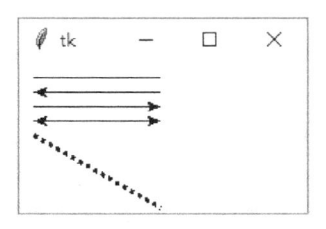

图 11-11　在 Canvas 组件中绘制线条的显示效果

2. 加载内置位图：Canvas.create_bitmap(位置参数,bitmap =位图名称)

Python 在 Canvas 画布组件的内部预置了一些位图，我们可以通过 Canvas 组件的成员方法 create_bitmap()来加载这些位图，加载时指出位图的名称及位置即可。

从下述范例可以看出，在新建的画布实例 cv 上，可以绘制多张位图（设定好这些位图的位置即可）。范例中的位图横向相隔 50 个像素点依次排开，分别载入了 error、info、question、hourglass、questhead 等共 5 张位图，最后的运行结果如图 11-12 所示。

```
In [17]:
import tkinter
root=tkinter.Tk()
cv=tkinter.Canvas(root)
cv.create_bitmap((20,20),bitmap='error')
cv.create_bitmap((70,30),bitmap='info')
cv.create_bitmap((120,40),bitmap='question')
cv.create_bitmap((170,30),bitmap='hourglass')
cv.create_bitmap((220,20),bitmap='questhead')
cv.pack()
root.mainloop()
```

图 11-12　在 Canvas 组件中加载预置位图的运行结果

3. 加载外部图片：Canvas.create_image(位置参数, image=图片对象)

在 Canvas 组件中，不仅可以载入预置位图，还可以载入外部图片，只要创建好图片对象，就可以通过 Canvas.create_image(位置参数, image=图片对象)语法进行加载。

从下述范例可以看出，在创建了画布实例 cv 后，使用代码 img1=tkinter.PhotoImage(file='./images/baihu.png') 把外存中的./images/baihu.png 图片文件加载到当前程序中，将其实例化为一个 tkinter.PhotoImage 图片对象，并将该图片对象赋值给变量 img1。这样我们就准备好了图片对象，接下来通过代码 cv.create_image(150,150,image=img1)将图片"画"在画布实例 cv 上即可。最后将画布实例 cv 排布在窗口 root 上，进入消息循环即可得到如图 11-13 所示的结果。

```
In [18]:
import tkinter
root=tkinter.Tk()
cv=tkinter.Canvas(root)

img1=tkinter.PhotoImage(file='./images/baihu.png')#创建tkinter图片对象
cv.create_image(150,150,image=img1) #给定图片的中心位置，然后绘制图片
cv.pack()
root.mainloop()
```

图片来源：约稿画师。

图 11-13　在 Canvas 组件中加载外部图片的运行结果

4. 移动画布上的图片：Canvas. move (图片对象 id, 目标位置参数)

在 Canvas 组件中，当一张图片已经被绘制在画布上时，如果想要移动图片，则需要先获取该图片的 id。图片的 id 一般是在将图片绘制到画布上的过程中被创建的，如在下述范例中，代码 image_id=cv.create_image(150,150, image=img1)的作用就是将图片对象 img1 绘制在画布 cv 上，同时为该图片对象指定一个 id 并赋值给变量 image_id。在获得了图片对象的 id 后，就为该图片的移动做好了准备。运行全部代码可得到图片移动前的效果，如图 11-14 所示。

```
In [19]:
import tkinter
root=tkinter.Tk()
cv=tkinter.Canvas(root)
img1=tkinter.PhotoImage(file='./images/baihu.png')

image_id=cv.create_image(150,150,image=img1) #在绘制图片的同时，为其指定id
cv.pack()

root.mainloop()
```

图 11-14　图片移动前的效果

只要对当前代码稍加修改，就可以实现移动图片的效果，如以下范例所示。在将画布实例 cv 排布到窗口 root 中后，可以通过 cv.move(image_id,50,50)将当前画布中的图片向右、向下各移动 50 个像素点，图片移动后的效果如图 11-15 所示。这里有一点需要注意，使用类似 cv.move(id,50,50)的语句可以移动画布上的任意对象，在移动时，给出对应的 id 即可。

```
In [20]:
import tkinter
```

```
root=tkinter.Tk()
cv=tkinter.Canvas(root)
img1=tkinter.PhotoImage(file='./images/baihu.png')

image_id=cv.create_image(150,150,image=img1)  #在绘制图片的同时，为其指定id
cv.pack()
cv.move(image_id,50,50)  #通过指定图片的id及移动的坐标，移动图片
root.mainloop()
```

图 11-15　图片移动后的效果

11.5　tkinter 事件处理

所谓事件（Event）就是程序中发生的事情，如用户按下键盘的某个键，或者单击鼠标、双击鼠标、移动鼠标等。对于这些事件，程序可以做出相应的反应，具体的反应通过调用事先准备好的函数来实现。在 Python 中，事件通常以字符串的形式表示，其语法结构如下：

"<修饰符-事件类型-事件细节>"

11.5.1　事件类型

事件是用字符串表示的，字符串内又内嵌了一对尖括号"< >"，尖括号内是事件的描述信息。事件的描述信息又分为 3 个部分：修饰符、事件类型、事件细节。为了避免歧义，在对某个事件进行描述的时候，修饰符、事件类型和事件细

节要填写完整，常见的范例如下：
- "<Button-1>"：单击鼠标左键。
- "<Button-2>"：单击鼠标中间键。
- "<Button-3>"：单击鼠标右键。
- "<KeyPress-a>"：按下键盘 a 键。
- "<KeyPress-b>"：按下键盘 b 键。
- "<KeyPress-Left>"：按下键盘向左方向键（←）。
- "<KeyPress-Right>"：按下键盘向右方向键（→）。
- "<Control-KeyPress-c>"：同时按下键盘上的 Ctrl 键和 c 键。
- "<Control-KeyPress-v>"：同时按下键盘上的 Ctrl 键和 v 键。
- ……

Python 的事件分为很多类型，其中最常见的两类是鼠标事件和键盘事件。如上述范例所示，鼠标事件的事件类型用"Button"字符串表示，在"Button"字符串后加上"-1""-2""-3"等事件细节，就可形成"Button-1""Button-2""Button-3"这样的具体事件描述，分别代表"单击鼠标左键""单击鼠标中间键""单击鼠标右键"。有的读者可能会困惑鼠标哪里有中间键，这其实跟早期鼠标的设计有关，早期的鼠标上并排有三个按键，不过后来大家发现中间键没有什么用，就把中间键取消了，或者换成了滚动滑轮。

对键盘事件的描述跟对鼠标事件的描述很相似，使用"KeyPress"字符串表示键盘按压事件类型，在"KeyPress"字符串后加上"-a""-b""-Left""-Right"等事件细节时，就可形成"KeyPress-a""KeyPress-b""KeyPress-Left""KeyPress-Right"这样的键盘事件描述，分别代表"按下键盘 a 键""按下键盘 b 键""按下键盘向左方向键（←）""按下键盘向右方向键（→）"。

前文描述的事件都是对单一键位的单击或者按压，为了表示更多可供使用的事件，Python 支持同时按下多个键位的操作，一般就是给基础事件描述"事件类型-事件细节"加上"修饰符前缀"，形成诸如"Control-KeyPress-c"或"Control-KeyPress-v"形式事件描述。例如，"Control-KeyPress-c"就代表按下键盘上的 Ctrl 键不松开，再按下键盘上的 v 键（同时按下键盘上的 Ctrl 键和 c 键）。这样做的好处是，将原本用于文本输入的键位，通过修饰符转换成调用特殊功能的键位，可以减少特殊功能键位的设定，使键盘的按键不至于冗余和拥挤。

通常在文本编辑器中，"Control-KeyPress-c"和"Control-KeyPress-v"都被设定成了复制和粘贴的功能，"Control-KeyPress-x"被设定成了剪切的功能，但在我们使用 Python 开发软件的过程中，可以将这些事件绑定到任意预定义好的功能函数上。这其实就是我们在日常操作计算机时可能遇到过的热键设定，或者称为快捷键设定，不过最好不要和操作系统的热键设定重叠，避免造成热键冲突而影响软件的使用。

当然，除了鼠标和键盘事件，还有窗口事件、组件事件等，例如，当窗口属性发生变化时触发"<Property>"类型事件，当组件大小发生变化时触发"<Configure>"类型事件等。在人机交互过程中，用户通过界面对计算机的各种操作都会被计算机识别为特定的事件，然后计算机会根据事件所绑定的函数实现对应的功能，这样就利用图形化界面实现了人机交互过程。

11.5.2 事件处理函数与事件绑定

将事件与函数绑定的方法有很多，主要包括：在创建 Button 组件时绑定、通过已创建的组件实例绑定、通过设置标识绑定，这就给软件工程师在程序设计上提供了足够的灵活性，可以根据上下文情况自行选择，下面分别进行介绍。

1. 在创建 Button 组件时绑定

tkinter 模块中 Button 组件类的构造函数中设置了一个名为"command"的形式参数，该形式参数接收一个函数对象作为实际参数，在对 Button 组件类进行实例化时，可以在参数列表中使用 command=事件处理函数 的形式来指定当按钮被按下时需要被调用的函数，这也是人机交互中最常用的一种事件绑定方式，具体实现参考如下范例：

```
In [21]:
import tkinter
from tkinter.messagebox import showinfo
root=tkinter.Tk()
root.title("Button Test")

def callback():#预留的待调用的函数
    showinfo("事件处理函数的运行结果","人生苦短、我用Python")

bt4=tkinter.Button(root, text="调用事件处理函数", command=callback)
bt4.pack()

root.mainloop()
```

以上是一个简单的按钮事件绑定范例，关键语句是中间部分的函数定义及事件绑定。此处的 callback()是一个自定义的事件处理函数，其函数体内部代码所实现的功能就是弹出一个消息框，并在消息框中显示消息，而显示消息的功能又是通过 tkinter.messagebox 模块[①]中的 showinfo()方法实现的，在该方法的参数列表中，可以设定消息框的标题和内容。可以看到，此处消息框设定的标题和内容分别是"事件处理函数的运行结果"和"人生苦短、我用 Python"。

在创建 Button 组件时，通过观察其实例化所需的参数列表可知，除了指定该组件所属的窗口（root）及按钮表面的显示文字（text="调用事件处理函数"），后面的参数设定（command=callback）指明当该按钮被按下时需要调用的 callback()函数，而 callback()函数正是我们刚刚定义好的待调用函数。相应的程序运行结果如图 11-16 所示，当单击按钮后会有对应的消息框弹出。

图 11-16　在创建 Button 组件时绑定事件处理函数的程序运行结果

2. 通过已创建的组件实例绑定

除了在创建组件的过程中进行事件绑定，还可以在组件实例被创建之后，通过实例进行事件绑定，绑定的语法就是调用实例的 bind()、bind_class()或 bind_all()成员方法，这三个成员方法都针对参数列表内的事件来调用对应的处理函数，但它们侦测的范围不太一样。

- 组件实例.bind(事件, 事件处理函数)：仅侦测当前单个组件实例。
- 组件实例.bind_class(组件类型, 事件, 事件处理函数)：侦测当前窗口内特定类型的组件实例。
- 组件实例.bind_all(事件, 事件处理函数)：侦测当前窗口内不限类型的所有组件实例。

bind()成员方法仅侦测当前单个组件实例，即从哪个组件实例引用的该成员

[①] 模块之间也可以形成嵌套关系，即父模块与子模块的关系，只要一个文件夹内部包含一个名为__init__.py 的文件，就可将该文件夹视为一个模块，__init__.py 文件可以为空，文件夹内包含的其他.py 文件即可被视为该文件夹模块的子模块，如果文件夹内还有子文件夹，那么子文件夹也可以作为父文件夹模块的子模块（子文件夹也包含名为__init__.py 的文件即可），这便形成了抽象层次更高的封装关系的构建。

方法就侦测哪个组件实例。如果在该组件实例上绑定了鼠标单击事件,则仅在用鼠标单击该组件实例的时候触发响应;如果用鼠标单击窗口的其他地方或其他组件,则不会触发响应。

bind_class()成员方法侦测当前窗口内特定类型的组件实例,例如,如果在该类组件上绑定了鼠标单击事件,则在用鼠标单击任何一个该类组件实例的时候触发响应;如果用鼠标单击窗口的其他地方或其他类型的组件,则不会触发响应。

bind_all()成员方法侦测当前窗口内不限类型的所有组件实例,例如,如果在该窗口上绑定了鼠标单击事件,则使用鼠标单击窗口内的任意位置或任意组件实例,都会触发响应。

1)组件实例.bind(事件,事件处理函数)

我们先详细介绍 bind()成员方法,其语法比较容易理解,组件实例的部分一般为保存有组件实例的变量,bind()为实例的成员方法。该成员方法接受两个参数,第一个参数为"事件",可以填写前文中提到的用于表示事件的字符串,对于第二个参数"事件处理函数",将其设置为已经定义好的函数的函数名即可。范例如下:

```
In [22]:
import tkinter
from tkinter.messagebox import showinfo
root=tkinter.Tk()
root.title("通过已创建的组件实例绑定")

def callback(event):#设定传入事件参数
    showinfo("事件处理函数的运行结果","人生苦短、我用Python")

lb1=tkinter.Label(root,text='标签1')    #创建Label组件lb1
lb1.pack()
lb2=tkinter.Label(root,text='标签2')    #创建Label组件lb2
lb2.pack()
bt1=tkinter.Button(root, text="按钮1")  #创建Button组件bt1
bt1.pack()
bt2=tkinter.Button(root, text="按钮2")  #创建Button组件bt2
bt2.pack()

bt1.bind('<Button-1>',callback)
#仅对Button组件bt1进行侦测,在单击bt1时,触发callback()函数响应
root.mainloop()
```

第 11 章 tkinter 图形界面设计

由上述范例可知，窗口 root 内一共定义了四个组件，有两个 Label 组件 lb1 和 lb2，还有两个 Button 组件 bt1 和 bt2。其中，只有 bt1 被使用其成员函数 bind()与鼠标左键单击事件进行了绑定，该绑定操作规定的鼠标左键事件侦测范围如图 11-7 所示，当范围内的组件（此时只有 bt1）被鼠标左键单击时，就会触发事先定义好的事件处理函数 callback()响应，而单击窗口内的其他区域则不会触发处理函数响应。

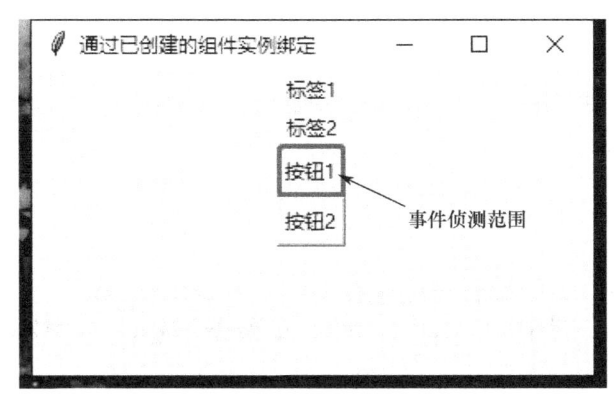

图 11-17 bind()函数的事件绑定侦测范围

另外，这里有一点需要特别注意：如果要通过已创建的组件实例完成事件绑定，则在定义函数时需要给定一个形式参数，一般命名为"event"，用于接收具体的事件，如"**def** callback(event):"。

2）组件实例.bind_class(组件类型, 事件, 事件处理函数)

接下来，我们继续讲解 bind_class()成员方法，该成员方法接受三个参数：组件类型、事件、事件处理函数。

相比于 bind()成员方法，bind_class()成员方法需要的参数多了一个"组件类型"，该参数指定"侦测当前窗口内特定类型的组件实例"。

如图 11-18 所示，通过修改前一个范例，可以在更大的范围内侦测鼠标单击事件，在窗口内的四个组件（lb1、lb2、bt1、bt2）中，按钮类的组件 bt1 和 bt2 均被纳入侦测范围，即用鼠标单击 bt1 和 bt2 中的任何一个，都可以触发 callback()函数响应。

相关代码如下。

```
In [23]:
import tkinter
from tkinter.messagebox import showinfo
root=tkinter.Tk()
```

```
root.title("通过已创建的组件实例绑定")

def callback(event):#设定传入事件参数
    showinfo("事件处理函数的运行结果","人生苦短、我用Python")

lb1=tkinter.Label(root,text='标签1')         #创建Label组件lb1
lb1.pack()
lb2=tkinter.Label(root,text='标签2')         #创建Label组件lb2
lb2.pack()
bt1=tkinter.Button(root, text="按钮1")       #创建Button组件bt1
bt1.pack()
bt2=tkinter.Button(root, text="按钮2")       #创建Button组件bt2
bt2.pack()

bt1.bind_class('Button','<Button-1>',callback)
#对所有Button组件bt1、bt2进行侦测,在单击bt1或bt2时,触发callback()函数
响应

root.mainloop()
```

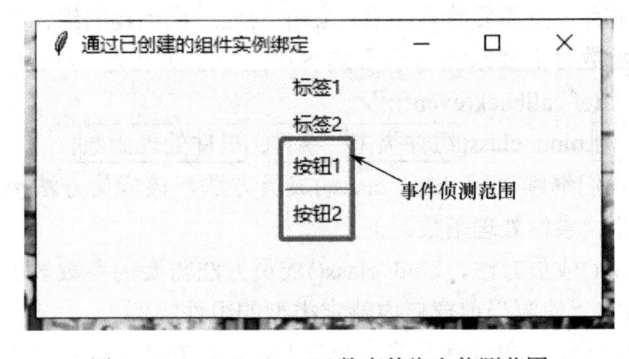

图 11-18　bind_class()函数事件绑定侦测范围

3）组件实例.bind_all(事件, 事件处理函数)

最后,我们讲讲 bind_all()成员方法,该成员方法接受两个参数:事件、事件处理函数。相比于 bind()和 bind_class()成员方法,bind_all()成员方法再一次扩大了事件侦测的范围。

如图 11-19 所示,进一步修改范例,可以在整个窗口范围内侦测鼠标单击事件,窗口内的四个组件（lb1、lb2、bt1、bt2）和所有空白位置都被纳入侦测范围,即用鼠标单击 lb1、lb2、bt1、bt2 中的任何一个,都可以触发 callback()函数

响应，甚至单击空白位置也会调用 callback()函数。

```
In [24]:
import tkinter
from tkinter.messagebox import showinfo
root=tkinter.Tk()
root.title("通过已创建的组件实例绑定")

def callback(event):#设定传入事件参数
    showinfo("事件处理函数的运行结果","人生苦短、我用Python")

lb1=tkinter.Label(root,text='标签1')      #创建Label组件lb1
lb1.pack()
lb2=tkinter.Label(root,text='标签2')      #创建Label组件lb2
lb2.pack()
bt1=tkinter.Button(root, text="按钮1")   #创建Button组件bt1
bt1.pack()
bt2=tkinter.Button(root, text="按钮2")   #创建Button组件bt2
bt2.pack()

bt1.bind_all('<Button-1>',callback)
#对窗口内所有位置和组件进行侦测，窗口内的任意左键单击操作都会触发 callback()
函数响应

root.mainloop()
```

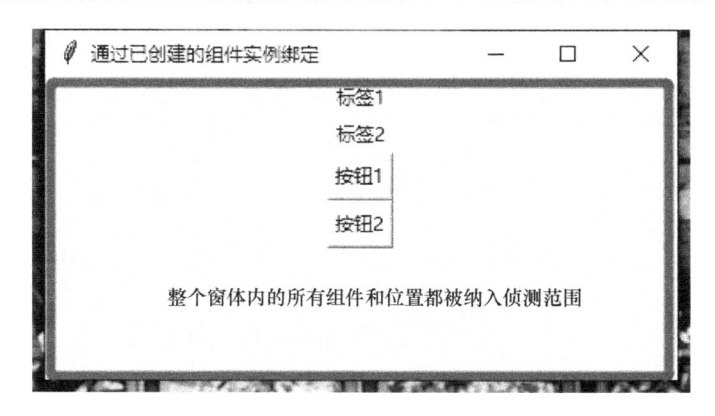

图 11-19 bind_all()函数的事件绑定侦测范围

3. 通过设置标识绑定

Canvas 实例.tag_bind('标识名', 事件, 事件处理函数)。

除了上述两类事件绑定方法，tkinter 模块中的 Canvas 组件还提供了另一种通过标识绑定事件的方法，即通过调用 Canvas 实例的 tag_bind()成员方法来进行绑定，该成员方法接受三个参数："标识名"就是给画布中某个组件实例起的别名，该别名在组件创建时就被指定，这个参数的本质也是指定侦测范围，只不过这里换成了使用"标识名"来指定；"事件"和"事件处理函数"的具体设定方法跟前文提到的设定方法一致，整体产生的效果就是，如果在 Canvas 画布中被标记为特定"标识名"的组件实例上发生了某个特定事件，则触发对应的事件处理函数响应。

范例如下：

```
In [25]:
import tkinter
root=tkinter.Tk()
cv=tkinter.Canvas(root,bg='white')   #创建一个Canvas组件，背景色为白色

#创建一个line组件，并将其tags设置为'tag_line'
cv.create_line(180,70,280,70,width=20,tags='tag_line') #为组件实例设定一个标识

def printRectLeft(event):
    print ('左键事件')
def printRectRight(event):
    print ('右键事件')

cv.tag_bind('tag_line','<Button-1>',printRectLeft)   #绑定tag_line与鼠标左键事件
cv.tag_bind('tag_line','<Button-3>',printRectRight) #绑定tag_line与鼠标右键事件
cv.pack()

root.mainloop()
Out[25]:
左键事件
右键事件
左键事件
右键事件
```

第 11 章 tkinter 图形界面设计

在上述范例中，在 root 窗口内创建了一个 Canvas 实例 cv，在画布上我们画了一个很粗的线条，其表示代码为 cv.create_line(180,70,280,70,width=20,tags='tag_line')，参数 width=20 表示该线条粗 20 个像素点，而其后的参数 tags='tag_line'表示该线条被设置了"tag_line"的别名，也就是在该线条组件被创建的时候，其"标识名"也被指定了。

在此基础上，可通过标识名"tag_line"来指称该线条组件，并调用画布 cv 的成员方法 tag_bind() 来为该线条绑定事件。在本范例中，tag_line 被绑定了两个事件，分别是左键单击事件<Button-1>和右键单击事件<Button-2>，并设置了对应的事件处理函数，最终实现在该线条上单击左键时输出"左键事件"字符串，单击右键时输出"右键事件"字符串，而事件的侦测范围如图 11-20 中的线框所示，仅为该线条组件占据的区域。

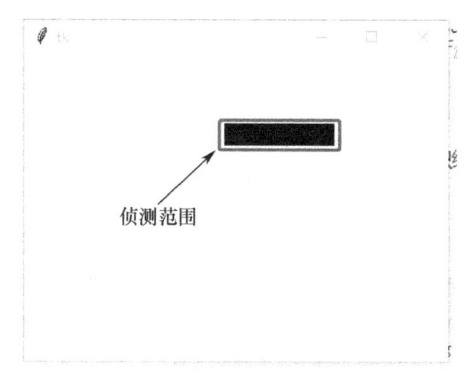

图 11-20 使用 Canvas 组件提供的事件绑定方法

11.6 图形界面设计综合范例

到目前为止，我们已经学习了使用 tkinter 模块构建图形操作界面的所有环节，只要合理地运用本章学过的知识，就可以开发出功能强大且互动性强的界面，本节提供两个综合范例供读者参考。

11.6.1 登录界面开发

登录界面是许多软件的访问入口，在日常生活中出现的频率非常高，现在我们就尝试使用 tkinter 模块构建一个自己的登录界面，并实现简单的登录判定功能。

```
In [26]:
from tkinter import *
```

```
root=Tk()
root.title("登录")
root.geometry('300x160+280+280')

lb_infoarea=Label(root, text="请登录", height=5, width=20, fg="blue")
lb_infoarea.place(x=80,y=60)

lb1=Label(root,text='用户名',width=6)
lb1.place(x=1,y=1)
en1=Entry(root,width=20)
en1.place(x=45,y=1)

lb2=Label(root,text='密码',width=6)
lb2.place(x=1,y=20)
en2=Entry(root,width=20, show='*')
en2.place(x=45,y=20)

def btnLoginClicked():#事件函数
    username=en1.get()
    password=en2.get()
    if username=="白虎君君" and password=="374360":
        lb_infoarea.config(text="欢迎光临：{}".format(username))
    else:
        lb_infoarea.config(text="用户名或密码错误，请重新登录")

bt1=Button(root,text='登录',width=8, command=btnLoginClicked)
bt1.place(x=80,y=40)

root.mainloop()
```

以上范例首先实现了如图 11-21 所示的自定义登录界面，该界面以窗口 root 为载体，窗口内搭载了三个标签组件、两个文本框组件，还有一个按钮组件。其中，lb_infoarea 标签组件用于显示当前的状态信息，在未进行任何操作的时候显示"请登录"字样；lb1 标签组件和 en1 文本框组件构成了用户名输入区域；lb2 标签组件和 en2 文本框组件构成了密码输入区域；bt1 按钮被绑定到 btnLoginClicked()事件处理函数上，当按钮被按下时，判断在两个文本框内输入的信息是否通过验证，根据不同结果显示对应的信息。

观察仔细的读者可以发现，在事件处理函数 btnLoginClicked()的函数体内，有形如 en1.get()的代码，这行代码的功能就是获得 en1 文本框中当前输入的文本

第 11 章 tkinter 图形界面设计

内容，此处的 get()函数我们在做温度单位换算的范例中曾经用过，这种利用当前组件获取用户输入内容的方式是人机交互的基础。

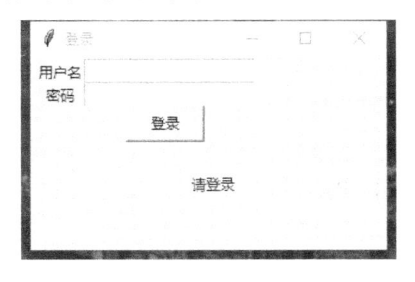

图 11-21 自定义登录界面

进一步观察事件处理函数 btnHelloClicked()函数体内部的代码，可以发现，如果用户名和密码的组合是"白虎君君""374360"，则通过验证并将 lb_infoarea 标签组件的显示信息更新为"欢迎光临：白虎君君"，此处调用了 lb_infoarea 标签组件的 config()成员方法来实现显示信息的更新，登录成功的操作效果如图 11-22 所示。另外还可以发现，如果输入的用户名和密码没有通过验证，就将 lb_infoarea 标签组件的显示信息更新为"用户名或密码错误，请重新登录"，登录失败的操作效果如图 11-23 所示。

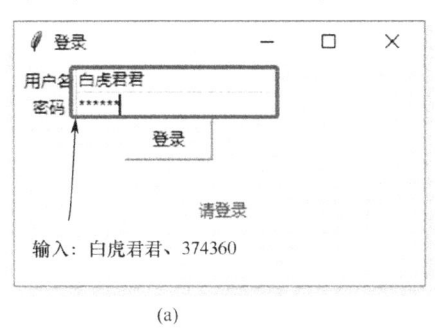

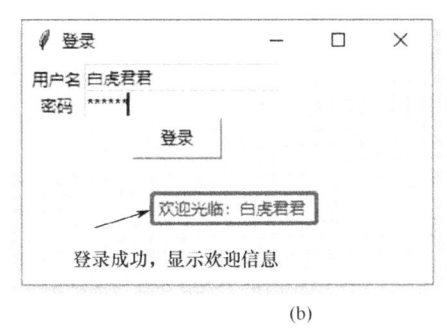

图 11-22 登录成功的操作效果

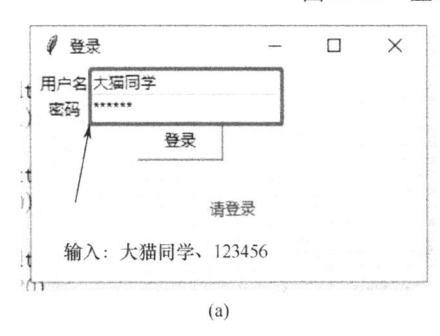

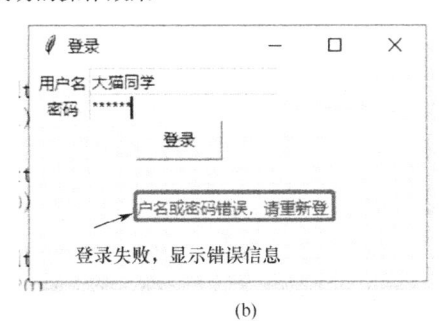

图 11-23 登录失败的操作效果

11.6.2 在画布上控制图片的移动

我们来探讨一个更加有意思的场景,即在一张画布上加载一张图片,然后通过键盘上的"上""下""左""右"方向键来控制图片的移动,这种对图片的移动是在游戏开发中经常用到的技巧。之前我们已经学习过如何在画布中加载图片和移动图片,此处利用事件的技巧,将键盘上的方向键与特定的位置移动处理函数绑定即可,下面给出范例代码。

```
In [27]:
import tkinter
win=tkinter.Tk()#创建窗口实例

#创建一个800x600的画布实例,这里画布会把窗口撑开
canvas=tkinter.Canvas(win,width=800,height=600)
canvas.pack()#绑定画布实例

my_image=tkinter.PhotoImage(file='./images/baihu.png ')#准备png图片
my_image_id=canvas.create_image(400,300,image=my_image)
#在画布中绘制准备好的png图片,指定图片的id并赋值给变量my_image_id


def move_image(event):
    if event.keysym=='Up':
        canvas.move(my_image_id,0,-10)
        print("up")
    elif event.keysym=='Down':
        canvas.move(my_image_id, 0, 10)
        print("down")
    elif event.keysym=='Left':
        canvas.move(my_image_id, -10, 0)
        print("left")
    elif event.keysym=='Right':
        canvas.move(my_image_id, 10, 0)
        print("right")

canvas.bind_all('<KeyPress-Up>',move_image)
canvas.bind_all('<KeyPress-Down>',move_image)
canvas.bind_all('<KeyPress-Left>',move_image)
```

第 11 章 tkinter 图形界面设计

```
canvas.bind_all('<KeyPress-Right>',move_image)

win.mainloop()
Out[27]:
right
right
right
right
right
```

在本范例中，win 窗口内创建了一个画布组件实例 canvas，在 canvas 中绘制图片"./images/baihu.png"（读者也可以使用自己的图片），之后使用 bind_all()方法在整个窗口范围内进行事件侦测，并把上、下、左、右方向键都与事件处理函数 move_image()绑定。

move_image()函数接受一个 event 参数，即当前被侦测到的绑定事件，在函数体内部判断 event.keysym 的值，也就是判断当前被侦测到的事件的键盘符号，上、下、左、右方向键的键盘符号分别为"Up""Down""Left""Right"，通过对这些键盘符号的判断，确定应该向哪个方向移动图片。移动图片使用的方法是我们前文用过的 canvas.move()成员方法，此处对画布中的图片进行位置上的更新，以达到移动图片的视觉效果。例如，按下五次向右的方向键，将使图片向右移动 50 个像素点，其操作效果如图 11-24 所示。

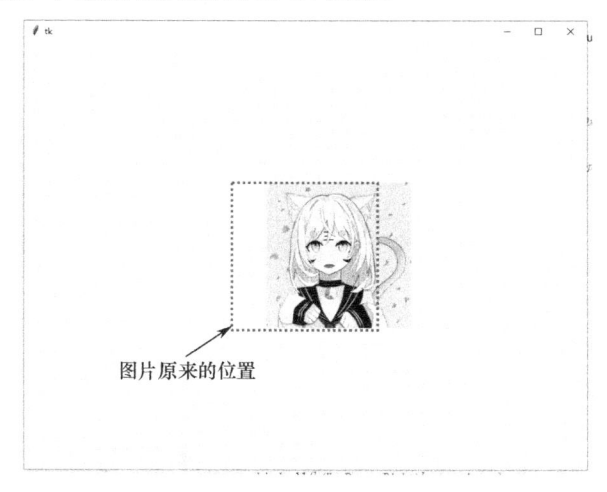

图 11-24　使用键盘方向键控制图片移动的操作效果

图形界面设计是一个很大的课题，甚至很多软件公司会设置专门的用户界面设计师职位，也就是招聘广告中的 UI 职位，其实就是 User Interface 设计师职位。把用户界面做好需要多方面的素质，不仅需要过硬的互动编程技巧，还需要有一定的美学设计修养，让用户在使用软件的时候获得更舒适的体验。

综合第 1 章到第 11 章的知识，读者应该已经可以根据需求，提供带有良好用户界面的软件解决方案了。开发一个小游戏可能会是一个不错的开始，如打地鼠游戏、抽奖游戏、弹球游戏、火柴人游戏等，玩自己开发的游戏一定别有一番趣味。

11.7　课后思考与练习

1．使用 tkinter 模块创建并运行一个 400×300 的窗口，设定标题为"某某某【姓名，学号】的第一个窗口"。

2．创建一个标签类实例，标签文本为自己的姓名和学号，绑定到前面创建的窗口中并显示。

3．创建一个按钮类实例，绑定到前面创建的窗口中并显示。

4．为前面创建的按钮绑定鼠标单击事件，在每次单击按钮后，都改变标签显示内容，在当前字符串的尾部拼接新的子串"change！！"。

5．使用 tkinter 模块中的 Canvas() 类创建一个线条。

6．使用 tkinter 模块中的 Canvas() 类载入一幅自己的图片。

7．为前面载入的图片绑定键盘事件，每次按方向键都会使图片向对应的方向移动。

第 12 章 数据库与数据库连接操作

如果把应用程序（Application，简称 App）比作一个人，那么代码就是其肉体，而数据则是其灵魂。无论一个 App 看上去多么精妙神奇，归根到底其所做的事情都是对数据的处理。具体来说，就是首先获取输入数据，然后对输入数据进行对应的运算，得到运算结果，最后将运算结果作为输出数据进行反馈。

数据的容器可以是变量，也可以是文件，当然也可以是数据库（DataBase，简称 DB）。简单来讲，单个变量一般可看作少量数据在内存中的临时存储容器，单个文件一般可看作少量数据在外存中的长期存储容器，而数据库则是大规模数据在外存中的长期存储容器。同时，数据库还具有支持多用户访问、高并发处理、高效批量处理等特点。

玩过网络游戏的读者应该知道，无论在哪一台计算机上登录游戏，只要使用同一账户登录，所显示的游戏内容都是一致的。用户不用担心自己计算机上的软硬件故障会导致游戏数据丢失，这是因为网络游戏一般采用服务器-客户端（Server-Client，简称 CS）框架。因为游戏本体的容量一般都很大，动辄占用十几 GB 的空间，运行起来也非常消耗计算资源，所以游戏公司就把这部分运算任务分摊到用户的计算机上，即游戏软件的本体被作为客户端软件安装在用户的计算机上并运行，而服务器端只负责维护用户的游戏数据，以及客户端和服务器端的游戏数据通信。简言之，游戏软件安装在客户端上，而游戏数据则保存在服务器端的数据库中。

在当今的社会实践中，大量的应用软件都是依赖大型数据库开发出来的，这涉及日常生活中的方方面面，如银行系统、公安户籍系统、大学教务系统、视频点播系统、即时通信系统等。大数据时代已经来临，我们在享受各种 App 带来的生活便利时，不经意间也会在这些 App 所依托的数据库中产生大量的新生数据。越来越多的 App 运营者开始习惯利用 App 数据库中的内容改进现有功能，提供更多个性化的服务。

由此看来，少了数据库支持的应用程序就像失掉了灵魂，它的功能会非常受限。因此，作为软件工程师，学习如何依托数据库开发应用程序是非常必要的。

在本章的后续内容中，我们将尝试利用 Python 语言编写代码，实现对数据库内容的操作。如果将 Python 语言搭配数据库使用，就会让我们开发的 Python 应用程序"如虎添翼"，满足现实生活中各种各样的业务需求。

需要注意的是，本书不是关于数据库理论和技术的专门教材，因此不会在数据库的部分过多展开，这里引入数据库的内容仅是为了将应用程序开发的知识框架构建完整。作为 Python 语言的入门教材，本书的宗旨之一是帮助读者构建一个相对完整的知识体系，对核心的基础知识进行重点介绍，对进阶应用层面的内容不过多展开（当然，这也是篇幅所限情况下的一种折中选择），想要深入了解数据库并依托数据库进行实战项目开发的读者，可参阅更加详细的教材或技术文档。

12.1 数据库管理系统、数据库和数据表

数据库管理系统（DataBase Management System，DBMS）是用来管理数据库的系统，只要在计算机上安装了数据库管理系统，该计算机就可以提供数据库服务。搭载了 DBMS 的计算机被称为数据库服务器，可同时管理多个数据库。开发人员一般会针对每个应用创建一个或多个数据库，然后在数据库中创建需要的数据表。参照这一框架，数据库管理系统、数据库及数据表的关系如图 12-1 所示。

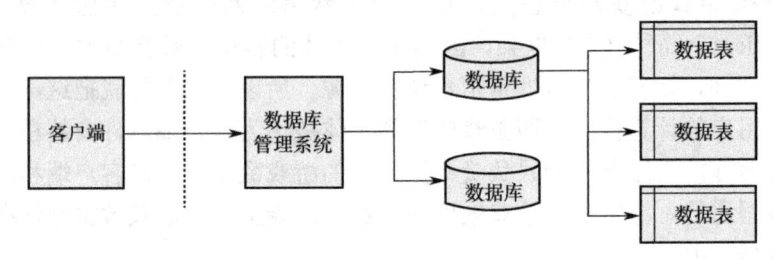

图 12-1 数据库管理系统、数据库及数据表的关系

在关系型数据库中，数据都是以数据表的形式存储的，一张典型的数据表构成可以参考图 12-2。假设我们要开发的应用程序涉及用户实体的数据，这个实体具有三个属性，分别是编号、姓名和年龄。为了保存这个实体的数据，我们可以创建一个名为"User"的数据表，这个数据表的表结构应该具有三个字段，分别是"id""name""age"，代表用户的编号、姓名和年龄。通俗来讲，表结构就是所谓的表头，表的各列称为一个字段，而一旦确定了表结构，就可以向表格中添加具体数据了。

第 12 章 数据库与数据库连接操作

在该数据表中，每条记录都是对一个具体用户的描述，其构成方法就是在表结构的每个字段下都取一个具体的属性值，由这组属性值组成的数据就可以用于描述一个用户实例。在数据表中，每条数据都以一行的形式存储，而表的每行又可以称为一条记录（也称元组）。从图 12-2 中可以看出，"User"表中的前 3 条记录就是三个用户实例的数据，实现了对三个不同用户的描述。第一条记录显示编号为 1 的用户是 23 岁的 Lucy，第二条记录显示编号为 2 的用户是 23 岁的 wang，第三条记录显示编号为 3 的用户是 18 岁的 wang。虽然出现了两个名为 wang 的用户，但我们还是可以通过他们的编号加以区分。像"编号"这样一个（或一组）可以用来唯一标识记录的字段在数据表中称为"关键字"或者"主键"。每条记录的主键取值都发挥身份识别的作用，因此不能为空，其他字段的取值有时可以为空，有时（根据需要）要设定成不能为空。

- 表的一行称为一条记录
- 表的一列称为一个字段

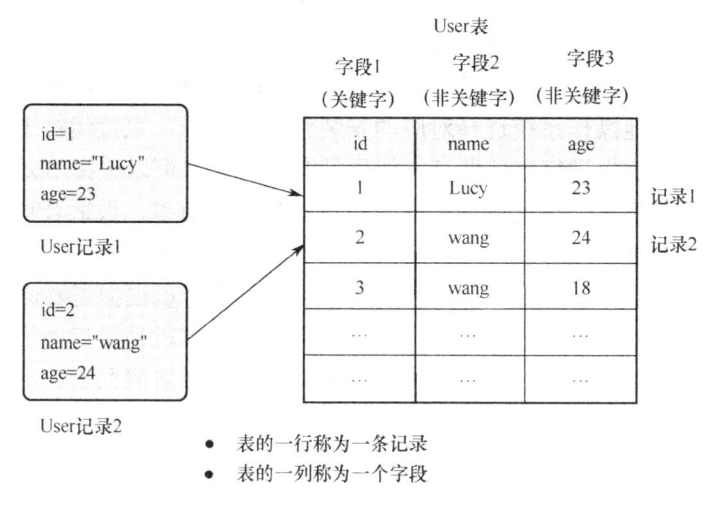

图 12-2 数据在数据表中的存储方式

每个字段的取值范围（也称域）由该字段的数据类型决定，比较常用的数据类型包括 int、float、char、varchar 等。不同的数据库管理系统所支持的数据类型可能略有不同，在设置表结构的时候需要注意每个字段取值的具体要求，从而选取对应的数据类型。User 表中的 id 和 age 字段可以设定为 int 类型，name 字段则可以设定为 varchar(50)类型，括号中的数字代表该字段支持的最大半角字符数。

综上所述，本节涉及的概念可以总结如下：

- 关系（表）：可以理解为一张二维表，每个关系都有一个关系名，也就是表名。
- 属性（字段）：可以理解为二维表中的一列，在数据表中称为字段。

- 域：属性的取值范围，也就是数据表中某一字段的取值范围。
- 元组（记录）：可以理解为二维表中的一行，在数据表中称为记录。
- 关键字（主键）：一组可以唯一标识元组（记录）的字段，数据表中称为主键，可以由一个或者多个字段组成。

12.2 在本地部署 MySQL 数据库管理系统

MySQL 是一个关系型数据库管理系统，由瑞典 MySQL AB 公司开发，是 Oracle 旗下的产品。该数据库管理系统具有体积小、速度快、总体拥有成本低的特点。同时，它采用双授权政策，分为社区版和商业版，其中社区版开放源码，很多中小型网站的开发都选择使用 MySQL 作为网站数据库。在本地部署 MySQL 的方法非常简单，到官方网站下载安装包并进行安装即可。

MySQL 的社区版可以在其官方网站直接获取。通过浏览器打开对应网页之后就可以根据本地操作系统选择对应的安装包进行下载，直接运行下载好的安装包，根据提示一步步进行安装即可。如果是实验用，则可以选择 5.x 的版本，该版本的特点是体积小，配置过程和安全访问机制相对简单，很适合初学者。如果是实战项目用，则可以尝试下载最新版本的安装包。虽然最新版本体积较大，配置过程也相对复杂，但是安全性要比旧版本高，读者可以根据需要进行选择。

要检查 MySQL 是否在本地配置成功，需要查看本机是否启动了 MySQL 服务。以 Windows 系统为例，如图 12-3 所示，在打开服务界面后，如果可以看到有类似 MySQLXX（XX 的部分一般表示版本号）的服务已经被启动，则说明该数据库管理系统已经在本地部署成功。

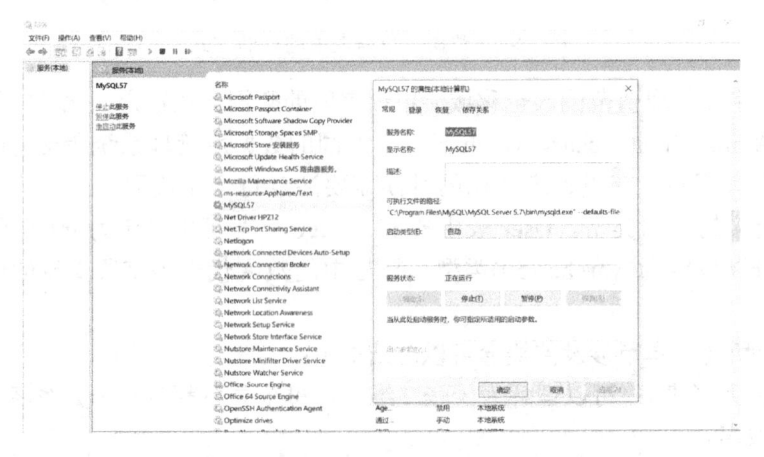

图 12-3 MySQL 数据库管理系统本地部署状态

12.3 数据库连接操作

12.3.1 pymysql 第三方模块配置

要通过 Python 程序实现对 MySQL 数据库管理系统的操作，需要在本地配置第三方模块 pymysql，通过 pymysql 可以在 Python 程序和 MySQL 之间建立起一条通信的通道，使用 Python 语言编写的指令就可以经由这条通道传递给 MySQL，而 MySQL 在接收指令之后，就会执行对应的操作，包括返回 MySQL 的版本信息、创建数据库、创建表格、向数据表中插入数据、查询数据、修改数据、删除数据等操作。

第三方模块一般通过 pip 工具进行安装，打开 CMD 命令提示符，找到当前 Python 解释器所在目录，在其 Scripts 子目录下执行"pip install pymysql"命令即可，如图 12-4 所示。

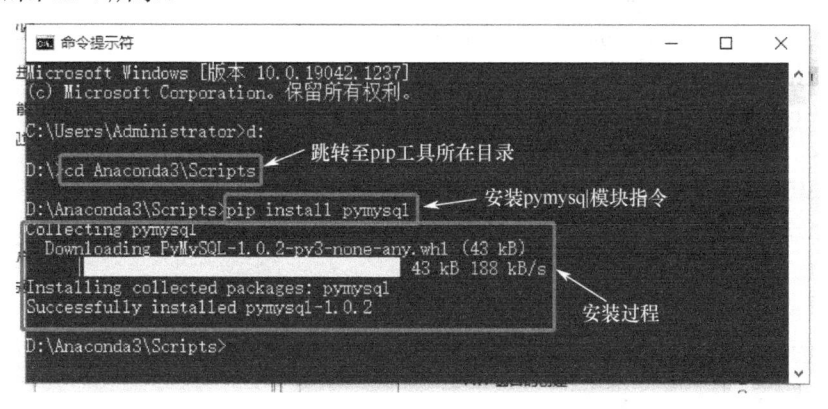

图 12-4 配置第三方模块 pymysql

正确地在本地配置好 pymysql 模块后，就可以使用 import 语句对该模块进行引用了，如以下范例所示，其语法为"import pymysql"，如果程序没有报错，则证明该模块确实在本地配置成功了。

```
In [1]:
import pymysql #载入pymysql模块
```

12.3.2 数据库连接测试

Python 程序通过 pymysql 模块访问数据库的过程大概包括以下几个步骤：①载入 pymysql 模块；②创建数据库连接；③创建游标对象；④通过游标对象进行数据库操作；⑤关闭数据库连接。其中，步骤①、步骤②、步骤③和步骤⑤是既定步骤，都是为步骤④所做的准备或者"善后"，而步骤④的内容可以根据需要进行定制。本范例实现的操作是查询并输出目标数据库管理系统的版本信息。

```
In [2]:
import pymysql#载入pymysql模块

#创建数据库连接
db=pymysql.connect(host="localhost",user="root",password="123456")

#使用 cursor() 方法创建游标对象 cursor
cursor=db.cursor()

#使用 execute() 方法执行 SQL 查询
cursor.execute("SELECT VERSION()")

#使用 fetchone() 方法获取单条数据
data=cursor.fetchone()
print ("Database version : %s " % data)

#关闭数据库连接
db.close()
Out[2]:
Database version : 5.7.14-log
```

下面，我们逐行解读一下这段代码。

1. 载入 pymysql 模块

```
import pymysql#载入pymysql模块
```

这一步骤很简单，使用模块载入的 import 语法即可实现。

2. 创建数据库连接

```
#创建数据库连接
db=pymysql.connect(host="localhost",user="root",password="123456")
```

pymysql 模块提供了一个 connect() 函数，用以创建数据库连接，给 connect() 函数提供准确的数据库连接参数即可。对于当前版本的 MySQL，需要提供若干具名参数，如 host、user、password 等。本范例中的代码 connect(host="localhost",user="root",password="123456")给出的参数细节分别代表 MySQL 的服务器名称为"localhost"，服务器登录用户名为"root"，服务器登录密码为"123456"。在 connect()函数被执行后，就会创建一个数据库连接对象，此处是将其赋值给了变量 db。

3．创建游标对象

```
#使用 cursor() 方法创建游标对象 cursor
cursor=db.cursor()
```

要实现对数据库的操作，还需要在数据库连接的基础上再创建一个游标对象，其创建方法就是调用数据库连接对象实例 db 的 cursor()成员方法，由 db.cursor()语句实现。在游标对象被创建后，也可以将其保存到一个本地变量中，以方便在后续操作中引用，此处是将其赋值给了变量 cursor。

4．通过游标对象进行数据库操作

```
#使用 execute() 方法执行 SQL 查询
cursor.execute("SELECT VERSION()")

#使用 fetchone() 方法获取单条数据
data=cursor.fetchone()
print ("Database version : %s " % data)
```

对数据库的操作是通过游标对象的 execute()成员方法实现的，该成员方法接受一个 SQL 查询语句[①]参数，此处使用的"SELECT VERSION()"语句是查询目标数据库管理系统的版本号，执行 cursor.execute("SELECT VERSION()")就会产生一个对应的查询结果，并被游标对象标记且指向。要想获得游标对象标记且指向的这个结果，需要调用游标对象的 fetchone()成员函数，代码 data=cursor.fetchone()实现的功能就是从游标对象指向处取回一条数据并赋值给变量 data。要验证返回结果，则可输出 data 变量，查看结果。

5．关闭数据库连接

```
#关闭数据库连接
db.close()
```

关闭数据库连接的语法很简单，调用连接对象实例 db 的 close()成员方法即可，在该方法被执行后，数据库连接会被关闭，占用的资源会被释放。关闭数据库连接的操作是很有必要的，因为 MySQL 数据库服务器能够同时服务的连接数是有限的，当数据库连接数超过数据库服务器能力上限时，就会出现拒绝服务的情况，从负载均衡的角度来讲，及时关闭数据库连接是良好的编程习惯的体现。

本范例通过 5 个步骤实现了对当前 MySQL 版本号的查询，观察返回结果可

---

① SQL 查询语句是关系型数据库通用操作指令，此处 Python 程序所做的事情无非就是将这段 SQL 查询语句发送给 MySQL 服务器，MySQL 服务器在接收到 SQL 语句后，就会执行对应的操作。

知，当前 MySQL 的版本号为 5.7.14。整个连接和操作的过程都顺利完成，可知 Python 到数据库的连接是正常的，即数据库连接测试通过。

12.3.3　创建数据库

目前"万事俱备，只欠东风"，我们现在从 MySQL 服务器中创建一个数据库，创建方法就是将步骤④中的数据库操作替换成数据库创建操作，其他的步骤不变，具体实现代码如下：

```
In [3]:
#载入pymysql模块
import pymysql
#创建数据库连接
db=pymysql.connect(host="localhost",user="root",password="123456")
#使用 cursor() 方法创建游标对象 cursor
cursor=db.cursor()

sql=r"CREATE DATABASE mydb CHARACTER SET 'utf8mb4' COLLATE 'utf8mb4_unicode_ci';"
cursor.execute(sql) #使用 execute() 方法执行 SQL 查询

#关闭数据库连接
db.close()
```

在步骤④中，名为 sql 的变量保存了创建新数据库 mydb 的 SQL 查询语句，将该变量作为参数传递给 cursor 对象的 execute()成员方法，就可实现 mydb 数据库的创建，如图 12-5 所示，可见数据库服务器中增加了一个新的数据库 mydb。

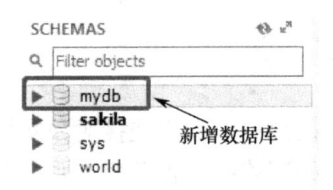

图 12-5　数据库的创建

12.3.4　创建数据表

在数据库中，具体的数据条目是保存在数据表中的，数据表也可以经由 Python 程序创建，其创建方法就是将步骤④中的数据库操作替换成表创建操作，

第 12 章 数据库与数据库连接操作

其他步骤不变（除了在数据库连接时新增一个目标数据库的具名参数 database="mydb"），具体实现代码如下：

```
In [4]:
#载入pymysql模块
import pymysql
#创建数据库连接
db=pymysql.connect(host="localhost",user="root",password="123456",
database="mydb" )
#使用 cursor() 方法创建游标对象 cursor
cursor=db.cursor()

#使用SQL语句创建数据表
sql="""CREATE TABLE CLASSMATE (
        ID INT NOT NULL PRIMARY KEY AUTO_INCREMENT,
        FIRST_NAME  CHAR(20),
        LAST_NAME  CHAR(20),
        AGE INT,
        SEX CHAR(1),
        INCOME FLOAT )"""
cursor.execute(sql)


#关闭数据库连接
db.close()
```

通过观察代码可以发现，在步骤④中有一大段关于创建数据表的 SQL 语句描述。创建数据表的关键字为"CREATE TABLE"，其后的"CLASSMATE"为数据表的名称，之后的括号中包含 6 个列（字段）的描述，分别是 ID、FIRST_NAME、LAST_NAME、AGE、SEX 和 INCOME，每个字段后面跟的内容都是对该字段的约束。字段的约束有很多种，比较常用的有是否非空（NOT NULL）、是否主键（PRIMARY KEY）、是否自动增加（AUTO_INCREMENT）、数据类型约束（CHAR/INT/FLOAT）等。

在编写完创建数据表的 SQL 语句后，就可以将其作为参数传递给 cursor.execute()函数执行了，函数执行的结果就是在 mydb 数据库中创建一个新的名为 CLASSMATE 的表格，在表格创建好后，可以通过 MySQL 自带的可视化操作界面（MySQL Workbench）对该表的表结构进行观察，如图 12-6 所示。

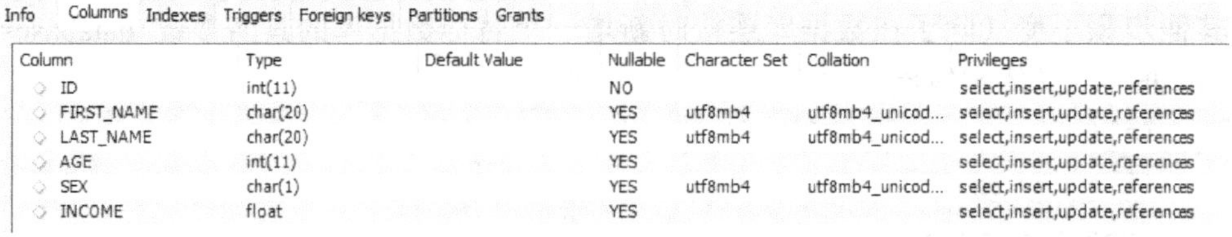

Info | Columns | Indexes | Triggers | Foreign keys | Partitions | Grants

Column	Type	Default Value	Nullable	Character Set	Collation	Privileges
ID	int(11)		NO			select,insert,update,references
FIRST_NAME	char(20)		YES	utf8mb4	utf8mb4_unicod...	select,insert,update,references
LAST_NAME	char(20)		YES	utf8mb4	utf8mb4_unicod...	select,insert,update,references
AGE	int(11)		YES			select,insert,update,references
SEX	char(1)		YES	utf8mb4	utf8mb4_unicod...	select,insert,update,references
INCOME	float		YES			select,insert,update,references

图 12-6　表结构的可视化展示

12.3.5　向数据表内插入记录

在准备好数据表后，就可以向其中插入数据了。插入数据的操作也很简单，即在步骤④中首先准备好插入数据的 SQL 语句，指明要插入的目标数据表，以及将要插入的记录细节，包括记录中每个字段的字段名及其对应的取值；然后使用 cursor.execute()方法执行；最后通过调用 commit()成员方法确认记录的插入，结果如图 12-7 所示。

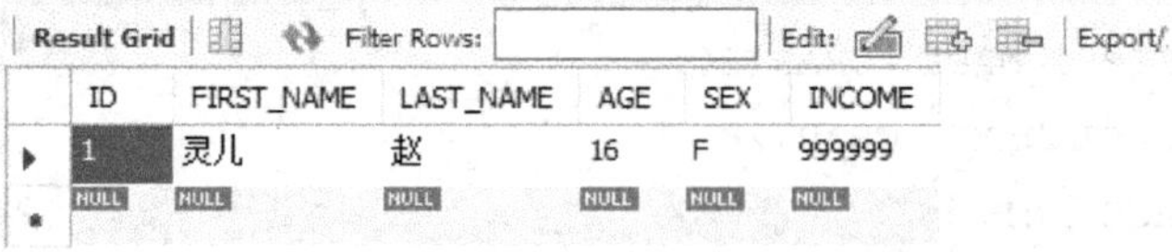

Result Grid | Filter Rows: | Edit: | Export/

ID	FIRST_NAME	LAST_NAME	AGE	SEX	INCOME
1	灵儿	赵	16	F	999999
NULL	NULL	NULL	NULL	NULL	NULL

图 12-7　向数据表插入数据的结果

具体实现代码如下，需要注意此处增加的 db.commit()语句，它在数据的插入、修改和删除操作中是必不可少的确认语句，如果在执行 cursor.execute()方法后缺失该语句，则对应的数据的插入、修改和删除操作将不会生效。

```
In [5]:
#载入 pymysql模块
import pymysql
#创建数据库连接
db=pymysql.connect(host="localhost",user="root",password="123456",
database="mydb")
cursor=db.cursor()

#SQL 插入语句
sql="""INSERT INTO CLASSMATE (FIRST_NAME, LAST_NAME, AGE, SEX,
INCOME)
         VALUES ('灵儿', '赵', 16, 'F', 999999)"""
cursor.execute(sql)    #执行sql语句
db.commit()            #提交给数据库执行
```

```
db.close()                    #关闭数据库连接
```

12.3.6　查询记录

假设在刚刚创建的数据表 CLASSMATE 中已经有了很多条数据，现在可以通过设计 Python 程序实现对数据记录的查询，具体实现过程如以下范例所示。

```
In [6]:
#载入pymysql模块
import pymysql
#创建数据库连接
db=pymysql.connect(host="localhost",user="root",password="123456",
database="mydb" )
cursor=db.cursor()

sql="SELECT * FROM CLASSMATE" #SQL 查询语句
cursor.execute(sql) #执行SQL语句
results=cursor.fetchall()     #获取所有记录
for row in results:
  fname=row[1]
  lname=row[2]
  age=row[3]
  sex=row[4]
  income=row[5]
   #输出结果
  print ("{}{}, {}岁，性别：{}，收入：{}".format(lname,fname, age,
sex, income ))

db.close()   #关闭数据库连接
Out[6]:
赵灵儿, 16岁，性别：F，收入：999999.0
林月如, 16岁，性别：F，收入：800.0
阿奴, 16岁，性别：F，收入：600.0
李逍遥, 17岁，性别：M，收入：600.0
```

在本范例的步骤④中，首先准备了 SQL 查询语句"SELECT * FROM CLASSMATE"，该语句的意思是返回数据表 CLASSMATE 中的所有记录条目。在由 cursor.execute()执行后，游标会指向查询的结果。但是，要想在本地看到查询的结果，还需要通过 cursor 的 fetchall()成员方法将所有的数据记录读回本地，此处将读回的结果赋值给了变量 results。

变量 results 中的数据记录以二维列表的形式存在，列表中的每行代表一条数据记录。本范例通过 for 循环的方式遍历 results 列表中的各行，在循环体内部，将当前行存储的数据记录细节都保存到本地变量中，最终输出显示。

12.3.7 修改记录

观察前一个范例可以发现，赵灵儿的零花钱是每月 999999 元，这似乎有点太多了，有可能存在数据录入错误。假设赵灵儿真实的零花钱是每月 1000 元，那么就需要对数据表中的数据记录进行修改。通过 Python 程序实现数据记录修改的代码如以下范例所示，步骤④中的 SQL 语句被设定为"UPDATE CLASSMATE SET INCOME=1000 WHERE FIRST_NAME='灵儿'"，就是将 FIRST_NAME 为"灵儿"的那条记录中的 INCOME 字段的值更新为 1000。调用 cursor.execute()方法，再使用 db.commit()语句确认修改即可，结果如图 12-8 所示。

```
In [7]:
#载入pymysql模块
import pymysql
#创建数据库连接
db=pymysql.connect(host="localhost",user="root",password="123456",
database="mydb" )
cursor=db.cursor()      #使用cursor()方法获取操作游标

#SQL 查询语句
sql="UPDATE CLASSMATE SET INCOME=1000 WHERE FIRST_NAME='灵儿'"
cursor.execute(sql)     #执行SQL语句
db.commit()             #提交到数据库执行，少了这一行就不会真正修改数据库

db.close()              #关闭数据库连接
```

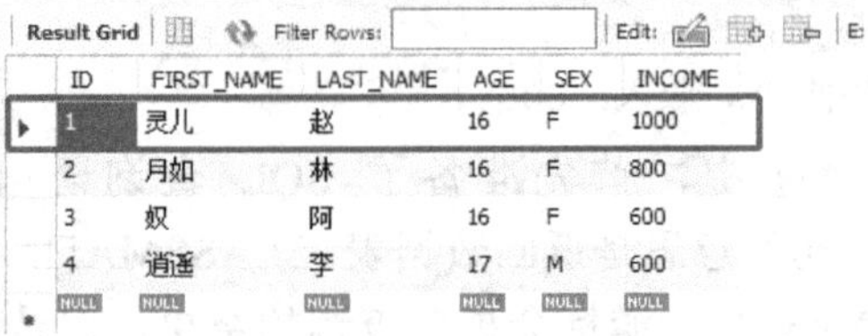

ID	FIRST_NAME	LAST_NAME	AGE	SEX	INCOME
1	灵儿	赵	16	F	1000
2	月如	林	16	F	800
3	奴	阿	16	F	600
4	逍遥	李	17	M	600
NULL	NULL	NULL	NULL	NULL	NULL

图 12-8 修改数据记录的结果

12.3.8 删除记录

现在，CLASSMATE 数据表中保存了 4 条记录，代表当前班里有 4 名同学。但是，林月如因为父亲工作调动的原因转学了，班里实际上就只剩下了 3 名同学。要使现实情况与数据表中的数据记录保持一致，就得删除林月如的记录。

在步骤④中，首先准备了删除记录用的 SQL 语句"DELETE FROM CLASSMATE WHERE FIRST_NAME='月如'"，就是从 CLASSMATE 数据表中删除 FIRST_NAME 为"月如"的记录。之后调用 cursor.execute()方法，再使用 db.commit()语句确认删除即可，结果如图 12-9 所示。

```
In [8]:
#载入pymysql模块
import pymysql
#创建数据库连接
db=pymysql.connect(host="localhost",user="root",password="123456",database="mydb" )
cursor=db.cursor()


#SQL 查询语句
sql="DELETE FROM CLASSMATE WHERE FIRST_NAME='月如'"
cursor.execute(sql)        #执行SQL语句
db.commit()                #提交给数据库执行，少了这一行就不会真正修改数据库

db.close()                 #关闭数据库连接
```

图 12-9 删除数据记录的结果

12.4 课后思考与练习

1. 在本地安装部署 MySQL 数据库管理系统。
2. 安装配置 pymysql 模块。
3. 编写 Python 代码，通过 pymysql 模块连接 MySQL，获得数据库版本号

并输出。

4．编写 Python 代码，新建一个数据库 new_db。

5．编写 Python 代码，通过 pymysql 模块根据字段要求在数据库 new_db 中创建数据表，表名为"姓名拼音_学号"（如 xiaowei_000001），各字段要求如下：
- ID：int，主键、非空、自动递增。
- name：varchar(20)。
- gender：varchar(10)。
- age：int。
- class：varchar(20)。
- interest：varchar(200)。

6．编写 Python 代码，通过 pymysql 模块连接数据库，向数据表 xiaowei_000001 中添加一条（或多条）新记录，记录要包含自己的个人信息，并从 MySQL Workbench 界面验证插入结果。

7．编写 Python 代码，通过 pymysql 模块连接数据库，获得数据表 xiaowei_000001 中的所有记录，并逐条输出。

8．编写 Python 代码，通过 pymysql 模块连接数据库，并实现对数据记录的修改。

9．编写 Python 代码，通过 pymysql 模块连接数据库，并实现对数据记录的删除。